JN417649

건축재료실험학

정상진, 강병희, 김정섭, 김영근, 민병열
박병근, 최수경, 송병창, 오상균, 고진수
정근호, 공민호, 안재철, 김광기

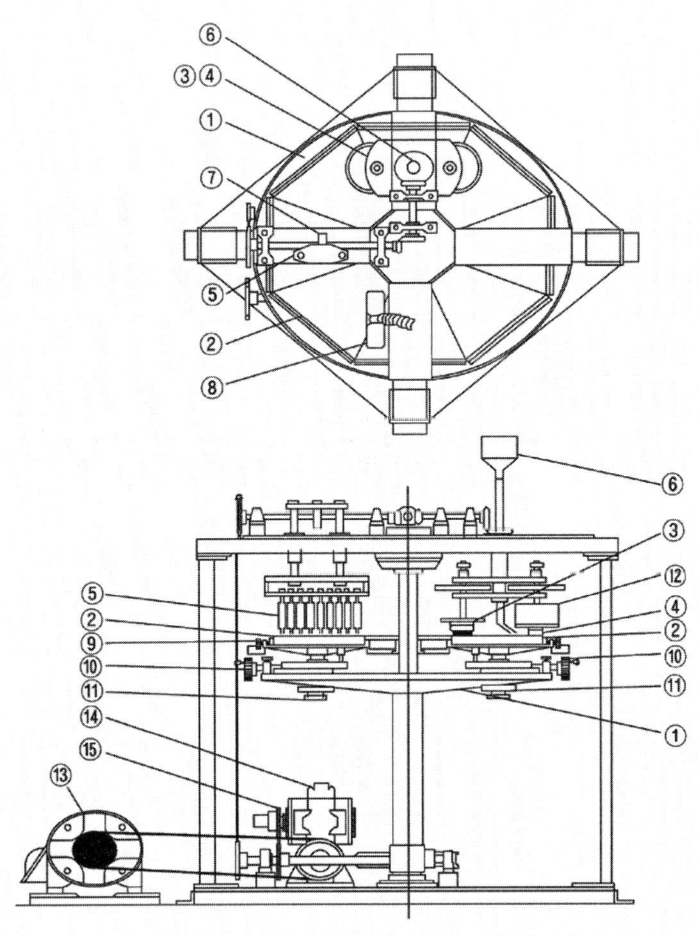

태림문화사

머 리 말

건축물을 구성하기 위한 기술자들은 수많은 건축재료 중에서 가장 적합한 소재를 선정하여 이들을 상호 조합하여 필요한 기능과 성능을 보유하도록 설계·시공함으로써 창조적인 아름다움과 뛰어난 기능 그리고 구조적인 안전성이 확보될 수 있도록 우수한 건축물을 창조해야 한다.

이 때문에 건축을 습득하고자 하는 학생 및 기술자들은 수많은 건축 재료에 대한 특성이나 성질에 대하여 깊은 지식과 이해를 가져야 하며, 건축 재료에 관한 지식을 습득하기 위한 방법으로 각각의 재료가 갖는 고유의 성질을 실험을 통하여 품질성능을 규명해야 한다.

본서에는 이러한 건축 재료의 특성 및 성질의 이해를 돕기 위하여 실험방법을 초보자라도 쉽게 알 수 있도록 단계별로 서술하여 실험의 원리를 이해할 수 있도록 하였다. 그리고 모든 건축 재료에 대한 실험방법을 기술할 수는 없으나 가장 기본적이고 중요한 실험방법을 구조체 재료, 마감재료, 채광재료, 방수재료, 난연재료, 흡음재료 및 기타 시멘트 제품의 시험으로 폭 넓게 구분하여 많은 건축 재료의 품질을 확인할 수 있는 방법을 이해할 수 있도록 하였다.

또한, 각각의 실험방법에 대한 Date Sheet를 제시하여 실험을 진행하는 학생들로 하여금 결과제시를 위한 지침과 계산방법 및 보고서 작성능력을 향상시켜 실험실습의 효과를 높일 수 있도록 하였다.

그러나 건축 재료는 그 범위가 아주 넓고 기술 및 생활양식의 변화에 따라 항상 개량되고 진보되는 것이므로 본서에서 다루고 있는 실험들이 다소 불충분한 점이 있으리라 판단되므로 집필진 모두는 개선 진보될 건축 재료에 대한 자료가 지속적으로 반영될 수 있도록 노력할 것을 다짐하는 바이다.

끝으로 본서를 집필하는데 많은 내용을 참고·인용할 수 있게 도움을 주신 국내·외의 학자, 실무자 여러분께 깊은 감사를 드리며, 본서의 저술과정에서 원고정리와 도표의 작도작업에 함께 참여해 준 한다희 군, 박조현 군, 박홍이 군과 출판을 위해 성원과 지원을 아끼지 않으신 태림문화사의 정헌준 사장님께 감사를 표하는 바이다.

2007. 02

대표저자 정 상 진

목 차

Ⅲ. 채광 재료 시험 179

Ⅳ. 방수재료의 시험 199

V. 난연성능 시험 225

VI. 흡음재료의 시험 241

Ⅰ. 구조재료의 시험

1.1 시멘트

1.1.1 기본사항

시멘트는 물을 가하면 굳어지는 성질을 가지게 되는 무기질의 결합 재료이고, 용도에 따라 다양한 종류가 있으며, 특히, 국내에서 생산되는 시멘트는 〈표 1.1.1〉와 같이 크게 분류할 수 있으며, 이에 대한 품질규격은 〈표 1.1.2〉와 같다.

〈표 1.1.1〉 시멘트의 종류

	종 별	규격번호
포틀랜드 시멘트	보 통	KS L 5201 1종
	중 용 열	KS L 5201 2종
	조 강	KS L 5201 3종
	저 열	KS L 5201 4종
	내황산염	KS L 5201 5종
기타 시멘트	고로슬래그 시멘트 1, 2, 3종	KS L 5210
	플라이애시 시멘트 A, B, C종	KS L 5211

1) 시멘트 품질규격

〈표 1.1.2〉 시멘트의 품질 규격

규격	명칭 및 종류
KS L 5101	시멘트의 시료채취 방법
KS L 5103	길모어 침에 의한 시멘트의 응결시간시험 방법
KS L 5104	수경성 시멘트 모르타르의 인장강도시험 방법
KS L 5105	수경성 시멘트 모르타르의 압축강도시험 방법
KS L 5106	공기투과장치에 의한 포틀랜드 시멘트의 분말도시험 방법
KS L 5107	시멘트의 오토클레이브 팽창도시험 방법
KS L 5108	비카침에 의한 수경성 시멘트의 응결시간시험 방법
KS L 5120	포틀랜드 시멘트의 화학분석 방법
KS L 5121	포틀랜드 시멘트의 수화열시험 방법

2) 시료채취 방법

시멘트의 시료채취는 KS L 5101의 규정에 따라 300톤(7500포대)마다 평균 품질을 나타낼 수 있도록 혼합한 시료의 양은 5kg 이상으로 채취해야 한다.

시료는 벌크상태일 경우 100톤 마다 시료를 채취하여 평균 혼합시료로 하고, 포대상태일 경우 〈그림 1.1.1〉과 같은 시료채취기를 사용하여 4톤(100포대)마다 1포대씩 대각선으로 찔러 넣어 시료를 채취하여 평균 혼합시료로 하며, 채취된 시료는 즉시 방습성 밀폐용기에 가득 채워 넣고, 습기나 공기와 접촉하지 않도록 밀봉하여 보관한다.

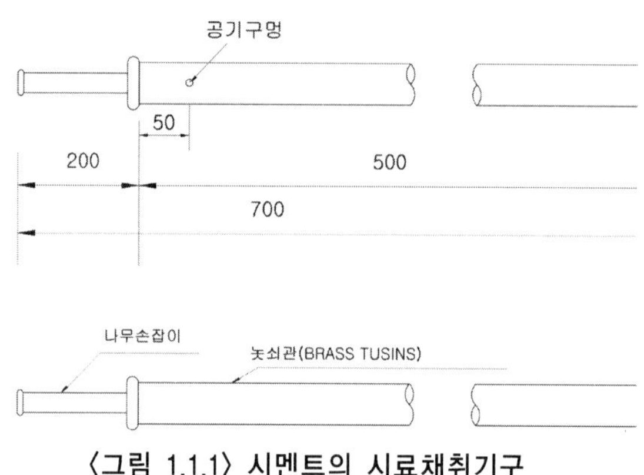

〈그림 1.1.1〉 시멘트의 시료채취기구

2) 시료의 준비

시험을 하기 전에 841㎛ 표준체로 쳐서 이물질을 제거하고, 굳어진 덩어리 등을 깨뜨리지 말고 버린 후 시료를 완전히 혼합하여 준비한다.

1.1.2 시멘트의 밀도(비중)시험

1) 시험의 목적

시멘트의 밀도는 소성(燒成)이 불충분하거나 혼합물이 첨가되면 저하되기 때문에 이를 고려하여 시멘트의 소성정도와 혼합물의 유무를 확인할 필요가 있다. 또한, 시멘트가 풍화되면 밀도가 저하되기 때문에 풍화정도를 판별하여 콘크리트 배합설계 시 시멘트가 차지하는 용적을 계산하는데 사용한다.

2) 시험기기 및 재료

(1) 르샤틀리에 플라스크 : 표준 르샤틀리에 플라스크를 사용한다.
(2) 광유 : 온도 23±2℃에서 비중 약 0.73 이상인 완전히 탈수된 등유나 나프타를 사용한다.
(3) 시멘트 : 일정한 양의 시멘트(포틀랜드 시멘트일 경우 : 64g)
(4) 저울 : 칭량 200g, 감량 0.2g의 것
(5) 항온수조
(6) 기타(온도계, 철사, 마른헝겊, 스푼 등)

3) 시험방법

(1) 르샤틀리에 플라스크의 0~1mℓ 사이와 눈금 선까지 광유를 채운다.
(2) 르샤틀리에 플라스크를 실온으로 일정하게 조정한 물중탕에 넣어 광유의 온도차가 0.2℃ 이내로 되었을 때의 최저면 눈금을 읽어 기록한다.
(3) 시멘트(포틀랜드 시멘트는 64g)를 0.05g까지 달아 광유와 동일한 온도에서 조금씩 넣는다.
(4) 시멘트가 르샤틀리에 플라스크 안에 잘 들어가고 안쪽 벽에 묻어 있지 않도록 적당히 진동시킨다.
(5) 시멘트를 다 넣은 다음 르샤틀리에 플라스크의 마개를 막고, 공기 방울이 나오지 않을 때까지 병을 조금 기울여 굴리던가 천천히 수평으로 돌려서 시멘트 안의 공기를 없앤다.
(6) 르샤틀리에 플라스크를 물중탕 안에 넣어 광유 온도차가 0.2℃ 이내로 되었을 때의 눈금을 읽어 다음 식에 의해 계산한다.

$$\text{비중} = \frac{\text{시멘트의 무게}(g)}{\text{르샤틀리에 플라스크의 읽음차}(mL)}$$

(7) 동일 시험자가 동일 재료에 대해 2회 측정한 결과가 ±0.03 이내가 되면 그 평균값을 결과값으로 한다.

4) 시험결과 예

시멘트의 밀도시험				
시 험 일	년 월 일			
시험일의 상태	온 도 (℃)		습 도 (%)	
시 료	시 료 명	채취장소	채취날짜	제조업체
	보통포틀랜드 시멘트			
시 료 번 호	No. 1		No. 2	
① 초기 광유 눈금 v1(㎖)	0.6		0.4	
② 시료 투입 후의 눈금 v2(㎖)	21.0		20.7	
③ 시료 질량 m(g)	64.0		64.0	
④ 밀도 ρ =m/(v1-v2) (g/㎤)	3.1372		3.1527	
평균밀도 (g/㎤)	3.145			

1.1.3 시멘트의 분말도 시험

1) 시험의 목적

시멘트의 분말도는 시멘트 입자의 가는 정도를 나타내기 때문에 시멘트의 수화정도, 수화열, 강도 등과 관련된 중요한 인자의 하나이다. 분말도에 의하여 제조하는 모르타르 및 콘크리트의 수화속도에 영향을 미쳐 강도성상 및 건조수축 등의 물리적 성능에 영향을 미치게 되므로 성질을 예측할 수 있다.

2) 시험기기 및 재료

(1) 비표면적 시험

① 블레인 공기 투과 장치 : 일정한 세공율을 갖도록 만든 시멘트를 베드를 통하여 일정량의 공기를 흡입하는 장치로 투과 셀, 다공 금속판, 플런저로 구성되어 있다.

② 투과 셀 : 유리나 부식하지 않는 금속으로 되어 있고 안지름이 12.7±0.1mm의 견고한 원통이어야 한다. 셀의 위 끝은 셀의 주축에 대하여 직각이고 셀의 아래 끝은 마노미터의 윗부분과 기밀하게 연결되도록 한다.

③ 다공 금속판 : 부식하지 않는 금속으로 두께가 0.9±0.1mm이며, 30~40개의 지름 1mm의 구멍이 전면에 고르게 뚫려 있으며, 셀의 내부에 잘 맞도록 되어 있다.

④ 플런저 : 틈이 0.1mm 이내가 되도록 셀 안에 잘 맞아야 하며, 배기구멍은 플런저의 중앙이나 측면에 있어야 한다. 플런저의 윗부분에는 플런저를 셀 안에 넣었을 때 셀의 위 끝과 꼭 맞고 플런저의 아래 끝과 다공 금속판의 거리가 15±1.0mm가 되는 곳에 턱이 있다.

⑤ 거름종이 : 정량 분석용으로 크기는 셀의 안지름에 꼭 맞도록 한다.

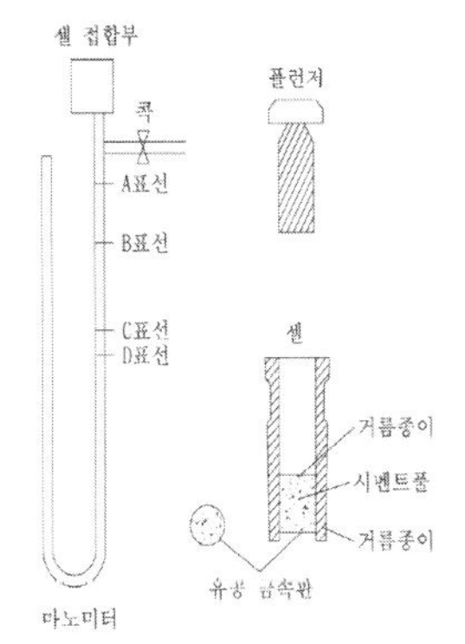

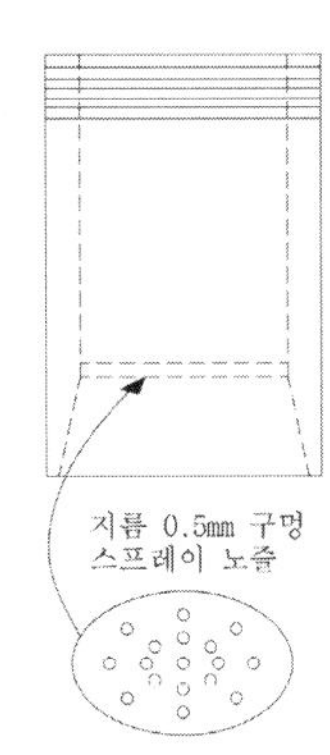

〈사진 1.1.1〉 블레인 공기 투과장치 〈그림 1.1.2〉 마노미터와 플런저 〈그림 1.1.3〉 스프레이노즐

⑥ 마노미터 및 마노미터액 : 마노미터는 〈그림 1.1.2〉와 같고, 마노미터액은 디부틸프탈레이트나 경질 광유와 같은 점도나 비중이 낮고 비휘발성, 비흡수성인 액체를 사용하여 제4눈금까지 채운다.

⑦ 스톱워치 : 0.5초까지 정확히 읽을 수 있고, 60~300초 사이에는 1% 이상의 정밀도를 가진 것을 사용한다.

⑧ 기타 : 저울(칭량 100g, 감량 0.005), 시료병, 붓 및 숟가락 등

(2) 표준체 45㎛에 의한 시험

① 표준체 : 45㎛를 사용하고 물에 침식되지 않는 것으로 체는 지름 50±6mm 및 높이 75±6mm이어야 한다.

② 스프레이 노즐 : 물에 침식되지 않는 금속으로 되어 있고 안지름이 17.5mm 인 것으로 중심 구멍이 중심축 방향으로 뚫려 있고, 중간선에 8개의 구멍이 중심에서 6mm 되는 곳에 5°의 각도로 뚫려 있으며, 바깥 선에 8개의 구멍이 중심에서 12mm 되는 곳에 중심축과 10°의 각도로 뚫려 있어야 한다. 모든 구멍의 지름은 0.5mm이어야 한다.

③ 압력계 : 지름이 75~100mm이고 최대 압력은 207kPa의 것으로 7kPa마다 눈금이 있어야 한다. 정밀도는 69kPa에서 ±2kPa 이내이어야 한다.

④ 증류수 또는 탈이온수

⑤ 기타 : 저울(0.0005g까지 칭량할 수 있는 것), 솔(brush), 스톱워치 등

(3) 표준체 90㎛에 의한 시험

① 표준체 : 90㎛를 사용하고, 물에 침식되지 않는 것

② 기타 : 저울

3) 시험방법 (비표면적 시험-Blaine 방법)

(1) 시멘트 베드의 부피측정

① 두 장의 거름종이를 투과 셀 안에 깔고 셀보다 조금 가는 막대로 거름종이를 눌러 내려 다공 금속판 위에 고르게 펴 놓은 후 수은을 셀 안에 채우고 셀 벽의 공기를 전부 없앤다.

② 셀은 집게로 다루고 셀이 수은과 아말강 작용을 일으킬 염려가 있는 재질의 경우 수은을 넣기 바로 전에 아주 얇게 기름을 바른다.

③ 작은 유리판으로 셀의 윗부분을 수평하게 한 후 셀 안의 수은을 쏟아 내어 무게를 기록한다.

④ 셀 안의 거름종이 한 장을 꺼낸 후, 시험적으로 2.8g의 시멘트를 셀 안에 넣고 거름종이 1장을 위에 깔은 후 플런저로 시멘트를 압축한다. 셀 위에 남아 있는 공간에 수은을 채우고 공기를 제거하여 윗부분을 수평하게 한다.

⑤ 수은을 쏟아내어 무게를 측정하고 다음의 식에 따라 0.005㎤까지 시멘트 베드가 차지한 부피를 계산한다.

$$V = \frac{W_a - W_b}{D}$$

여기에서, V : 시멘트 베드의 부피(㎤)

W_a : 셀 안을 전부 채운 수은의 중량(g)

W_b : 셀 안에 시멘트 베드를 만들고 남은 공간을 채운 수은의 중량(g)

D : 시험할 때 온도에서 수은의 밀도(g/㎤)

(2) 실온으로 되어 있는 표준시료(미국 표준국 표준시료 No. 114 또는 동일한 분말도 시험방법을 사용하는 선진국가의 표준시료)의 시멘트를 100㎖병 안에 넣고 밀봉하여 2분 동안 덩어리가 잘 풀릴 수 있도록 흔들어 준다.

(3) 시료의 무게는 다음 식에 따라 계산하며, 시멘트 베드의 기공율은 0.500±0.005가 되어야 한다.

$$W = P_a V(1-e)$$

여기에서, W : 칭량할 시료의 무게

P_a : 시료의 비중 (포틀랜드 시멘트 : 3.15)

V : 시멘트 베드의 부피(㎤)

e : 시멘트 베드의 기공율(porosity) 0.500±0.005

(4) 유공 금속판을 투과 셀 밑바닥에 놓고 그 위에 거름종이를 한 장을 깔아 셀보다 조금 가는 막대로 살짝 눌러 내려 고르게 놓는다.

(5) 계산된 시료의 무게를 0.001g까지 측정하여 셀 안에 넣고 셀 벽을 살짝 두드려 시료를 고르

게 한 후, 거름종이 한 장을 시료위에 올려놓고 플런저의 턱이 셀의 위쪽에 닿을 때까지 플런저를 가볍게 누른 후 천천히 뺀다.

(6) 투과 셀을 마노미터 관에 밀착시켜 기밀하게 한다.

(7) 마노미터 U자관의 한 쪽에 있는 공기를 천천히 빼내어 마노미터액이 제1눈금까지 오면 콕을 닫은 후, 마노미터액을 내리기 시작하여 제2눈금에서 제3눈금까지 내려오는 시간을 초 단위로 측정한다.

(8) 비표면적의 계산은 다음에 표시하는 식에 따라 계산하지만, 표준 시료와 같은 기공률을 가진 포틀랜드 시멘트의 분말도 계산에 사용하며 시험할 때의 온도와 보정 시험할 때의 온도와 3℃ 이내의 차가 있을 때 사용한다.

$$S = \frac{S_s\sqrt{T}}{\sqrt{T_s}}$$

여기에서, S : 시험시료의 비표면적(㎠/g)

S_s : 보정시험에 사용한 표준 시료의 비표면적(㎠/g)

T : 시험시료에 대한 마노미터액의 제2눈금과 제3눈금 사이의 낙하시간(sec)

T_s : 보정시험에 사용한 표준시료에 대한 마노미터액의 제2눈금과 제3눈금 사이의 낙하시간(sec)

(9) 재시험은 새로이 시료 베드를 만들어 2회 이상 시험하여, 2% 이내에서 일치하는 평균값을 취한다.

4) 시험결과의 예

시멘트의 분말도 시험결과					
시 험 일		년 월 일			
시험일의 상태		실 온 (℃)		습 도 (%)	
시 료		시 료 명	채취장소	채취날짜	제조업체
		보통 포틀랜드 시멘트			
비표면적 방법	시멘트의 양 $W = P_a V(1-e)$				
	P_a(밀도)=3.15	V(시멘트 베드의 부피)=1.867		e(porosity) : 0.500	
	S_s(표준시료의 비표면적) : 3460㎠/g		T_s(표준시료의 낙하시간) : 102초		
	(1) T = 100초 → S = 3426㎠/g (2) T = 101초 → S = 3443㎠/g		평균 S = 3430㎠/g		

1.1.4 시멘트의 응결 시험

1) 시험의 목적

시멘트를 사용하는 실제 콘크리트공사에서 응결시간이 너무 빠르거나 늦어지면 시공 성능상 불편하기 때문에 시멘트의 초결 및 종결 시간을 측정할 필요가 있다. 일반적으로 초결은 시멘트 페이스트의 점성과 유동성이 없어져 굳어지기 시작하는 상태이고, 종결은 시멘트 페이스트의 점성과 유동성이 전부 없어지고 경화과정으로 바뀌는 단계의 상태로서 응결 시험은 혼화재를 사용했을 시의 영향을 측정을 하기 위해서도 사용되어진다.

2) 시험기기 및 재료

(1) 비카침에 의한 시험
① 비카침 장치 (표준주도용 플런저, 초결 침, 종결 침)
② 저울 : 용량 1000g
③ 메스실린더 : 용량 150~200mℓ
④ 유리판 : 10×10cm
⑤ 시료 : 500g
⑥ 기타 : 혼합기(mixer), 시계, 온도계

(2) 길모어 침에 의한 시험
① 저울 : 용량 1000g
② 메스실린더 : 용량 150~200mℓ
③ 길모어 침 : 길모어 장치는 〈사진 1.1.2〉와 같고 길모어 침은 다음 조건에 맞아야 하며, 침 끝은 약 4.8mm 길이의 원기둥형으로 되어 있고, 그 단면은 평면이며 침 축에 대하여 직각이고 깨끗해야 한다.
  a. 초결침 무게(13.4 ± 0.5g), 지름(2.12 ± 0.05mm)
  b. 종결침 무게(453.6 ± 0.5g), 지름(1.06 ± 0.05mm)
④ 유리판 :10×10cm
⑤ 시료 : 500g
⑥ 기타 : 혼합기(mixer), 시계, 온도계

〈사진 1.1.2〉 길모어 장치

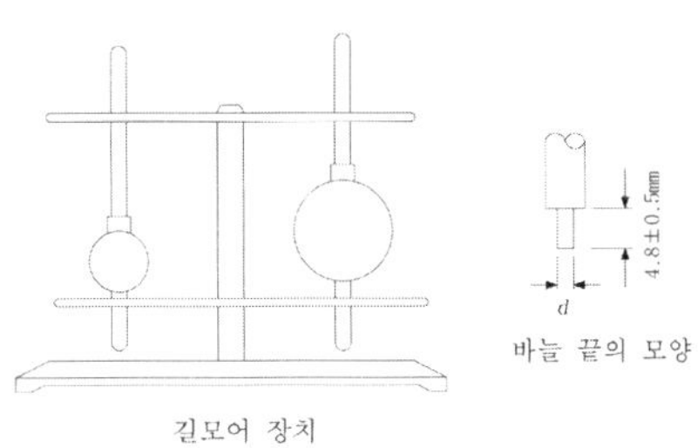

〈그림 1.1.4〉 길모어 장치와 바늘

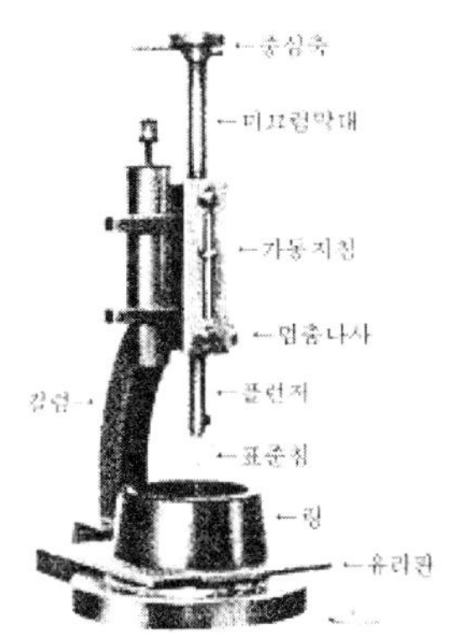

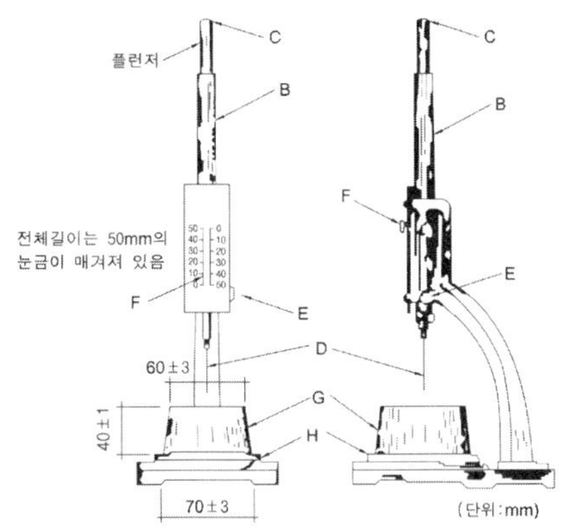

〈그림 1.1.5〉 비카트침 장치

3) 시험방법

(1) 시멘트의 혼합방법

① 혼합수 전량을 혼합용기 안에 붓는다.

② 시멘트를 물 안에 넣고 물이 흡수되도록 30초 동안 둔다.

③ 혼합기를 작동하여 제1속도로 30초 동안 혼합한다.

④ 혼합기를 정지하고, 15초 동안에 반죽 전부를 긁어내려 모아 놓는다.

⑤ 혼합기를 제2속도로 시동하여 1분간 혼합한다.

(2) 시험체 성형

① 혼합된 시멘트 페이스트를 신속히 구형으로 만들고 15㎝ 간격으로 한손에서 다른 손으로 6번 던진다.

② 구형의 시험체를 원추형 링에 완전히 채운다.

③ 큰 지름의 측면을 밑으로 하여 유리판 위에 놓고 작은 쪽 끝에 있는 여분의 반죽은 링의 윗면에 대하여 조금 기울여 흙손 날로 한 번에 경사지게 문질러 링 윗부분을 잘라낸다.

④ 흙손의 뾰족한 끝을 몇 번 가볍게 대어 윗면을 매끄럽게 한다.

⑤ 혼합기를 제2속도로 시동하여 1분간 혼합한다.

(3) 표준 반죽질기

① 판 위에 올려놓은 링 안에 넣은 반죽은 〈사진 1.1.2〉의 로드 밑에 중심을 맞추고, 그 플런저의 끝을 반죽 표면에 접촉시켜 멈춤 나사를 조인다. 이때 플런저는 거꾸로 꽂으면 되고 플런저의 굵은 끝의 지름은 10±0.05㎜이다.

② 가동 지침을 눈금자 위쪽에 있는 0표에 맞추거나 또는 처음 위치의 눈금을 읽는다.

③ 혼합이 끝난 30초 뒤에 로드를 풀어 놓는다.

④ 처음 면에서 10±1㎜ 점까지 내려갔을 때의 반죽상태를 표준 반죽질기(표준주도)로 삼는다.

⑤ 표준 반죽질기를 얻을 때까지 물의 양을 변경하여 시험반죽을 만든다.

⑥ 각 시험반죽은 새로운 시멘트로 만들어야 한다.

(4) 비카트 침에 의한 응결시간의 결정

① 시험체를 성형한 다음, 30분 동안 움직이지 않고 습기함 속에 넣어 30분 후부터 15분마다(제3종 시멘트는 10분마다) 1㎜의 침으로 25㎜의 침입도를 얻을 때까지 시험한다.

② 침입도 시험에 있어서 로드 아래에 있는 침의 끝을 시멘트 반죽의 표면에 접촉시킨 후, 멈춤나사를 조이고 지침을 눈금자의 위쪽 끝에 맞추거나 처음 위치의 눈금을 읽는다.

③ 멈춤 나사를 늦춰 빨리 로드를 풀어놓고 30초 동안 바늘이 내려가도록 해서 침입도를 결정하며, 만약 초기 반죽이 너무 연하다면 바늘이 휘어지게 되므로 로드의 낙하를 뒤로 미루어야 한다. 로드는 실제 응결시간을 측정할 때에만 멈춤 나사를 풀어 놓는다.

④ 매번 시험한 침입도의 결과를 기록하고 25㎜의 침입도가 되었을 때까지의 시간을 초결 시간으로 하고, 완전히 침의 흔적이 나타나지 않을 때를 종결시간으로 한다.

(5) 길모어 침에 의한 응결시간의 결정

① 시멘트 반죽은 앞의 (1) 혼합방법에 따라 제조한다.

② 깨끗한 10㎝의 정사각형 유리판 위에 밑면 지름이 약 7.5㎝, 윗면 지름이 약 5.0㎝, 중앙면의 두께가 약 1.3㎝이고, 바깥쪽으로 갈수록 점점 얇은 패드를 만든다. 패드를 만들 때는 처음에 시멘트 반죽을 유리판 위에 평편하게 한다.

③ 패드는 습기실 안에 넣고 응결시간을 측정하는 시간 이외에는 정치해 둔다.

④ 응결시간을 측정하는 데는 침을 수직으로 패드의 표면에 가볍게 대어 패드가 길모어의 초결침을 받치고 있을 때를 시멘트의 초결로 하고, 길모어 종결침을 받치고 있을 때를 시멘트의 종결로 한다.

4) 시험결과의 예

시멘트 응결 시험결과				
시 험 일	년 월 일			
시험일의 상태	실 온 (℃)		습 도 (%)	
시 료	시료명	채취장소	채취날짜	제조업체
	보통 포틀랜드 시멘트			
측정번호	1	2	3	4
시료의 질량 (g) 물의 양 (mℓ) 주수 시간 (h-m) 초결 시간 (h-m) 초결 시간 (분) 종결 시간 (h-m) 종결 시간 (h-m)	500 117 9-00 13-00 240 14-40 7-40	-	-	-

1.1.5 수경성 시멘트 모르타르의 압축강도 시험

1) 시험의 목적

시멘트 강도를 시험하는 것은 시멘트의 품질관리 외에 콘크리트 배합설계에 있어서도 유용하고 또한, 역학적 성질 등을 파악하는데 유용한 지표가 된다.

2) 시험기기 및 재료

(1) 저울 : 용량 2000g
(2) 표준체 : 297μ, 595μ
(3) 매스실린더 : 250mℓ, 500mℓ
(4) 시험체 성형용 틀 : 50㎜ 정육면체 몰드 3개
(5) 다짐봉(tamper) : 다짐면은 13×25㎜, 길이 120~150㎜로 된 것.
(6) 플로 테이블 및 플로 틀 : 플로 테이블(지름 254±2.5㎜ 주철제 원형판) 플로 틀(바깥지름 99.2㎜, 안지름 69.8㎜, 높이 50.8㎜ 원뿔형으로 질량 1kg 이상인 것)
(7) 혼합기, 혼합용기 및 패들
(8) 압축강도 시험기
(9) 시료 : 각종 시멘트와 표준사
(10) 흙손
(11) 기타

3) 시험방법

(1) 배합 및 모르타르의 혼합

① 시멘트와 표준사를 1: 2.45 중량비로 섞는다.

② 6개 시험체를 한 배치로 한 번에 반죽할 재료의 양은 시멘트 510g에 표준사 1250g이고, 9개 시험체를 한 배치로 한 번에 반죽할 재료의 양은 시멘트 760g에 표준사 1862g이다.

③ 혼합수의 양은 포틀랜드 시멘트에서는 사용 시멘트 무게의 약 48.5%로 하고, 기타 시멘트는 mℓ로 계량하여 플로가 110±5㎜가 될 만한 양으로 시멘트 무게에 대한 백분율로 표시한다.

④ 혼합반죽은 기계비빔 하며 반죽이 끝나면 혼합용 패들에 묻은 여분의 모르타르를 혼합 용기에 털어 넣는다.

(2) 플로의 결정

① 시멘트와 표준사를 1:2.45 중량비로 섞는다.

② 플로 테이블의 윗면을 깨끗이 닦고 플로 틀을 중앙에 놓는다.

③ 모르타르를 약 2.5㎝ 두께의 층으로 하여 틀 안에 넣고 동일한 힘으로 탬퍼로 20번 다져 틀에 균일하게 차는데 꼭 충분하도록 한다.

④ 모르타르를 평면으로 잘라내고 흙손의 곧은 날로 몰드의 윗면에 거의 직각이 되게 세우고 틀의 윗면을 따라 평평하게 한다.

⑤ 테이블 윗면을 깨끗이 닦고 플로 틀의 변두리에서 물기를 완전히 없앤다.

⑥ 반죽을 마친 후 1분 뒤에 틀을 모르타르로부터 들어 올리고 그 즉시, 테이블을 15초 동안 25회, 1.27㎝ 높이로 낙하시킨다.

⑦ 플로는 모르타르 평균 밑지름 증가를 적어도 거의 같은 간격으로 4개 지름을 측정하여 이것을 원지름의 백분율로 하여 표시한다.

$$\text{플로우}(\%) = \frac{\text{시험 후의 증가된 지름(mm)}}{\text{틀의 밑지름(mm)}} \times 100$$

⑧ 규정된 플로를 얻을 때까지 물의 백분율을 변경하여 시험 모르타르를 만든다.

⑨ 각 시험 모르타르는 새로운 시료로 모르타르를 만들어야 한다.

(3) 시험체의 성형

① 모르타를 제작하기 전에 몰드를 광유(Mineral oil)나 그리스(Cup Grease)를 바르고 여분의 기름을 닦아낸다.

② 플로우 시험이 끝나는 즉시, 모르타르를 틀로부터 혼합용기에 부어넣고, 혼합 용기의 벽에 붙은 모르타르를 신속히 긁어내려 용기 안에 넣고 전 배치를 보통 속도로 15초간 반죽한다.

③ 모르타르 배치의 처음 반죽이 끝난 뒤로부터 2분 15초 이내에 시험체의 성형을 시작한다.

④ 두께 약 2.5㎝ 모르타르층을 모든 입방체 칸 안에 넣는다.

⑤ 각 입방체 칸 안의 모르타르에 대하여 약 10초 동안에 32회 다지고, 다시 직각으로 방향을 바꾸어 시험체 전면에 8회의 다짐을 한다.

⑥ 모르타르 다지기(32회)는 하나의 입방체를 끝낸 후 다음으로 옮긴다.

⑦ 모든 입방체 칸에 대하여 모르타르 1층(2.5㎝)의 다지기가 끝난 후 나머지를 모르타르로 채우고 2층의 모르타르를 1층과 마찬가지로 다진다.

⑧ 모르타르 2층을 다지는 동안 밀려나온 모르타르를 탬퍼를 이용하여 틀 위에 쌓아 올리고, 다짐이 끝났을 때 각 입방체의 윗부분은 틀 윗면보다 약간 나와 있어야 한다.

⑨ 틀 윗면에 밀려나온 모르타르는 흙손으로 밀어 넣고 흙손으로 틀의 윗면과 같은 면으로 모르타르를 잘라 맞춘다.

(4) 압축강도 시험

① 시험체는 성형 후 1일 동안은 공기 중에, 나머지는 수중에 넣어 1일, 3일, 7일, 28일 동안 양생시키고 압축강도 시험은 각 재령마다 3개의 시험체에 대하여 실시한다.

② 재령 24시간 시험체에 대해서는 습기 함에서 꺼낸 직후 시험을 실시해야 한다.

③ 시험을 하기 위해 꺼낸 다른 시험체는 시험 시까지 젖은 헝겊으로 덮어두거나 23±2℃의 물속에 완전히 잠기도록 해야 한다.

④ 시험체는 표면이 건조 상태가 되도록 물기를 닦고 시험기의 상하 압축 면과 접촉할 면에 붙어 있는 모래알이나 다른 부착물을 없애고 곧은 자를 써서 검사한다.

⑤ 시험체의 단면적을 구한다.

⑥ 하중은 틀의 정확한 평면과 접촉하고 있는 시험체 면에 대하여 가한다.

⑦ 예측하는 최대하중이 1350kg 이상인 시험체에 대해서는 그 예측하는 초기부하의 1/2까지는 임의의 속도로 해도 좋다.

⑧ 예측하는 최대하중이 1350kg 보다 작은 시험체에 대해서는 초기부하를 가해서는 안 되기 때문에 하중 부하 속도를 균일속도로 가하여 시험체가 파괴되도록 한다. 이때 하중의 부하속도는 최대하중이 20초 이상 80초 이내에 미치는 속도로 가한다.

⑨ 압축강도는 시험기가 나타낸 최대 총 하중을 시험체의 단면적으로 나누어 N/㎟로 계산한다.

$$압축강도(N/㎟) = \frac{P}{A}$$

여기에서, P = 최대하중(N)

A = 가압판이 접촉하는 시험체 단면적(㎟)

4) 시험결과의 예

시멘트의 압축강도					
시 험 일			년 월 일		
시험일의 상태		실 온 (℃)		습 도 (%)	
시 료		시 료 명	채취장소	채취날짜	제조업체
		보통 포틀랜드 시멘트			
배치 재료질량(g)		시멘트	표준사	물	
		510	1,350	255	
재령(일)			3	7	28
압축강도	최대하중 (kN)	1	209.9	358.9	659.0
		2	215.8	362.9	637.4
		3	211.8	353.0	647.2
		4	205.9	357.8	642.2
		5	219.7	367.8	662.0
		6	225.6	343.2	637.4
	압축강도 (N/㎟)	1	13.1	22.4	41.2
		2	13.5	22.7	39.8
		3	13.2	22.1	40.5
		4	12.9	22.3	40.1
		5	13.7	23.0	41.4
		6	14.1	21.5	39.8
	압축강도 평균값 (N/㎟)		13.4	22.3	40.5

1.1.6 시멘트의 인장강도 시험

1) 시험의 목적

시멘트의 인장강도는 시멘트의 품질검사 시험의 하나이면서, 같은 시멘트를 사용한 콘크리트의 추정강도를 위하여 시험한다.

2) 시험기기 및 재료

(1) 저울 : 용량 1000g

(2) 표준체 : 850㎛, 600㎛

(3) 매스실린더 : 150~200㎖

(4) 틀 : 시험체 제작용 몰드는 금속제로서 틀이 벌어지지 않는 것으로 〈사진 1.1.3〉과 같으며, 사용 중인 틀은 25.4±0.25㎜, 새 틀은 25.4±0.13㎜이어야 하며, 내면 양측 사이의 가장 두꺼운 점의 두께는 새틀일 때는 $25.4^{+0.10}_{-0.05}$㎜, 사용 중인 틀은 25.4±0.05㎜이어야 한다.

〈사진 1.1.3〉 시험체 틀

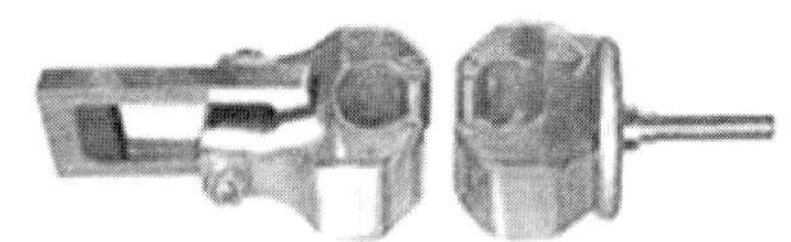

〈사진 1.1.4〉 시험체 고정용 클립

(5) 흙손 : 길이 10~15㎝ (미장용)

(6) 인장시험기 : 하중을 270±10kg/min의 속도로 가할 수 있고, 부하속도를 조절할 수 있는 것.

(7) 온도와 습도 : 온도는 20~27.5℃로 유지하고, 시험체 저장용 수조의 물의 온도는 23±2.0℃, 시험실의 상대 습도는 50% 이상, 습기 함이나 습기실은 95% 이상의 상대 습도에 시험체가 저장되도록 제작하여야 한다.

(8) 표준사 : 시험체 제작에 사용하는 모래는 주문진산 천연사로 KS L 5100(시멘트 강도 시험용 표준사)에 따른다.

(9) 시험체 : 〈그림 1.1.6〉에 표시한 치수에 일치하는 것.

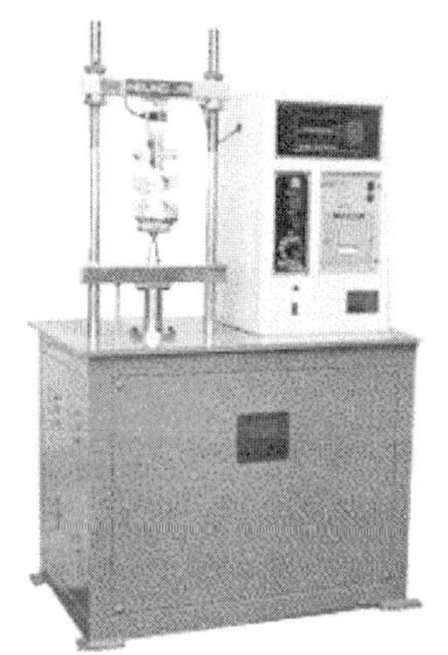

〈사진 1.1.5〉 인장강도 시험기

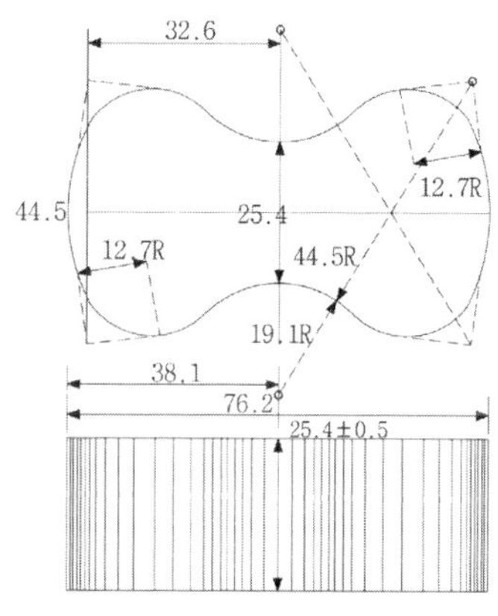

〈그림 1.1.6〉 인장강도 시험체 크기

3) 시험방법

(1) 모르타르 배합 및 혼합

① 표준 모르타르의 배합은 중량비로 하며, 시멘트 1에 표준사 2.7로 한다. 1배치에서 한번에 혼합하는 건조 재료의 양은 6개 시험체를 만드는데 필요한 시멘트 300g, 표준사 910g이다.

② 표준 모르타르에 사용할 물은 순 시멘트 반죽을 소요된 수량을 기준으로 하여 정하며 〈표 1.1.3〉과 같다.

③ 시멘트와 표준사의 비율이 무게비로 1:2.7이 아닐 때 혼합수의 양은 다음 식으로 계산한다.

$$Y=\frac{2}{3}\times\frac{P}{n+1}+K$$

여기에서, Y : 모래 모르타르에 필요한 물의 양(%)

P : 표준 주도의 시멘트에 필요한 물의 양(%)

n : 시멘트 1에 대한 모래의 양(무게비)

K : 표준사에 대한 상수로서 6.5

이 수치는 시멘트와 표준사를 합한 건조 재료의 무게에 대한 백분율이며, 표준 주도의 순 시멘트 반죽을 만드는데 소요되는 물의 양은 KS L 5102(수경성 시멘트의 표준주도 시험방법)에 따라서 결정한다.

〈표 1.1.3〉 표준 모르타르에 대한 물의 양

표준 주도의 순 시멘트 반죽에 대한 물의 양(%)	시멘트 1, 표준사 2.7의 모르타르에 대한 물의 양(%)
15	9.2
16	9.4
17	9.6
18	9.7
19	9.9
20	10.1
21	10.3
22	10.5
23	10.6
24	10.8
25	11.0
26	11.2
27	11.4
28	11.5
29	11.7
30	11.9

④ 건조 재료를 달아서 매끈하고 비흡수성인 반죽판 위에 놓고 건조한 그대로 잘 혼합한 다음 중앙에 홈을 만든다.

⑤ 정확한 양의 깨끗한 물을 홈 안에 붓고 가장 자리에 있는 재료를 흙손을 써서 30초 이내에 홈 안에 걷어 넣는다. 증발로 인한 손실을 줄이고 흡수를 촉진시키기 위하여 주위에 있는 마른 모르타르 위에 가볍게 흙손질 하여 30초간 흡수할 시간을 준 다음 계속해서 손으로 반죽하여 90초 동안에 작업을 완료한다.

(2) 시험체의 성형

① 틀에 모르타르를 채우기 전에 미리 광유를 엷게 바른다.

② 모르타르의 반죽이 끝난 직후, 몰드는 기름을 바르지 않은 유리판 또는 금속판 위에 올려놓고 모르타르를 다지지 말고 수북이 쌓아 올려놓는다.

③ 각 시험체마다 두 손의 엄지손가락으로 12회씩 전 면적에 걸쳐 힘껏 밀어 넣는다.

④ 모르타르를 몰드에 쌓아 놓고, 흙손으로 고르게 한다.

⑤ 틀 위에 광유를 바른 유리판이나 금속판을 두 손으로 틀과 판을 받쳐 들고 틀이 그 종축의 주위에 대하여 회전하도록 뒤집는다.

⑥ 윗판을 떼고 다시 쌓아 올리기, 누르기, 쌓아 올리기, 흙손으로 고르기를 반복한다.

⑦ 재령에서의 시험체 수는 3개 이상씩 만든다.

(3) 시험체의 양생

① 시험체 전부를 성형한 직후 틀에 넣은 대로 밑판에 얹어서 습기 함이나 습기실에 20~24시간 동안 보관한다.

② 24시간 전에 틀에서 떼어냈을 때에는 24시간이 될 때까지 습기 함이나 습기실 내의 선반 위에 보관하고, 24시간 시험할 때를 제외하고 저장용 수조의 깨끗한 물 안에 담가 놓는다.

(4) 시 험

① 24시간 시험체는 습기 함에서 꺼낸 직후에 시험하고, 그 이외의 시험체는 저장수에서 꺼낸 직후 시험한다.

② 24시간 시험을 하기 위하여 습기 함으로부터 1개 이상의 시험체를 꺼냈을 때 이들 시험체는 시험할 때까지 젖은 헝겊으로 덮어 놓는다.

③ 만약 시험을 하기 위하여 저장수에서 1개 이상의 시험체를 꺼냈을 때는 시험할 때까지 23±2℃ 온도의 물이 있는 용기에 넣어 완전히 잠기도록 한다.

④ 각 시험체는 표면건조상태가 되도록 물기를 닦고, 시험기의 클립과 접촉하는 면에 이물질이 없도록 한다.

⑤ 클립의 지지면은 깨끗이 하여 모래가 없도록 하고, 롤러 베어링은 기름을 쳐서 자유롭게 회전할 수 있도록 한다.

⑥ 클립을 달고 있는 철 걸이는 부착물이 없도록 하고, 피벗은 정확히 조정하여 클립이 자유롭게 피벗 주위로 움직이고 철 걸이에 교착되지 않도록 한다.

⑦ 시험체는 클립난의 중심에 오도록 설치하고 하중은 270±10kg/min의 속도로 재하한다.

⑧ 인장강도의 계산은 시험기가 나타낸 최대하중을 기록하고, 하중을 단면적으로 나누어 그 인장강도를 N/㎟로 계산한다.

4) 시험결과의 예

시멘트의 인장강도 시험결과						
시 험 일	년 월 일					
시험일의 상태	실온(℃)			습도(%)	수온(℃)	건조온도(℃)
시 료	시 료 명			채취장소	채취날짜	제조업체
	보통포틀랜드 시멘트					
배 합 비	시멘트 : 물			100 : 15		
재 령(일)				3	7	28
인장강도	최대하중(N)		1	2355	2890	3125
			2	2315	2865	3220
			3	2380	2835	3070
	단면적(㎟)			635.15		
	인장강도 (N/㎟)		1	3.71	4.55	4.92
			2	3.64	4.51	5.07
			3	3.75	4.46	4.83
	인장강도 평균값(N/㎟)			3.7	4.5	4.9

1.1.7 시멘트의 오토클레이브 팽창도 시험

1) 시험의 목적

시멘트의 오토클레이브 팽창도 시험은 시멘트의 안정성을 검토하여, 실제 공사에서의 적합 여부를 판정하기 위한 시험으로 안정성이 불량한 시멘트는 사용 후, 콘크리트 또는 모르타르에 균열 또는 뒤틀림을 일으키거나 구조물의 내구성을 저해하게 되므로 이에 대한 검토가 필요하다.

2) 시험기기 및 재료

(1) 저울 : 용량 1000g
(2) 매스실린더 : 150㎖
(3) 틀 : 단식 또는 복식으로 단면 25.4×25.4㎜, 유효표점거리 254㎜의 시료를 만들 수 있는 것으로 한다.
(4) 흙손 : 길이 100~150㎜
(5) 오토클레이브 : 21±1kg/㎠의 압력조작용으로 자동압력조절 및 안전밸브의 장치가 있는 것.
(6) 길이측정용 콤퍼레이터 : 부속으로 표준봉이 있는 것.
(7) 온도계 : 100℃까지 측정할 수 있는 것
(8) 시료 : 시멘트 500g
(9) 기타 : 습도계, 칼, 광유, 습기함 또는 습기실, 혼합기 등

3) 시험방법

(1) 시험체의 제작

① 시험체는 하나만을 만드는 것으로 하나, 만약 재시험을 해야 할 때에는 3개의 시험체를 만든다.

② 틀은 광유를 엷게 바른 다음에 표점에 끼워야 하며, 기름이 묻어 있지 않도록 깨끗이 해야 한다.

③ 표준 배치는 시멘트 500g에 표준 주도의 반죽을 만드는데 알맞은 물을 가한 것으로, KS L 5102(수경성 시멘트의 표준 시험 방법)에 따른다.

④ 혼합이 끝나는 즉시 시험체는 두 층으로 고르게 채워 다져 넣어 균일한 시험체가 되도록 성형하고 표면을 흙손으로 몇 번 문질러 매끈하게 한다.

⑤ 틀에 반죽을 채워 성형이 끝나면 즉시, 적어도 20시간을 틀에 채워 둔 채 습기 함이나 습기실에 놓아두어야 하며, 24시간 전에 틀에서 빼냈을 때에는 시험할 때까지 습기 함이나 습기실 안에서 보관해야 한다.

(2) 시험

① 성형한 다음 24시간 ±30분에 시험체를 습기 실에서 들어내어 즉시 길이를 측정하고, 각 시험체의 4면이 포화증기에 쏘이도록 시험체 걸이에 끼워 실온상태로 되어 있는 오토클레이브 안에 넣는다.

② 오토클레이브에는 시험하는 동안 언제나 포화증기로 차 있도록 보통 오토클레이브 용적에 7~10%의 물을 넣는다.

③ 가열기간 초기에는 오토클레이브로부터 공기가 빠져나가도록 통기밸브를 수증기가 나오기 시작할 때까지 열어 놓는다.

④ 통기밸브를 닫고 가열하기 시작해서부터 45~75분에 증기압이 2±0.07MPa의 압력으로 3시간 유지한다.

⑤ 3시간 경과한 후 가열을 중지하고, 다시 1시간 30분 뒤에는 압력이 0.07MPa 이하가 되도록 오토클레이브를 냉각한다.

⑥ 통기밸브 조금씩 열어 남은 압력을 천천히 내려 완전히 대기압이 되도록 한 후 오토클레이브를 열고 시험체를 즉시 90℃ 이상의 물속에 담근다.

⑦ 시험체 주위 물에 찬물을 골고루 가하여 15분 동안 23℃가 되도록 균일하게 냉각한다. 시험체 주위의 물은 23℃로 15분간 다시 유지하고, 시험체를 꺼내어 표면이 건조하면 다시 길이를 측정한다.

⑧ 오토클레이브시험 전후의 시험체 길이의 차는 유효 표점길이의 0.01%까지 계산해서 시멘트의 오토클레이브 팽창도로 보고한다. 길이가 수축했을 때는 백분율에 (-)부호를 붙인다.

팽창도(%): $\frac{A}{B} \times 100$

여기에서, A : 길이측정용 콤퍼레이터에 의한 팽창 길이

B : 시험체 길이

4) 시험결과의 예

시멘트 오토클레이브 팽창도(안정도) 시험				
시 험 일	년 월 일			
시험일의 상태	실온(℃)	습도(%)	수온(℃)	건조온도(℃)
시 료	시 료 명	채취장소	채취날짜	제조업체
	보통포틀랜드 시멘트			
배 합 비	시멘트 : 물	100 : 15		
시험체 번호	1	2	팽창도(%)	
1	0.21	284.20	0.07	
2	0.23	283.90	0.08	
3	0.21	284.00	0.07	
팽창도(%) 평균값	0.07			

1.2 골재

1.2.1 기본사항

골재란 모르타르 또는 콘크리트를 만들기 위하여 시멘트 및 물과 혼합하는 모래, 자갈, 쇄석(碎石)기타 이와 비슷한 재료를 말하며, 입경에 따라서 잔골재와 굵은 골재로 구별된다. 골재가 콘크리트에서 차지하는 용적은 단위 수량, 물-시멘트 비율, 굵은 골재의 최대 치수 등에 의한 배합설계에 따라 다르며, 대략 65~80%의 범위에 미치고 있어, 콘크리트의 워커빌리티(workability), 강도, 내구성에 커다란 영향을 미치고 있다.

특히, 골재가 가져야 하는 요구 성능에 의하여 골재의 품질이 규정에 적합한지 아닌지를 시험에 의하여 판단해야 하는 경우가 많아지고 있다. 이러한, 골재 시험의 목적으로는 첫째, 콘크리트 공사에서 그 골재를 사용할 것인지의 여부를 정하기 위하여, 둘째, 산지의 다른 수많은 골재 중에서 골재가 필요한 성질을 비교해서 사용 가능한 골재를 선정하기 위하여, 셋째, 균일한 콘크리트를 만들기 위하여 공급되는 골재 품질의 변동을 조사하고, 그 변화에 대하여 적정한 조치를 취하기 위하여 목적에 따라 콘크리트 공사의 시공 개시 전 또는 시공 중에도 골재의 각종 시험을 실시할 필요가 있다.

1) 시료의 채취

(1) 현장 시료의 채취

현장에서는 대표적인 시료를 채취하는 것은 상당히 어려우므로 충분한 주의를 필요로 하고, 저장상이나 저장조, 콤베어나 트럭 등으로 채취한다.

(2) 골재 저장고에서 시료를 채취하는 경우

저장고에서의 조립도 분포는 가장자리에는 입도가 거친 것이 많고, 중앙부에는 고운 입자가 모여 있는 경우가 대부분이므로 가장자리, 정상, 중간 등의 전체에 걸쳐서 채취해야 한다. 잔골재의 경우에는 건조한 표층을 제거하고 습한 층에서 시료를 채취하여 사용해야 한다.

(3) 저장조에서 채취하는 경우

채취하는 시간 간격을 바꾸어서 저장조의 유출구에서 나오는 골재의 전체 단면에서 채취하도록 한다.

(4) 벨트 콤베어에서 채취하는 경우

작동 중인 벨트 콤베어를 정지시키고, 흐름의 단면 전 부분에 해당되는 골재를 채취한다. 저장조와 마찬가지로 시간 간격을 바꾸면서 여러 차례 나누어서 채취한다.

(5) 트럭에서 채취하는 경우

골재를 내릴 때 각각의 장소, 높이, 시간 간격을 바꾸면서 채취한다.

2) 시험 시료의 준비

시험을 위하여 이용하는 시료는 대량으로 채취한 전체적인 것과 가급적 입도 조성이 달라지지 않도록 하기 위하여 4분법이나 시료분취기를 이용하여 채취한다.

(1) 4분법에 의한 방법

시료를 철판 위 등에 얇고 펴서 직경에 따라 4등분으로 하여 대각선상에 있는 2개의 시료(a+c 또는 b+d)를 채취하여 다른 곳으로 옮기고, 남은 시료를 다시 혼합하여 소요량 시료가 얻어질 때까지 같은 방법(e+g 또는 h+f)으로 반복하여 필요한 시료를 채취한다.

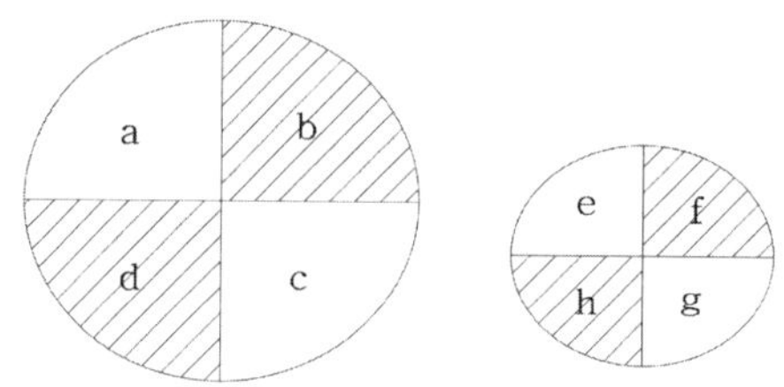

〈그림 1.2.1〉 시료의 4분법에 관한 모식도

(2) 시료 분취기에 의한 방법

주로 잔골재 시료를 채취할 경우에 사용하는 것으로 〈사진 1.2.1〉과 같이 분취기 위쪽에서 잔골재를 넣고, 통과되는 시료 반을 채취하고 나머지 반을 다시 분취하여, 시료가 소요량이 될 때까지 반복한다.

〈사진 1.2.1〉 시료분취기

1.2.2 골재의 체가름 시험

1) 시험의 목적

적당한 입도(골재의 크고 작은 입자가 혼합되어 있는 정도)의 골재를 이용하면 소요 워커빌리티의 콘크리트를 만들기 위하여 필요한 단위 수량을 줄일 수 있으며, 물-시멘트 비율을 일정하게 하면서 단위 시멘트 량도 줄일 수 있어 골재의 입도 조정을 통하여 양질의 콘크리트를 경제적으로 제조할 수 있다.

특히, 건축공사 표준시방서에서는 골재의 크기별로 콘크리트 배합을 표시하고 있어 매우 중요하다 할 수 있으며, 체 통과율에 따라 골재의 입도분포 및 최대치수를 확인할 수 있어 콘크리트에 사용을 판정하는 자료로 이용할 수 있다.

2) 시험기기 및 재료

(1) 시험기기

① 저울 : 시료 무게의 0.1% 이상의 정밀도를 가진 것

② 체 : 체는 망체 0.088mm, 0.15mm, 0.3mm, 0.6mm, 1.2mm, 1.7mm, 2.5mm, 5mm의 잔골재용 체와 10mm, 15mm, 20mm, 25mm, 30mm, 40mm, 50mm, 60mm, 80mm 및 100mm의 굵은 골재용 체를 사용한다.

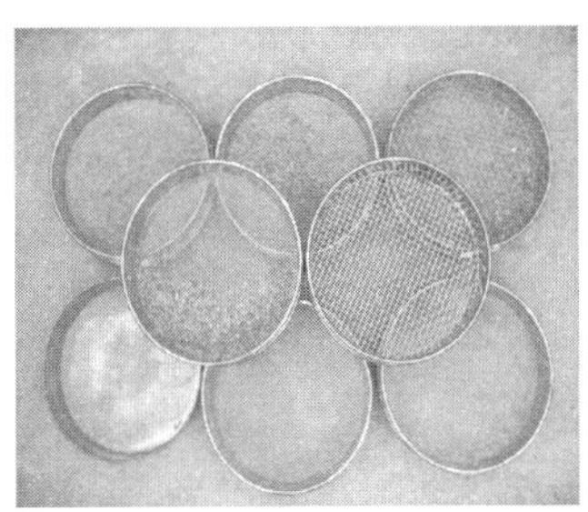

〈사진 1.2.2〉 잔골재 체가름 시험기기

〈사진 1.2.3〉 굵은 골재의 체가름 시험기기

(2) 시료

시료는 4분법 또는 시료분취기를 사용하여 채취한 것으로 시료는 105± 5℃에서 무게가 일정(항량)할 때까지 건조시키며, 사용하는 시료의 무게는 〈표 1.2.1〉과 같다.

〈표 1.2.1〉 체가름 시험에 사용하는 골재의 중량

골재의 종류	최대치수 (mm)	시료의 중량 (g)
잔골재	1.2mm체를 95% 이상 통과하는 것	100
	1.2mm체에 5% 이상 걸리는 것	500
굵은 골재	10mm 정도	1,000
	15mm 정도	2,500
	20mm 정도	5,000
	25mm 정도	10,000
	40mm 정도	15,000
	50mm 정도	20,000
	60mm 정도	25,000
	80mm 정도	30,000
	100mm 정도	35,000

3) 시험방법

(1) 체를 상하 및 수평으로 흔들어 1분 동안에 각 체에 걸리는 시료량의 1% 이상이 그 체를 통과하지 않게 될 때까지 계속 진동을 준다.

(2) 각 체의 체 눈에 끼인 입자는 분쇄되지 않도록 주의하여 다시 빼내어 해당 체에 걸린 시료로 간주하며, 체가름을 끝낸 후 저울을 사용하여 각 체에 걸리는 시료의 무게를 측정한다.

(3) 체가름 시험의 결과는 시료 전체 무게에 대한 백분율로 소수점 이하 첫째 자리까지 계산하여 정수로 끝맺음 한다.

4) 시험결과의 예

골재의 체가름 시험결과								
시 험 일	년 월 일							
시험일의 상태	온 도 (℃)				습 도 (%)			
시료	시 료 명		채취장소		채취일자		제조업체	
호칭치수(mm)	굵은 골재				잔골재			
	각 진동기에 남아있는 양의 누계		각 진동기에 남아있는 량		각 진동기에 남아있는 양의 누계		각 진동기에 남아있는 량	
	(g)	(%)	(g)	(%)	(g)	(%)	(g)	(%)
37.5 (40)	0	0	0	0				
31.5 (30)	123	2	123	2				
26.5 (25)	576	10	453	8				
19 (20)	2112	35	1536	25				
16 (15)	3168	53	1056	18				
9.5 (10)	4698	78	1530	25	0	0	0	0
4.75 (5)	5871	98	1173	20	21.5	4	21.5	4
2.36 (2.5)	6000	100	129	2	51.0	10	29.5	6
1.18 (1.2)		100		0	96.5	19	45.5	9
0.6		100		0	234.5	47	138.0	28
0.3		100		0	394.0	79	159.5	32
0.15		100		0	475.0	95	81.0	16
0.075		100		0	500	100	25.0	5
접시 받이					500	100	0.0	0
합계			600	100			500	100
조립률	(400+100+78+35)/100=7.11				(95+79+47+19+10+4)/100=2.54			
최대 치수	40mm (90% 이상 통과하는 진동의 최소 치수)				(주) 접시받이의 100은 더하지 않는다.			

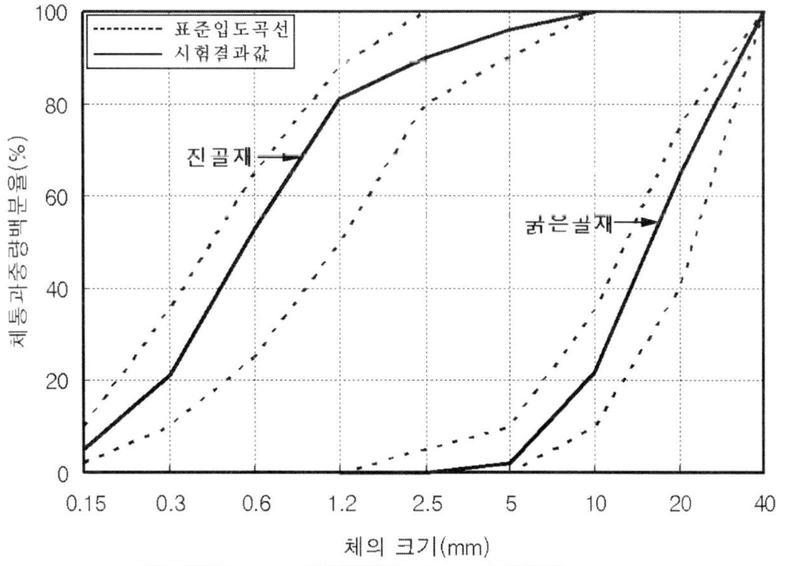

표준입도곡선
시험결과값
진골재
굵은골재
체통과중량백분율(%)
체의 크기(mm)

1.2.3 잔골재의 밀도 및 흡수율 시험

1) 시험의 목적

잔골재의 일반적 성질을 판단하고 콘크리트의 배합설계에 있어서 잔골재의 절대용적을 확인할 수 있도록 실시하는 것으로, 잔골재 입자의 공극 상태를 확인하고 콘크리트 배합설계 시 사용수량을 조절하기 위해서도 필수적인 실험이다. 즉, 절대용적 배합을 중량배합으로 환산할 경우와 중량배합의 골재를 용적배합으로 환산할 경우에 필요하며, 골재의 실적률 및 골재가 포함하고 있는 함수 상태를 파악하는 경우에 필요하다.

2) 시험기기 및 재료

(1) 잔골재 700g (2) 플라스크(500㎖) (3) 다짐대(중량 340g)
(4) 원추형 몰드(안지름 38㎜, 바닥안지름 89㎜, 높이 74㎜)
(5) 건조기 (6) 메스실린더 (7) 수조 (8) 바이브레이터(진동기)

3) 시험방법

(1) 시료분취기 또는 4분법에 의하여 채취한 시료 약 700g 정도를 105± 5℃의 온도에서 중량이 일정하게(항량) 될 때까지 건조시킨 후, 24±4시간 동안 물속에 담근 후 시료를 상온에서 서서히 건조시킨다.
(2) 시료를 원추형 몰드에 1/3씩 담아 다짐대의 무게만으로 25회 다지고 몰드를 수직으로 빼 올렸을 때 잔골재의 원추모양이 흘러내릴 때까지 계속하며, 잔골재를 헤쳐 말리면서 시험을 반복하여 〈사진 1.2.4〉와 같은 슬럼프를 갖는 시료를 만든다.
(3) 이때의 시료 500g을 플라스크에 넣고 약 500g의 눈금까지 물을 채워 플라스크를 평평한 면에 굴려 기포를 모두 없앤 후, 항온수조에 담가 23±1.7℃의 온도를 조정하여 플라스크 시료와 물의 중량을 0.1g까지 측정한다.
(4) 잔골재를 플라스크에서 꺼낸 다음, 항량이 될 때가지 105±5℃에서 건조 시키고 상온에서 식힌 후 무게를 측정하고, 23± 1.7℃의 물을 플라스크의 검정용량까지 채워 중량을 측정한다.
(5) 시험은 2회 실시하고 그 측정값의 차가 밀도시험의 경우에는 그 값의 0.02 이하, 흡수율시험의 경우에는 0.05 이하이어야 한다.

$$\text{비 중} = \frac{500}{(500+w_1)-w_2}$$

$$\text{흡수율} = \frac{500-A}{A} \times 100$$

여기에서, A = 건조시킨 시료의 공기 중에서의 중량(g)

w_1 = 플라스크에 넣은 물의 전 중량(g)

w_2 = 시료와 물로 검정한 플라스크 용량(g)

〈사진 1.2.4〉 잔골재의 흡수상태 측정 방법

4) 시험결과의 예

<table>
<tr><th colspan="6">잔골재의 밀도 및 흡수율 시험결과</th></tr>
<tr><td>시 험 일</td><td colspan="5">년 월 일</td></tr>
<tr><td>시험일의 상태</td><td>실 온 (℃)</td><td colspan="2"></td><td>습 도 (%)</td><td></td></tr>
<tr><td rowspan="2">시 료 명</td><td>시 료 명</td><td colspan="2">채취장소</td><td>채취날짜</td><td>제조업체</td></tr>
<tr><td>세척사</td><td colspan="2"></td><td></td><td></td></tr>
<tr><td colspan="2">시료 번호</td><td colspan="2">1</td><td colspan="2">2</td></tr>
<tr><td colspan="2">① 플라스크+물의 질량 (g)</td><td colspan="2">664.3</td><td colspan="2">664.6</td></tr>
<tr><td colspan="2">② 플라스크+시료+물의 질량 m2(g)</td><td colspan="2">971.2</td><td colspan="2">971.9</td></tr>
<tr><td colspan="2">③ 밀 도</td><td colspan="2">2.58</td><td colspan="2">2.59</td></tr>
<tr><td colspan="2">평균 밀도</td><td colspan="4">2.58</td></tr>
<tr><td colspan="2">④ 절건 시료의 질량 A (g)</td><td colspan="2">490.3</td><td colspan="2">489.4</td></tr>
<tr><td colspan="2">⑤ 흡수율 (%)</td><td colspan="2">2.12</td><td colspan="2">2.19</td></tr>
<tr><td colspan="2">평균 흡수율</td><td colspan="4">2.15</td></tr>
</table>

1.2.4 굵은 골재의 밀도 및 흡수율 시험

1) 시험의 목적

굵은골재의 밀도는 공극 상태를 확인하고 콘크리트 배합설계 시 사용수량을 조절하기 위한 실험이며, 흡수율은 골재 내부의 공간 정도에 수분을 함유한 상태를 확인하는 것으로 흡수율이 큰 골재는 일반적으로 밀도도 적고 내구성도 작아지는 경향이 있으므로 이에대한 평가가 필요하며, 골재는 함수 상태에 따라서 다음과 같은 4가지의 상태로 구분할 수 있으며, 〈그림 1.2.2〉과 같다.

(1) 절대건조 상태(절건):골재 입자 내부의 틈에 포함되어 있는 물이 모두 제거된 상태로서 105±5℃의 건조기에서 건조된 상태이다.

(2) 공기 중 건조 상태(기건):골재 표면은 건조하고, 내부는 포화되어서 필요한 물량에 비하여 적은 양의 수분을 함유하고 있는 상태로서 공기 중에 방치하여 자연 건조시킨 상태를 말한다.

(3) 표면건조 포수상태(표건):골재 입자 표면에 수분이 부착되지 않고, 내부의 틈이 물로 완전하게 채워진 상태를 말한다.

(4) 습윤상태: 골재 입자 표면에 수분이 부착되어 있고, 내부도 물로 완전하게 채워져 있는 상태를 말한다.

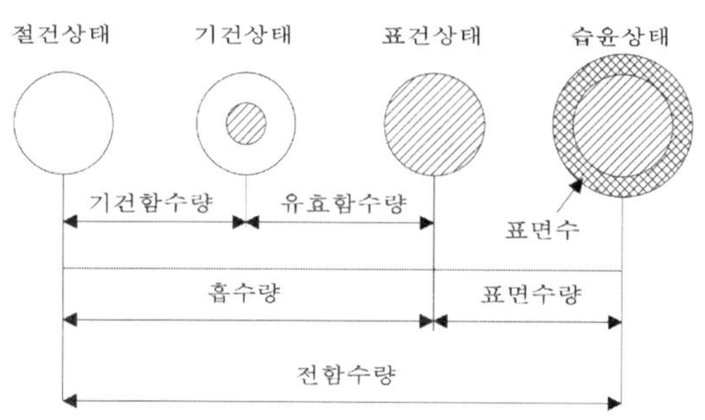

〈그림 1.2.2〉 골재의 함수상태

2) 시험기기 및 재료

(1) 시험기기

① 저울 : 감도 0.5g 이상이거나 시료 무게의 0.05% 이내를 읽을 수 있는 것

② 용기 : 5㎜의 철선으로 만든 철망으로 나비(20㎝)와 높이(20㎝)가 동일한 것

③ 수조 : 저울에 매달린 시료 용기를 담을 수 있는 물이 새지 않는 용기

④ 체 : 5㎜체

〈사진 1.2.5〉 굵은골재의 밀도 시험기

(2) 시료

굵은 골재를 혼합하여 시료 분취기 또는 4분법으로 25㎜이하일 경우 2㎏, 25㎜ 이상일 경우 5㎏의 시료를 채취하고, 5㎜체를 통과하는 시료는 모두 버려야 한다.

〈표 1.2.2〉 굵은 골재의 치수에 대한 중량

골재의 최대 호칭 치수(㎜)	시료의 최소 중량(㎏)
13 또는 그 이하	2
20	3
25	4
40	5
50	8
65	12
80	18
90	25
100	40
112	50
125	75
150	125

3) 시험방법

(1) 굵은골재 표면의 부착물을 제거한 후, 105±5℃의 온도로 건조시키고, 1~3시간 동안 실온으로 냉각시킨 다음, 24±4시간 동안 상온의 물에 담근다.

(2) 물 속에서 시료를 꺼내어 흡수천 등을 사용하여 표면에 묻어 있는 수분을 닦아내고, 표면건조 포화 상태 동안 골재의 구멍에서 물이 증발하는 것을 방지하여야 한다.

(3) 이때의 표면건조 포화 상태의 무게를 달고, 표면건조 포화 상태의 시료를 철망상자에 넣어, 수중에서의 수중 중량을 계량한다.

(4) 수중에서 추출한 시료를 105±5℃의 온도로 중량변화가 일어나지 않을 때까지 건조시킨 후, 실온에서 식힌 다음 0.5g까지 계량한다.

(5) 시험은 3회 시행하여 얻은 평균값으로 하며, 밀도시험의 경우 0.02이하, 흡수량 시험은 0.05% 이하의 오차 범위 이하로 해야 한다.

$$\text{절대 건조 상태의 밀도} = \frac{A}{B-C}$$

$$\text{표면 건조 포화 상태의 밀도} = \frac{B}{B-C}$$

$$\text{흡수율} = \frac{B-A}{A} \times 100$$

여기에서, A : 대기 중 시료의 건조 무게(g)
B : 대기 중 시료의 표면 건조 포화 상태의 무게(g)
C : 물속에서 시료의 무게(g)

4) 시험결과의 예

굵은 골재 밀도 및 흡수율 시험결과					
시 험 일	년 월 일				
시험일의 상태	실 온(℃)		습 도(%)	수 온(℃)	건조온도(℃)
시 료 명	시 료 명		채취장소	채취날짜	제조업체
	쇄 석				
시료 번호		1		2	3
① 대기 중의 표건 시료의 질량 B		2000.5		2000.0	
② 수중에서의 시료의 질량 C		1699.5		1692.0	
③ 표건 밀도		2.65		2.64	
④ 절건 시료의 질량 A		1977.7		1978.0	
⑤ 건조 밀도		2.62		2.61	
⑥ 흡수율		1.15		1.13	

1.2.5 잔골재의 표면수율 시험

1) 시험의 목적

콘크리트에 사용되는 잔골재에 묻어 있는 표면수는 배합 시 콘크리트의 단위수량을 증가시키는 원인이 되어 시공연도 및 강도에 나쁜 영향을 미칠 수 있으며, 배합설계 시 표면건조 내부포화상태의 골재를 대상으로 단위수량을 구하기 때문에 이에 대한 명확한 측정이 필요하다.

〈표 1.2.3〉 표면수율의 기준

골재 상태	표면수율(%)
*습한 모래 또는 쇄석(碎石)	1.5~2
*상당히 많이 젖은 모래(손에 쥐면 손바닥이 젖는다)	5~8
*보통 상태로 젖은 모래(손에 쥐면 형태를 유지하고, 손바닥에 약간의 물이 묻는다)	2~4
*습한 모래(손에 쥐면 부서지고, 손바닥에 약간의 습기가 느껴진다)	0.5~2

주) 동일 정도의 표면 수율로 보이는 경우라도 거친 모래일수록 표면수는 적다.

2) 시험기기 및 재료

(1) 시험기기

① 저울 : 저울은 2kg 이상, 감도 0.5g 이하인 것

② 용기 : 금속으로 된 적당한 플라스크 또는 용기

주) 용기라 함은 피크노미터와 용적을 측정할 수 있는 플라스크 또는 그 밖의 적당한 계량 장치가 있는 그릇을 말한다. 용기의 용적은 다져지지 않은 시료 용적의 2~3배가 되어야 하며, 일정한 용량을 표시하는 표시선이 있거나 용량을 0.5㎖ 이하까지 읽을 수 있는 눈금이 있는 것.

(2) 시료

시료의 무게는 자연 상태의 잔골재로서 400g 이상의 시료를 사용하지만, 양이 많을수록 더 정확한 시험 결과를 얻을 수 있다.

3) 시험방법

(1) 중량법에 의한 측정

① 물을 용기의 표시 선까지 채우고 무게(g)를 측정한 다음, 용기를 비우고 시료를 침수시킬 수 있는 충분한 물을 용기 속에 다시 넣는다.

② 그 다음 잔골재를 용기 속에 넣고, 기포를 제거한 다음에 용기의 표시 선까지 물을 채우고 그 무게를 측정하여 시료에 의해서 배제되는 물의 무게(Vs)는 다음 식에 따라 계산한다.

$$V_s = W_c + W_s - W$$

여기에서, V_s : 시료에 의해서 배제된 물의 중량(g)

W_c : 표시 선까지 물이 들어 있는 용기의 중량(g)

W_s : 시료의 중량(g)

W : 표시 선까지 물을 채웠을 때 시료가 들어 있는 용기의 중량(g)

(2) 용적법에 의한 측정

① 시료를 충분히 침수시킬 수 있는 물의 양(㎖)을 측정하고, 이 물을 용기 속에 넣는다. 무게를 측정한 시료를 용기 속에 넣은 다음, 함유되어 있는 기포를 제거한다.

② 용량을 측정할 수 있는 플라스크를 사용했을 때, 시료와 물의 혼합된 용량은 플라스크의 눈금을 읽음으로써 측정할 수 있다.

③ 일정한 용량의 피크노미터나 플라스크를 사용할 때의 시료와 물의 혼합된 용량은 용기의 표시 선까지 물을 채우고, 그 수량을 측정하여 용적을 계산한다.

$$\text{물의 용량 } V_s = V_2 - V_1$$

여기에서, V_s : 시료에 의해서 배제된 물의 중량(g)

V_1 : 시료와 물의 혼합 중량(g)

V_2 : 시료를 완전히 침수시키는 데 필요한 물의 중량(g)

표면 건조 포화 상태의 잔골재를 기준으로 한 표면수율과 습윤 상태의 잔골재 무게를 기준으로 한 표면수율은 다음 식으로 구할 수 있다.

$$P1 : \frac{V_s - V_d}{W_s - V_s} \times 100, \ P2 : \frac{V_s - V_d}{W_s - V_d} \times 100$$

여기에서, P1 : 표면 건조포화 상태의 잔골재를 기준으로 한 표면수율(%)

P2 : 습윤 상태의 잔골재 무게를 기준으로 한 표면수율(%)

V_d : 시료의 무게를 KS F2504에 따라 측정한 표면 건조 포화 상태 때의 비중으로 나눈 값

V_s : 배제된 물의 중량(g)

W_s : 시료의 무게(g)

4) 시험결과의 예

잔골재의 표면수율 시험결과							
시 험 일	년 월 일						
시험일의 상태	실 온 (℃)			습 도 (%)			
시 료	시 료 명	채취장소		채취날짜		제조업체	
	세척사						
측정 항목		중량법			용적법		
		NO.1	NO.2	NO.3	NO.1	NO.2	NO.3
① 시료의 질량 w_s(g)		500	500	500	500	500	500
② (플러스크)+(물) w_c(g)		956.0	951.5	956.3			
③ (플러스크)+(물)+(시료) w (g)		1,246.7	1,243.4	1,247.3			
④ 시료를 덮는 물의 양 v_1(mℓ)					200	200	200
⑤ (물)+(시료) v_2 (mℓ)					409	410.5	409.5
중량법 v_s		209.3	208.1	209.0			
용적법 v_s					209	210.5	209.5
⑥ 표면 건조 포화 상태 때의 비중으로 나눈 값 v_d		194.6	194.6	194.6	194.6	194.6	194.6
⑦ 표면 수율 %		5.1	4.6	5.0	4.9	5.5	5.1
평균치		(5.1+5.0)/2=5.0%			(4.9+5.1)/2=5.0%		

1.2.6 골재의 단위용적 중량 및 실적률 시험

1) 시험의 목적

골재의 공극률 계산 및 콘크리트의 배합을 용적으로 표시하는 경우, 골재를 용적으로 계량할 때 필요한 시험으로서 입형 판정을 위해서는 실적율이 이용되고 있으며, 그 값은 최대 치수 20㎜로 55% 이상이 요구되고 있다.

또한, 현장 등에서의 골재의 수송계획을 결정하거나 소요량을 계산 할 경우에 필요하며, 골재의 단위용적 질량 및 실적율 값은 〈표 1.2.4〉에 나타나있는 범위를 갖고 있다.

〈표 1.2.4〉 골재의 단위용적질량 및 실적율 범위

골재의 종류		단위용적질량(kg/ℓ)	실적율(%)
보통 골재	잔골재	1.50~1.85	53~73
	굵은골재	1.55~2.00	45~70
경량 골재	잔골재	0.80~1.20	48~72
	굵은골재	0.65~0.90	50~70

2) 시험기기 및 재료

(1) 시험기기

① 저울 : 0.1g까지 측정할 수 있는 것

② 다짐봉 : 지름 16mm, 길이 500mm, 끝은 지름 16mm의 반구형으로 된 것

③ 용기 : 금속제 원통형으로 밑면이 평평하고 수밀한 것

〈사진 1.2.6〉 시험 용기

〈표 1.2.5〉 단위용적 중량 시험에 사용하는 용기의 치수

용량 (ℓ)	안지름(mm)	안높이(mm)	금속 용기의 최소 두께(mm)		골재의 최대 치수(mm)
			바닥	벽	
3	155±2	160±2	5.0	2.5	12.5
10	205±2	305±2	5.0	2.5	25
15	255±2	295±2	5.0	3.0	40
30	355±2	305±2	5.0	3.0	100

(2) 시료

시료는 4분법 또는 시료 분취기에서 채취하고, 기건 상태에서 충분히 혼합한 후 사용한다.

3) 시험방법

(1) 봉다짐 시험 : 봉다짐 시험 방법은 골재의 최대 치수가 40mm 이하인 경우에 적용하는 것으로 골재를 용기에 1/3씩 넣고, 상부 면을 손으로 고른 다음, 다짐봉으로 25회 균등하게 다진다. 다음에 용기의 2/3까지 시료를 넣고 전과 마찬가지로 25회 다짐을 실시하며, 이때, 첫 층을 다질 때 다짐봉이 용기의 밑바닥을 타격하지 않도록 하고 2번째 및 3번째 층을 다질 때는 다짐봉이 그 전층에 관통할 수 있는 힘만을 가해야 한다.

(2) 지깅 시험 : 골재의 최대 치수가 40mm 이상 100mm 이하인 것에 대하여 적용하는 것으로, 용기를 시멘트 콘크리트 슬래브와 같은 견고한 기초 위에 놓고, 용기의 한쪽이 50mm 가량 올라가도록 기울인 후 슬래브에 닿아서 충격을 받을 수 있도록 용기를 떨어뜨려서 각 층을 채워, 각 층에 대하여 용기를 위의 방법으로 한쪽에 25회씩 50회 떨어뜨려 다져야 한다.

(3) 쇼벨 시험 : 삽을 사용하는 시험 방법으로 골재의 최대 치수가 100m 이하인 것에 대하여 적용하며, 골재를 용기 윗면에서의 높이가 50mm를 넘지 않도록 삽으로 채우고, 용기의 윗면으

로 골재가 튀어나온 것은 용기의 윗부분과 대략 같도록 손가락이나 곧은 날로 평편하게 마감하며, 골재의 단위용적중량 시험의 계산은 다음 식에 의하여 계산한다.

$$단위\ 용적\ 중량\ M=\frac{G-T}{V}\quad 또는\ M=\frac{G-T}{V}\times\frac{m_1}{m_2}$$

여기에서, M : 단위 용적 중량(kg/㎥)

G : 용기를 포함한 시료의 무게(kg)

T : 용기만의 무게(kg)

V : 용기를 채운 물의 무게를 물의 단위 용적 중량으로 나눈 값(㎥)

m_2 : 함수율 측정을 위한 시료의 건조 전의 중량 (kg)

m_1 : 함수율 측정을 위한 시료의 건조 후의 중량 (kg)

또한, 용기에 채운 골재의 절대용적의 백분율을 골재의 실적률이며, 단위용적당 공극비율을 공극률이라 한다.

$$공극률(\%)=(1-\frac{M}{S})\times 100$$

여기에서, M : 골재의 단위 용적 중량(kg/㎥)

S : 골재의 밀도

주) 물의 밀도는 998kg/㎥이다.

실적률(%) =100-공극률(%)

5) 시험결과의 예

골재의 단위 용적 질량 및 실적율 시험결과				
시 험 일	년 월 일			
시험일의 상태	실 온(℃)		습 도 (%)	
시 료	시 료 명	채취장소	채취날짜	제조업체
	쇄 석			
시료를 채우는 방법	봉에 채우는 방법			
측정 번호	1		2	
① 용기 치수 (㎜)	내경 140 안의 높이 130			
② 용기 용적 V	2.001			
③ 시료와 용기의 질량 G (kg)	4.602		4.616	
④ 용기의 질량 T (kg)	1.351		1.351	
⑤ 시료의 질량 ③-④ (kg)	3.251		3.265	
⑥ 단위용적질량 M ⑤/②(kg/ℓ)	1.625		1.632	
⑩ 표건밀도 (g/㎤)	2.58		2.58	
⑪ 흡수율 (%)	1.88		1.86	
⑫ 실적율 ⑥×(100+⑪/⑩(%)	64.17		64.43	
⑬ 평균치 (%)	64.3			

1.2.7 잔골재의 유기불순물 시험

1) 시험의 목적

잔골재에 함유되어 있는 유기불순물의 함유정도를 파악하고 골재로서의 사용여부를 판정하는 자료를 얻을 목적으로 사용되는 시험으로서, 색상의 비교에 의하여 판단되는 것이며, 유기불순물 시험에서 불합격이 된 잔골재에 대해서는「모르타르 압축강도에 의한 모래 시험」을 실시하여, 사용 여부를 판정할 수 있으나 단, 시험액의 색이 암적갈색인 경우에는 이 시험을 해도 거의 사용할 수 없다.

2) 시험기기 및 재료

(1) 표준 용액
(2) 화학 천평기
(3) 메스실린더
(4) 용량 400mℓ의 고무마개가 있는 유리병(그 중 1개는 130mℓ, 200mℓ의 눈금이 있는 것.)
(5) 1mℓ의 눈금을 갖는 피펫(pipette)

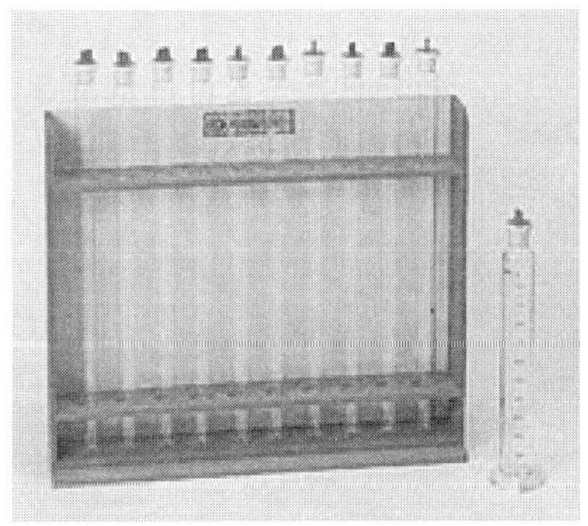

〈사진 1.2.7〉 유기불순물 시험에 사용되는 유리병의 예

※ 식별용 표준 용액의 제조방법
① 10%의 알코올 용액으로 2%의 탄닌산 용액을 만든다.
② 수산화나트륨(NaOH)용액을 97:3의 질량비로 물과 가성소다를 섞어 만든다.
③ 탄닌산 용액 2.5mℓ을 3%의 수산화나트륨 용액 97.5mℓ에 혼합한다.
④ 탄닌산 용액과 수산화나트륨 용액이 혼합된 용액을 400mℓ의 유리병에 넣어 24시간 동안 정치시킨 것을 표준액으로 사용한다.

3) 시험 방법

(1) 4분법 또는 시료 분취기에서 채취된 약간 젖어 있는 시료 500g을 400㎖의 유리병에 125㎖까지 넣은 후, 여기에 3%의 수산화나트륨 용액을 200㎖ 넣고, 병마개를 막아 잘 흔들어 24시간 동안 정치시킨 후 색상의 변화 등을 확인한다.

(2) 그 후, 시료 상부 용액의 색상을 표준 용액과 비교할 수 있도록 충분히 관찰하고, 모래 위쪽 시험용액의 색도가 표준 용액보다 연한 경우 그 시료는 합격이 된다.

5) 시험결과의 예

잔골재의 유기불순물 시험결과				
시 험 일	년　　월　　일			
시험일의 상태	실 온 (℃)		습 도 (%)	
시　　료	시 료 명	채취장소	채취장소	제조업체
	세척사			
결　　과	표준색상에 비해 맑다			
비 고 : 시험기구 내에 시료에 의한 시험액 색상이 무색, 담황색, 짙은 황색인 경우의 잔골재는 콘크리트에 사용할 수 있는 골재로 판단하여도 무관하며, 적황색, 맑은 담적갈색, 암적갈색인 경우에는 표준색상액에 비하여 진하다고 판정하여 골재로서 좋지 않은 불순물을 함유하고 있는 것으로 판단할 수 있다.				

1.2.8 잔골재 중의 염화물이온함유량 시험

1) 시험의 목적

천연 강모래의 부족현상으로 최근 바닷모래를 세척하여 사용하는 해사를 사용하고 있는 관계로 잔골재에 포함되어 있는 염화물 이온이 콘크리트 내부로 확산되어 내부 철근의 산화작용을 촉진시키고 있다. 따라서 콘크리트에 사용하는 잔골재의 염화물량을 확인하여 제조되는 콘크리트의 내구성능이 향상될 수 있도록 정확한 평가가 필요하다.

2) 시험기기 및 재료

(1) 시험기기

〈표 1.2.6〉 염화물함유량 시험에 사용되는 시험기구의 종류

명 칭	모양 · 치수	수 량
화학 천칭	감도 0.0001g	1대
저울	감도 0.1g, 용량 2kg 이상	1대
비커	1000mℓ	시료와 같은 수
삼각 플라스크	100mℓ	시료와 같은 수
홀피펫	50mℓ	1개
dropping 피펫	2mℓ	1개
메스실린더	500mℓ	1개
오븐	110℃로 유지할 수 있는 것.	1대
뷰렛(갈색)	25mℓ	1개
유리봉	교반용	시료와 같은 수
데시케이터	시료 건조 및 보존용	1개
병(갈색)	시약 보존용 1500mℓ	2개
은박지	비커 밀봉용 20×20cm	시료와 같은 수
플라스크(갈색)	100mℓ, 1000mℓ	1개

(2) 시약

① 0.1N 질산은 용액: 질산은($AgNO_3$) 시약을 110-150℃로 약 1시간 건조하고, 데시케이터에서 식힌 후 16.9873g을 메스플라스크(1000mℓ)에 넣고, 소량의 증류수로 용해한 다음, 정확히 1000mℓ가 되도록 증류수로 희석하여 만든다.

② 5% 크롬산칼륨 용액: 크롬산칼륨 시약(K_2CrO_4) 5g을 메스플라스크(100mℓ)에 넣어 소량의 증류수로 용해한 다음, 100mℓ로 희석하여 만든다.

3) 시험방법

(1) 채취된 시료를 잘 혼합하여 500g을 비커(1000mℓ)에 넣고, 105±5℃에서 건조시켜, 데시케이터에서 식힌 후 절대 건조 무게(W)를 측정한다.

(2) 다음에 증류수 500mℓ(C)를 넣고 3시간 후에 약 5분 간격으로 3회 이상 휘저어준 다음, 은박지로 덮고 부유 물질이 침전하도록 놓아둔다.

(3) 윗부분의 맑은 용액 50mℓ(C')를 삼각 플라스크(100mℓ)에 담고, 여기에 크롬산칼륨 용액 1mℓ를 첨가한 후 시험액을 휘저으면서 뷰렛에 채워둔 0.1N 질산은 용액을 한 방울씩 천천히 혼입한다.

(4) 용액의 색상이 황색에서 적갈색으로 변하여 없어지지 않는 점을 시험 종료 시점으로 하여 소요된 질산은 용액의 양을 구한다.(A)

(5) 또한, 바탕 시험으로서 시험에 사용된 증류수 50mℓ에 크롬산칼륨 용액을 약 1mℓ 가하고, 위의 방법에 따라 0.1N 질산은 용액으로 적정하여, 여기에 소요된 질산은 용액의 양을 구한다.(B)

$$염화물(\%) = 0.00584 \times \frac{(A-B)\frac{C}{C'}}{W} \times 100$$

여기에서, 0.00584 : 0.1N 질산은($AgNO_3$) 용액 1mℓ의 염화나트륨(NaCl) 해당양

(다만, 0.01N 질산은 용액 1mℓ의 염화나트륨 해당양은 0.000584)

A : 시험에 사용된 0.1N 질산은($AgNO_3$) 소비량(mℓ)

B : 바탕 시험에 사용된 0.1N 질산은($AgNO_3$) 소비량(mℓ)

C : 시료에 가한 물의 양(mℓ)

C' : 적정을 위한 물의 양(mℓ)

W : 잔골재의 절대 건조 무게(g)

5) 시험결과의 예

잔골재의 염화물 이온 함유량 시험 (파얀스법)				
시 험 일	년 월 일			
시험일의 상태	온 도(℃)		습 도 (%)	
시 료	시 료 명	채취장소	채취날짜	제조업체

측 정 번 호	1	2	3
① 시험에 사용된 0.1N 질산은 용액의 양 A	11.54	11.53	
② 바탕시험에 사용된 0.1N 질산은 용액의 양 B	0.03	0.03	
③ 시료에 넣은 물의 양 C	500	500	
④ 시험을 위하여 뽑아낸 물의 양 C′	50	50	
⑤ 추출에 사용된 절대 건조 시료의 무게 W	497.2	498.6	
⑥ 염화물량	0.135	0.135	
평균치(%)	0.14		

1.2.9 골재 중에 함유된 점토(덩어리)량 시험

1) 시험의 목적

육지모래 · 산모래 · 산자갈 등은 진흙 부분이나 점토 덩어리를 함유하고 있는 것이 대부분이기 때문에 골재의 미립분량 시험과 함께 점토 덩어리 량의 시험이 중요하다.

점토 외에 미립자가 많이 함유되어 있으면 단위 수량이 증가하고, 부유수가 콘크리트 상면에 뜨게 되면서 약한 층(레이턴스)을 만들게 되고, 콘크리트의 강도도 저하하게 되므로 건전한 콘크리트의 제조를 위하여 골재 중의 점토량에 관한 실험을 필요로 하게 된다.

2) 시험기기 및 재료

(1) 시험기기

① 저울 : 감도 0.5g 이하의 것

② 체 : 체는 망체 0.6㎜, 1.2㎜, 2.5㎜ 및 5㎜로 한다.

주) 모든 체는 각각 KS A 5101에 규정하는 표준 망체 600㎛, 1.18㎜, 2.36㎜ 및 4.75㎜이다.

(2) 시료

잔골재는 체 1.2㎜에 걸리는 것, 굵은 골재는 체 5㎜에 걸리는 것으로 4분법 또는 시료 분취기로 함유되어 있는 점토 덩어리를 부수지 않도록 주의하여 시료를 채취하고, 골재를 상온에서 서서히 건조시켜 기건 상태가 될 수 있도록 한다.

〈표 1.2.7〉 굵은골재의 최대치수와 시료의 중량

굵은 골재의 최대 치수(㎜)	시료의 중량(㎏)
10 또는 15	2
20 또는 25	6
30 또는 40	10
40을 초과하는 경우	20

3) 시험방법

(1) 시료를 용기에 넣고 105±5℃에서 건조하여 무게를 0.1%까지 정확히 측정하고, 용기 밑에 시료를 얇게 피고 이것을 덮을 때까지 물을 가하여 24시간 흡수시킨 후 여분의 물을 제거한다.

(2) 골재 입자를 손가락으로 누르면서 점토 덩어리를 부수고 잔골재는 망체 0.6㎜, 굵은 골재는 망체 2.5㎜ 위에서 깨끗이 물로 닦는다.

(3) 체에 걸린 입자를 105±5℃에서 건조하고, 그 무게를 0.1%까지 정확히 측정한다.

※ 건조에 의해 점토 덩어리가 부서져 가는 입자 또는 분말이 된 것을 포함하여 무게를 단다.

※ 굵은 골재 중의 점토 덩어리를 부수려면 굵은 골재의 최대 치수에 따라 몇 개의 입자군으로 체가름하면 작업하기가 쉽다.

$$C=\frac{(m_{D1}-m_{D2})}{m_{D1}}\times 100$$

여기에서, C : 점토 덩어리(%)

m_{D1} : 시험 전 시료의 건조 무게(g)

m_{D2} : 시험 후 시료의 건조 무게(g)

5) 시험결과의 예

골재 중에 함유되어 있는 점토 덩어리 량의 시험결과						
시 험 일	년 월 일					
시험일의 상태	온 도 (℃)		습 도 (%)			
시 료 산 지	시 료 명	채취장소		채취날짜		제조업체
	쇄석					
측 정 항 목	잔 골 재			굵은골재		
	No.1	No.2	No.3	No.1	No.2	No.3
① 시험 시료의 건조 질량	500	500	500	3,000	3,000	3,000
② 시험 후 시료의 건조 질량	497.5	495	496.5	2,956.5	2,947.5	2,959.5
③ 점토 덩어리량 (%)	0.5	12.0	0.7	1.5	1.8	1.4
평 균 치	(0.5+0.7)/2=0.6%			(1.5+1.4)/2=1.5%		

1.2.10 로스앤젤레스시험기기에 의한 굵은 골재의 마모시험

1) 시험의 목적

콘크리트의 마모저항성과 강도는 골재의 마모감량과 상관관계가 있어 사용되는 굵은골재의 마모감량을 측정을 필요로 하며 특히, 댐 등의 대규모 콘크리트 또는 도로에 사용되는 콘크리트 등의 경우 골재의 마모시험을 통하여 콘크리트의 마모저항성을 예측할 수 있다는 측면에서 중요하다 할 수 있다.

2) 시험기기 및 재료

(1) 시험기기

① 로스엔젤레스 시험기: 안지름 710±5㎜, 안쪽 길이 510±5㎜의 양 끝이 닫힌 강제 원통의 축을 수평 회전축에 부착한 것으로 재료 투입구를 설치하고 틈새가 생기지 않도록 내면과 원통 내면이 같은 곡면이 되도록 부착된 강제 뚜껑을 설치한다.

② 구: 강제이고 그 수 및 전체 무게는 표에 나타내는 입도의 구분에 따라 〈표 1.2.8〉과 같이 한다. 또한 구의 평균 지름은 약 46.8㎜로 하고 1개의 무게는 390~445g으로 한다.

③ 체: 망체 1.7, 2.5, 5, 10, 15, 20, 25, 40, 50, 65 및 75㎜로 한다.

④ 저울

〈그림 1.2.8〉 마모시험기

〈표 1.2.8〉 입도분포에 대한 구의 수

입도 구분	구의 수	구의 전체 무게(g)
A	12	5000±25
B	11	4580±25
C	8	3330±20
D	6	2500±15
E	12	5000±25
F	12	5000±25
G	12	5000±25

〈표 1.2.9〉 굵은 골재의 입도 범위에 대한 시료의 중량

입도구분	망체의 호칭 치수로 구분한 입자 지름의 범위(㎜)	시료의 무게(g)	시료의 전체 무게(g)
A	10-15	1250±10	5000±10
	15-20	1250±10	
	20-25	1250±25	
	25-40	1250±25	
B	15-20	2500±10	5000±10
	20-25	2500±10	
C	5-10	2500±10	5000±10
	10-15	2500±10	
D	2.5-5	5000±10	5000±10
E	40-50	5000±50	10000±100
	50-65	2500±50	
	65-80	2500±50	
F	20-40	5000±25	10000±75
	40-50	5000±50	
G	20-25	5000±25	10000±50
	25-40	5000±25	

(2) 시료

굵은 골재를 체 2.5, 5, 10, 15, 20, 25, 40, 50, 65 및 75㎜로 체가름 하여 물로 씻은 후 105±5℃에서 건조시킨 후 〈표 1.2.9〉에 나타내는 입도 구분 중, 시험하는 골재의 입도에 가장 가까운 것을 선택하여 사용한다.

3) 시험방법

(1) 시료를 건조시켜 표에 나타내는 중량을 측정하고, 시료의 입도 구분에 따라 표에 구의 수를 선정하여 분당 30~33회전(30~33rpm)으로, A-D 입도인 경우는 500회, E-G의 입도인 경우는 1000회 회전시킨다.

(2) 시료를 꺼내어 체 1.7㎜(No.12)로 체가름 하고, 체에 남은 시료를 물로 씻은 후, 105±5℃에서 건조시켜 중량을 측정한다.

(3) 결과의 계산은 다음 식에 따라 산출하여 소수점 이하 첫째 자리에서 끝맺음 한다.

$$R=\frac{m_1-m_2}{m_1}X100$$

여기에서, R : 마모 감량(%)

m_1 : 시험 전의 시료 중량(g)

m_2 : 시험 후 체 1.7㎜(No.12)에 남은 시료의 중량(g)

5) 시험결과의 예

굵은 골재의 마모 시험결과					
시 험 일	년 월 일				
시험일의 상태	온 도(℃)		습 도 (%)		
시 료	시 료 명	채취장소	채취날짜	제조업체	
	쇄 석				
입도 구분	진동으로 나누어진 입경	시험 전 시료의 건조 중량	시험 전 시료의 건조 중량	강구의 수	회전수
	15~20 2025	2,500 2,500	5,000	11	500
① 시험 후 1.7㎜ 진동기에 남은 시료 질량 m2			3,869		
② 진동기 손실 질량 m1-m2			1,131		
③ 마모감량 R (%)			22.6		

1.3 콘크리트용 혼화재료

1.3.1 기본사항

혼화재료는 시멘트, 물, 골재 이외의 재료로서 타설하기 전에 필요에 따라 시멘트 페이스트, 모르타르, 콘크리트에 첨가하고, 굳지 않은 시멘트 페이스트나 모르타르 및 콘크리트의 성질을 개선시키는 목적으로 사용된다.

혼화재료의 효과는 시멘트나 골재의 품질, 배합, 온도 등에 따라 아주 다르기 때문에 사용 시에는 시험 또는 조사에 의해 각 혼화재료의 성능을 확인하여야 하며, 건축공사표준시방서 등에서는 비교적 다량으로 사용되는 혼화재와 약품과 같이 소량 사용하는 혼화제로 구분하여 분류하고 있다.

1.3.2 분류

1) 혼화제

혼화재료 중에서 사용량이 아주 적어 콘크리트 배합 계산 시에서는 무시하는 경우도 있으며, 종류 및 성능은 다음과 같다.

(1) AE제, AE감수제 : 워커빌리티, 내동해성 등을 개선시켜 주는 것.
(2) 감수제, AE감수제 : 워커빌리티를 향상시키고, 소요단위수량이나 단위 시멘트량을 감소시켜 주는 것.
(3) 고성능 감수제 : 감수효과가 크고, 강도를 크게 만들어 주는 것.
(4) 고성능AE감수제 : 소요단위수량을 대폭 감소시키고, 내동해성도 개선시켜 주는 것.
(5) 수중불분리 혼화제 : 점성을 증대시켜 주고, 수중에서도 재료분리가 되지 않도록 해주는 것.
(6) 유동화제 : 배합이나 경화 후의 품질을 변화시키지 않고 유동성을 개선시켜 주는 것
(7) 촉진제, 급결제, 지연제, 초지연제 : 응결이나 경화 시간을 촉진 또는 지연시켜 주는 것.
(8) 기포제, 발포제 : 기포작용에 의해 충전성을 개선시키거나 중량을 조절시켜 주는 것.
(9) 펌프압송보조제 : 증점 또는 응집작용으로 재료분리를 억제시켜 주는 것.
(10) 방청제 : 염화물에 의한 철근 부식을 억제시켜 주는 것.

이외에 방수제, 방동(防凍), 내한제(耐寒劑), 수화열 억제제 등이 있다.

2) 혼화재

혼화재료 중에서 사용량이 비교적 많고, 그 자체의 용적이 콘크리트 배합을 계산할 시에 관계되는 것이다.

(1) 포졸란 활성이 이용되는 것 : 플라이애시, 실리카흄, 화산회, 규산백토, 규조토 등이 있음.
(2) 잠재수경성이 이용되는 것 : 고로슬래그 미분말
(3) 팽창제 : 경화과정에서 팽창을 일으키는 것.
(4) 규산질미분말 : 오토클레이브 양생에 의해 고강도를 만들어 주는 것.
(5) 착색제 : 착색을 시켜주는 것 이외에 고강도용 혼화제 및 폴리머 등이 있다.

1.3.3 콘크리트용 화학혼화제

1) 혼화제의 종류 및 품질규격

콘크리트용 화학 혼화제는 콘크리트에 공급되는 염화물 이온량의 정도에 따라 1종(염화물량 0.02 kg/m³ 이하), 2종(염화물량 0.02kg/m³를 초과하여 0.20kg/m³ 이하), 3종(0.20kg/m³를 초과하여 0.60kg/m³ 이하)으로 분류하며, 전 알칼리량은 0.30kg/m³ 이하이어야 한다.

〈표 1.3.1〉 콘크리트용 화학혼화제의 성능

품질항목 \ 종류		AE제	감 수 제			AE 감 수 제		
			표준형	지연형	촉진형	표준형	지연형	촉진형
감수율%		6이상	4이상	4이상	4이상	10이상	10이상	8이상
블리딩 양의 비%		75이하	100이하	100이하	100이하	70이하	70이하	70이하
응결 시간의 차(min)	초 결	-60~+60	-60~+90	+60~+120	+30이하	-60~+90	+60~+120	+30이하
	종 결	-60~+60	-60~+90	+210이하	0이하	-60~+90	+210이하	0이하
압축강도의 비(%)	재령 3일	95이상	115이상	105이상	125이상	115이상	105이상	125이상
	재령 7일	95이상	110이상	110이상	115이상	110이상	110이상	115이상
	재령 28일	90이상	110이상	110이상	110이상	110이상	110이상	110이상
길이 변화비%		120이하	120이하	120이하	120이하	120이하	120이하	120이하
동결 융해저항성 (상대동 탄성계수,%)		80이상	-	-	-	80이상	80이상	80이상

2) 혼화제의 품질시험

품질시험에서는 혼화제를 사용한 경우의 콘크리트 제성질과 혼화제를 무첨가한 보통 콘크리트의 제성질로부터 〈표 1.3.1〉의 규정에 적합하고, 사용목적에 따른 효과를 얻을 수 있는지의 여부를 검토해야 하며, 〈표 1.3.2〉는 콘크리트용 화학혼화제의 시험배합의 시험조건을 나타낸다.

〈표 1.3.2〉 콘크리트용 화학혼화제의 시험배합

항목	규격
단위시멘트량	슬럼프 8cm 콘크리트 300kg/㎥ 슬럼프18cm 콘크리트 320kg/㎥
단위수량	슬럼프 8±1cm 슬럼프18±1cm 되도록 함
화학혼화제량	제조업자가 지정하는 량을 참고로 함
공기량	기준 콘크리트; 2%이하 감수제를 사용한 콘크리트; 기준 콘크리트량 +1.0%이하

3) 혼화제의 사용량

일반적으로 혼화제의 첨가량은 시멘트의 중량비(%)으로 표시하며, AE제, AE감수제에서는 혼화제의 첨가량에 비례하여 공기량은 보통 직선적으로 증가하지만, 그 정도는 제품의 종류, 골재의 형상, 입도, 배합 등에 따라 상이하다.

소요 공기량을 확보하기 위한 첨가량은 제조회사가 권장하는 사용량을 참고로 하여, 시험을 통하여 결정하고, 감수제의 사용량은 증가분에 비례하여 효과가 현저하게 나타나지 않을 수도 있으며, 오히려 악영향이 나타날 수 있기 때문에 제조회사의 권장량을 준수할 필요가 있다.

1.3.4 기타 혼화제

1) 기타 혼화제의 종류 및 품질규격

(1) 콘크리트에 사용하는 유동화제의 성능은 〈표 1.3.3〉에 나타낸다.

〈표 1.3.3〉 콘크리트용 유동화제

<table>
<tr><th colspan="3"></th><th>표준형</th><th>지연형</th></tr>
<tr><td rowspan="4">시 험 조 건</td><td rowspan="2">슬럼프(cm)</td><td>베이스곤크리드</td><td colspan="2">8⊥1</td></tr>
<tr><td>유동화콘크리트</td><td colspan="2">18±1</td></tr>
<tr><td rowspan="2">공기량(%)</td><td>베이스콘크리트</td><td colspan="2">4.5±0.5</td></tr>
<tr><td>유동화콘크리트</td><td colspan="2">4.5±0.5</td></tr>
<tr><td colspan="3">블리딩량의 차(㎤/㎠)</td><td>0.1이하</td><td>0.2이하</td></tr>
<tr><td colspan="2" rowspan="2">응결시간의 차(min)</td><td>초 결</td><td>-30~+90</td><td>-60~+120</td></tr>
<tr><td>종 결</td><td>-30~+90</td><td>+210이상</td></tr>
<tr><td colspan="3">슬럼프 경시(15분간) 저하량(㎝)</td><td>4.0이하</td><td>4.0이하</td></tr>
<tr><td colspan="3">공기량 경시(15분간) 저하량(%)</td><td>1.0이하</td><td>1.0이하</td></tr>
<tr><td colspan="2" rowspan="3">압축강도 비</td><td>재령3일</td><td>90이상</td><td>90이상</td></tr>
<tr><td>재령7일</td><td>90이상</td><td>90이상</td></tr>
<tr><td>재령28일</td><td>90이상</td><td>90이상</td></tr>
<tr><td colspan="3">길이변화 비 (%)</td><td>120이하</td><td>120이하</td></tr>
<tr><td colspan="3">동결융해에 대한 저항성 (상대동탄성계수비%)</td><td>90이상</td><td>90이상</td></tr>
</table>

(2) 콘크리트에 사용하는 팽창제의 성능은 〈표 1.3.4〉에 나타낸다.

〈표 1.3.4〉 콘크리트용 팽창제

항 목			규정치
화학성분	산화마그네슘 (%)		5.0 이하
	강열 감량 (%)		3.0 이하
물리적성질	비표면적(比表面積)㎠/g		2000 이상
	1.2㎜체 잔분 (%)		0.5 이하
	응결	초 결 (분)	60 이후
		종 결 (시간)	10 이내
	팽창성 (길이변화율)	7일	0.00030 이상
		28일	-0.00020 이상
	압축강도 kgf/㎠{Mpa}	3일	70{6.9} 이상
		7일	150(14.7} 이상
		28일	300{29.4} 이상

(3) 철근 콘크리트에 사용하는 방청제의 성능은 〈표 1.3.5〉에 나타낸다.

〈표 1.3.5〉 방청제의 품질

항 목	규 정		
철근의 염수 침지 시험	부식이 안 될 것		
콘크리트 중의 철근 부식 촉진 시험	방청률 95% 이상		
콘크리트의 응결시간 및 압축강도시험	응결시간의 차	초 결	±60분 이내
		종 결	
	압축강도 비	재령 7일	0.90이상
		재령 28일	

(4) 콘크리트에 사용하는 수중 불분리성 혼화제의 성능은 〈표 1.3.6〉에 나타낸다.

〈표 1.3.6〉 수중 불분리성 혼화제의 품질

품질항목 \ 종류		표준형	지연형
블리딩율 (%)		0.01 이하	0.01 이하
공기량 (%)		4.5 이하	4.5 이하
슬럼프플로우의 경시 저하량(㎝)	30분 후	3.0 이하	-
	2시간 후	-	3.0 이하
수중분리도	현탁물질량(㎎/ℓ)	50 이하	50 이하
	pH	12.0 이하	12.0 이하
응결시간	초 결	5 이상	18 이상
	종 결	24 이내	48 이내
수중제작 공시체의 압축강도(N/㎟){kgf/㎠}	재령 7일	15.0{150} 이상	15.0{150} 이상
	재령28일	25.0{250} 이상	25.0{250} 이상
수중 및 기중의 강도비(%)	재령 7일	80 이상	80 이상
	재령28일	80 이상	80 이상

2) 기타혼화제의 품질시험

품질시험에서는 기타 혼화제를 사용한 경우의 콘크리트 제성질과 무첨가한 보통 콘크리트의 제성질로부터 〈표 1.3.3〉, 〈표 1.3.4〉, 〈표 1.3.5〉, 〈표 1.3.6〉의 규정에 적합하고, 사용목적에 따른 효과를 얻을 수 있는지의 여부를 검토한다.

1.3.5 콘크리트용 혼화재

콘크리트용 혼화재에는 플라이애시, 실리카흄, 고로슬래그 미분말 등이 있다.

1) 혼화재 종류 및 품질규격

콘크리트에 첨가되는 혼화재 및 이들에 대한 품질규격은 다음과 같다.

(1) 콘크리트용 플라이애시

플라이애시는 화력발전소 등의 연소보일러에서 부산되는 석탄재로서 연소 폐가스 중에 포함되어 집진기에 의해 회수된 특정한 입도범위의 입상잔사(粒狀殘砂)이며, 포졸란계를 대표하는 혼화재중의 하나이다.

미분탄의 품질 및 연소방법, 플라이애시 채취설비 등에 따라 그 품질이 상이하기 때문에 중요한 공사에 플라이애시를 사용하는 경우에는 그 품질 및 품질의 균일성에 대하여 충분한 실험을 할 필요가 있으며, 〈표 1.3.7〉은 플라이애시에 관련한 품질규격이다.

〈표 1.3.7〉 플라이애시의 품질규격

	항 목		규 정 치
화학성분	이산화규소 (%)		45 이상
	수분 (%)		1 이하
	강열감량 (%)		5 이하
물리적 성질	비 중		1.95 이상
	분말도 비표면적 (브레인 방법)㎠/g		2400 이상
	단위수량 비 (%)		102 이하
	압축강도 비 (%)	28일	60 이상

(2) 콘크리트용 실리카흄

실리카흄은 실리콘이나 페로 실리콘 등의 규소합금을 전기 아크식 로에서 제조할 때 배출가스에 부유하여 발생하는 부산물의 총칭으로서 SiO_2를 주성분으로 하는 구형의 초미립자이며, 그 크기는 플라이애시보다 월등히 작아 콘크리트 제조 시 혼입하여 사용하면 미세공극을 밀실하게 채워지게 되므로 강도향상에 탁월하며, 〈표 1.3.8〉은 토목학회에서 정한 품질 규격(안)이다.

〈표 1.3.8〉 실리카흄의 품질규격

품 질		요구 조건
비표면적(BET)		≥15(㎡/g)
활성도 지수(%)	재령 7일	≥95
이산화규소(SiO_2) (%)		≥85
산화마그네슘(MgO) (%)		≤5.0
삼산화황(SO_3) (%)		≤3.0
염화이온(Cl^-) (%)		≤0.3
강열감량 (%)		≤5.0
45㎛체에 남는 양 (%)		≤5.0

(3) 콘크리트용 고로슬래그 미분말

제강(製鋼)과정에서 고로 상부에 용융상태로 존재하는 고로슬래그를 물로 급랭한 수쇄슬래그를 건조, 분쇄한 것 또는 여기에 석고를 첨가한 것이 고로슬래그 미분말이며, 〈표 1.3.9〉는 KS F 2536에 제정한 품질규격이다.

〈표 1.3.9〉 고로슬래그 미분말의 품질

종 류 / 품 질		고로슬래그 미분말		
		1종	2종	3종
밀 도 (g/㎤)		2.80 이상	2.80 이상	2.80 이상
비표면적 (㎠/g)		8,000~10,000	6,000~8,000	4,000~6,000
활성도 지수(%)	재령 7일	95 이상	75 이상	55 이상
	재령28일	105 이상	95 이상	75 이상
	재령91일	105 이상	105 이상	95 이상
플로우값 비 (%)		95 이상	95 이상	95 이상
산화마그네슘(MgO)(%)		10.0 이하	10.0 이하	10.0 이하
삼산화황 (SO_3) (%)		4.0 이하	4.0 이하	4.0 이하
강열 감량 (%)		3.0 이하	3.0 이하	3.0 이하
염화물이온 (%)		0.02 이하	0.02 이하	0.02 이하

2) 혼화재의 품질시험

혼화재의 품질시험에서는 성분을 분석하고 혼입량을 검토하고 각종 혼화재의 물리적 성질 등을 측정하여 〈표 1.3.7〉, 〈표 1.3.8〉, 〈표 1.3.9〉의 규정에 적합하고, 사용목적에 따른 효과를 얻을 수 있는지의 여부를 검토한다.

3) 혼화재의 사용량

일반적으로 그 사용량이 시멘트량의 1% 이하 정도로서, 약품적으로 소량 사용되는 것에 비하여 혼화재는 시멘트 량의 5% 이상 첨가되어 다량으로 사용되는 것이다. 채취 설비 등에 따라 그 품질이 상이할 수 있기 때문에 중요한 공사에 혼화재를 첨가하는 경우에는 그 품질 및 균일성에 대하여 충분한 실험을 실시할 필요가 있다.

1.4 콘크리트

1.4.1 기본사항

콘크리트의 사용방법 및 시험방법의 확립은 품질관리에 있어 필수 과제가 되고 있으며, 콘크리트 품질평가의 타당성이 높아지고 다종다양한 콘크리트 품질의 향상을 이루어내는 것이 필요하다.

특히, 최근 건설 분야의 국제화가 급격히 진행되고, 다양한 고성능 콘크리트의 개발이 이루어지면서, 콘크리트 구조물의 품질확보를 더욱 엄밀히 하지 않으면 안 되게 되어, 국내에서도 최근 KS와 ISO 규격과의 국제적 부합화를 위한 많은 연구가 이루어져 왔고 새로운 콘크리트 품질의 정확한 시험규준의 개선이 이루어지고 있다.

1) 굳지않은 콘크리트 시험

콘크리트는 연속상(페이스트 또는 모르타르)과 분산상(골재)으로 이루어진 이상(二相)의 혼상유체(Multi-Phase Fluid)로서 가정되므로 콘크리트의 유동성 및 재료분리 저항성에는 페이스트의 레올로지를 비롯하여 골재의 입도 및 입형 등 다양한 영향요인이 존재한다.

특히, 굳지 않은 콘크리트는 비중, 형태, 크기 등이 서로 다른 재료들이 혼합된 유동성의 상태로 있으므로 믹서에서 배출될 때부터 운반, 타설 과정을 거쳐 경화할 때까지 재료의 분리가 발생할 수 있으므로 분리방지를 위해서는 배합설계, 운반, 타설, 다짐, 거푸집, 배근 등의 여러 측면에서의 배려가 필요하며, 이를 위해서는 각 공장 및 현장단계에서의 끊임없는 주의와 품질관리를 필요로 한다.

2) 경화 콘크리트 시험

콘크리트의 강도를 나누기 전에 먼저 강도에 대하여 유의해야 할 점을 지적한다면, 「일반적으로 재료의 강도는 물리적인 의미로서 재료 고유의 물성 값이 아니다」라는 것이다. 분자나 원자 사이의 결합강도, 또는 완전 결정체의 강도는 아마도 고유의 물성 값이라고 할 수 있으나, 공업재료의 대부분은 크고 작은 각각의 결정이 혼합되어 비 균질인 균열이나 공극 등의 결함을 함유하고 있는 구조를 이루고 있어, 강도를 정의하는 각각의 경우에 따라 다르며, 결국 재료 고유의 강도라는 의미는 없게 된다.

보통, 공학적인 의미로 강도라고 불리는 것은 어떠한 정해진 시험방법으로 얻어진 공시체의 강도로서 만약 시험방법이 다르게 되면 강도도 달라지게 되며, 구조체의 강도와 공시체의 강도가 같으리라는 보장이 없다. 따라서 모든 공업재료의 시험방법은 세밀하게 규정되어야 하고, 공시체 강도에 미치는 여러 가지 영향요인이 검토되어야 한다.

1.4.2 굳지 않은 콘크리트의 슬럼프 시험

1) 시험의 목적

슬럼프시험은 주로 굳지 않은 콘크리트의 유동성(流動成)을 측정하는 대표적인 방법으로 콘크리트 워커빌리티의 판정이 가능하며, 무너지는 속도나 상태에 의하여 콘크리트의 점성 즉, 골재의 분리성을 용이하게 확인할 수 있다.

본 실험은 KS F 2402(콘크리트의 슬럼프 시험 방법)에 준한 것으로서 2002년 개정 당시 ISO 4109, Fresh concrete-Determination of the consistency-Slump test와의 부합화를 도모할 목적으로 검토하였다. 그러나 KS와 ISO의 시험 방법으로 측정한 실험의 결과가 상이하여 그 결과가 다른 품질 규격에 미치는 영향이 크기 때문에 기본적인 순서·방법의 변경은 보류하고 가능한 범위에서 부합화를 도모한 것이다.

2) 시험기기 및 재료

(1) 슬럼프 콘(윗면 안지름 100㎜, 밑면 200㎜, 높이 300㎜ 및 두께 1.5㎜ 이상인 금속제)
(2) 다짐봉(직경 16㎜, 길이 500~600㎜의 강 또는 금속제 원형봉으로 그 앞 끝은 반구 모양)
(3) 슬럼프 측정기, (4) 손삽, (5) 수밀성 평판

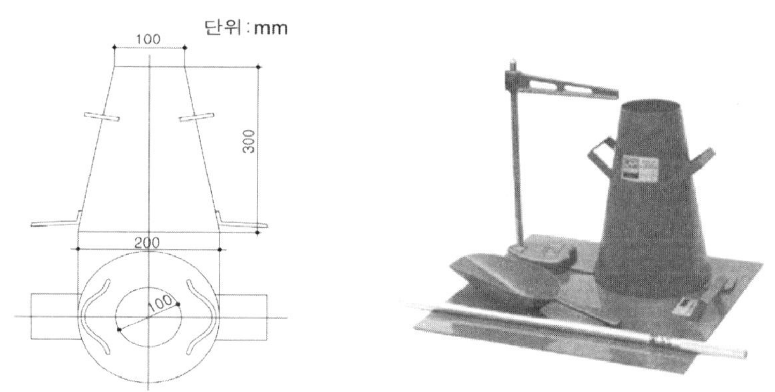

〈그림 1.4.1〉 슬럼프 콘 및 부속장치

3) 시험방법

(1) 슬럼프 콘을 수밀성 평판 위에 놓고, 시료를 거의 같은 양의 3층(용적기준)으로 나눠서 채운다. 그 각 층은 다짐봉으로 그 앞 층에 거의 도달할 정도의 깊이로 하여 25회 똑같이 다진다.

※ 슬럼프 콘의 내면과 평판의 윗면은 미리 젖은 수건 등으로 닦아 둔다.
※ ISO규정의 경우 높이의 1/3 씩 나눠서 채우도록 하고 있다.

(2) 슬럼프 콘에 채운 콘크리트의 윗면을 슬럼프 콘의 상단에 맞춰 고르게 한 후, 즉시 슬럼프 콘을 연직으로 들어 올리고, 콘크리트의 중앙부에서 공시체 높이와의 차를 슬럼프로 한다. 그리고 콘크리트가 슬럼프 콘의 중심축에 대하여 치우치거나 무너지거나 해서 모양이 불균형이 된 경우는 다른 시료에 의해 재시험을 한다.

※ 슬럼프 콘을 들어 올리는 시간은 높이 300㎜에서 2~3초로 한다.

(3) 슬럼프 콘에 콘크리트를 채우기 시작하고 나서 슬럼프 콘의 들어올리기를 종료할 때까지의 시간은 3분 이내로 한다.

(4) 슬럼프 시험 후에는 〈그림 1.4.2〉와 같이 콘크리트의 측면을 다짐봉 등으로 가볍게 두드리고, 콘크리트가 붕괴된 모습을 관찰하여 콘크리트의 점성 등을 확인한다.

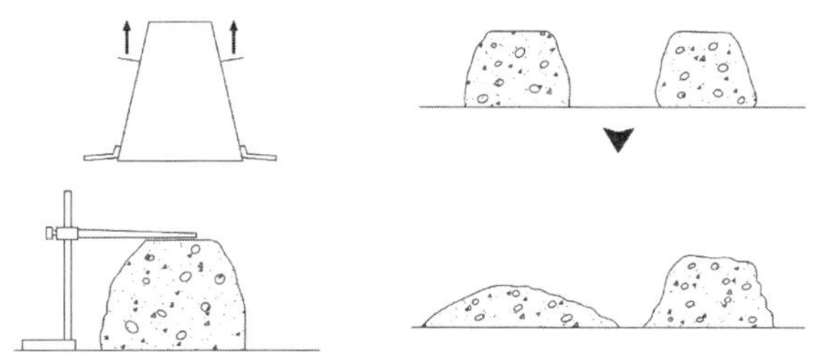

〈그림 1.4.2〉 슬럼프의 판정과 탬핑

4) 시험결과의 예

콘크리트의 슬럼프 시험결과											
시 험 일			년 월 일								
시험일의 상태			실 온 (℃)					습 노 (%)			
시 료			시 료 명			채취장소		채취날짜		제조업체	
			일반강도 콘크리트								
시방배합	굵은 골재 최대 치수 (㎜)	슬럼프 범위 (㎝)	공기량 (%)	물 시멘트비 W/C(%)	잔골재율 s/a(%)	단위중량(kg/㎥)					
						물 W	시멘트 C	잔골재 S	굵은골재 G 5㎜~25㎜	혼화재료	
										혼화재	혼화제(㎖/㎥)
	25	7.5	5	50	42	17	334	736	1041		0.13
측 정 번 호			No. 1			No. 2			No. 3		
슬 럼 프 (㎝)			7			7.5			7.5		
슬럼프 평균값 (㎝)			7.3								

1.4.3 굳지 않은 콘크리트의 공기량 시험

1) 시험의 목적

콘크리트의 공기량은 시공 시에 있어서는 워커빌리티에 영향을 미치며, 경화 후에는 강도 및 내구성에 큰 영향을 미치며 특히, AE콘크리트에 있어서는 충분한 공기량의 관리가 필요하다.

본 시험방법은 보통의 골재를 사용한 콘크리트 또는 모르타르에 대해서는 적당하나, 골재수정계수를 정확히 구할 수 없는 다공질의 골재를 사용한 콘크리트 또는 모르타르에 대해서는 적당하지 않다.

2) 시험기기 및 재료

(1) 공기량 측정기 : 워싱톤형 공기측정기(Washington type air meter)
(2) 검정용 기구 : 검정에 필요한 양의 물을 손쉽게 용기 밖으로 꺼낼 수 있는 것
(3) 목재 정규 : 크기 45㎜×300㎜, 두께 12㎜의 목재 정규의 것
(4) 다짐봉 : 지름 16㎜, 길이 500×600㎜의 곧은 원형 강으로서, 그 한쪽 끝은 지름 16㎜의 반구형으로 둥글게 된 것
(5) 콘크리트용 소형삽 (6) 나무망치 (7) 저울

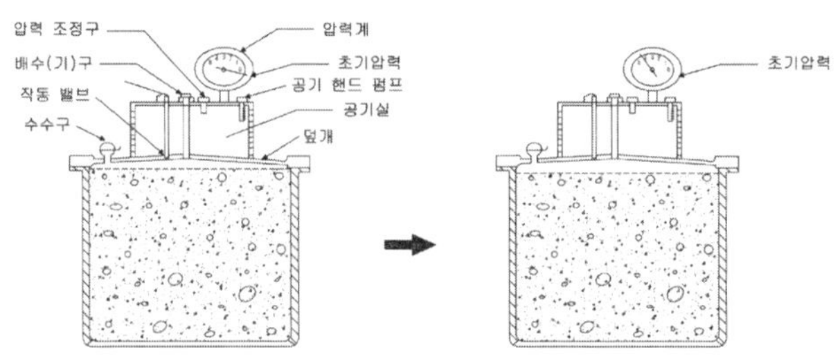

a) 공기실의 압력을 소정의 압력으로 높인 경우를 나타낸다(지침은 초기 압력을 나타내고 있다.).

b) 작동 밸브를 열고 콘크리트에 압력을 가한 경우를 나타낸다(지침은 콘크리트의 겉보기 공기량을 나타내고 있다.).

〈그림 1.4.3〉 공기량 측정기

3) 시험방법

시험방법으로는 KS F 2421(압력법에 의한 굳지 않은 콘크리트의 공기량 시험방법)에 준한 시험방법에 대하여 기술하며, 기체의 압력과 용적과의 관계인 Boyle의 법칙을 응용한 것이다.

(1) 장치의 보정

① 용기의 플랜지를 따라 그리스를 얇게 바르고 연마 유리판을 대고 용기의 플랜지를 따라 거품을 남기지 않도록 주의 깊게 움직이면서 물을 채워 질량은 눈금량 또는 감량 10g의 저울로 이것을 잰다.

② 초기 압력의 결정:

ⓐ 공기가 빠져나갈 때까지 주수구에 물을 붓고, 압력계의 눈금이 공기량 0%의 눈금과 바르게 일치하는지 여부를 조사한다.

ⓑ 이것이 일치하지 않는 경우에는 공기 및 물의 누수의 유무를 점검한 후 교정을 반복한다. 2~3회 반복하였을 때 압력계의 지침은 같은 점을 가리키지만 영점에 일치하지 않는 경우에는 초기 압력의 눈금의 위치를 지침이 영점에 머무르도록 유도한다.

③ 공기량 눈금의 검정 용기 내의 물을 적절히 꺼내서 용기의 용량에 대한 백분율로 나타낸다. 뽑아 낸 수량의 용기의 용량에 대한 백분율과 공기량의 눈금을 비교하여 값이 일치할 경우 공기량의 눈금은 교정된 것으로 한다. 일치하지 않는 경우에는 양자의 관계를 도시하여 이를 공기량의 검정에 사용한다.

(2) 골재 수정계수의 측정

인공 경량골재와 같이 공극이 많은 골재는 공기량 측정중의 골재의 흡수가 시험결과에 영향을 미치는 경우가 있으므로 골재 수정계수에 의하여 보정할 필요가 있다.

① 공기량을 구하려고 하는 용량 V_c의 콘크리트 시료 안에 있는 잔골재 및 굵은 골재의 질량을 다음 식에 따라 산출한다.

$$m_f = \frac{V_c}{V_b} \times m_f', \ m_c = \frac{V_c}{V_b} \times m_c'$$

여기에서, m_f : 용적 V_c의 콘크리트 시료 중의 잔골재의 질량 (kg)

m_c : 용적 V_c의 콘크리트 시료 중의 굵은 골재의 질량 (kg)

V_b : 1배치의 콘크리트의 완성 용적(ℓ)

V_c : 콘크리트 시료의 용적(용기의 용적과 같다.)(ℓ)

m_f' : 1배치에 사용하는 잔골재의 질량 (kg)

m_c' : 1배치에 사용하는 굵은 골재의 질량 (kg)

② 잔골재 및 굵은 골재의 대표적인 시료를 각각 질량에서 m_f 및 m_c 만큼 채취하여, 약 1/3까지 물을 채운 용기 안에 골재를 넣는다. 잔골재와 굵은 골재는 혼합하여 조금씩 용기에 넣고 물에 잠기도록 한다. 골재를 넣을 때에는 가능한 한 공기가 들어가지 않도록 하고, 거품은 재빨리 제거하여야 한다. 공기를 없애기 위하여 용기의 측면을 나무망치로 두드리고, 잔골재를 추가할 때마다 약 25㎜의 깊이에 도달할 때까지 막대로 약 10회 찌르도록 한다.

③ 골재 전부를 용기에 넣은 후, 수면의 거품을 모두 제거하고 용기의 플랜지와 덮개의 플랜지 사이에 고무 패킹을 넣고 누수 되지 않도록 덮개를 용기에 조이고 배수(기)구에서 물이 흘러 넘칠 때까지 물을 붓는다. 다음으로 모든 밸브를 닫고 공기 핸드 펌프로 공기실의 압력을 초기 압력보다 약간 크게 한다. 약 5초 후에 조절 밸브를 서서히 열고 압력 지침을 초기압력의 눈금에 일치시킨다. 다음으로 작동 밸브를 충분히 열고 공기실의 기압과 용기 내의 압력이 평형을 이루게 하여 압력계의 공기량의 눈금을 읽어서 이것을 골재 수정 계수(G)로 한다.

(3) 공기량의 측정

① 시료를 용기의 약 1/3씩 넣고 고르게 한 후, 용기 바닥에 닿지 않도록 각 층을 다짐봉으로 25회 균등하게 다진다. 다짐 구멍이 없어지고 콘크리트의 표면에 큰 거품이 보이지 않게 되도록 하기 위하여 용기의 옆면을 10~15회 나무 망치로 두드린다. 마지막으로 용기에서 조금 흘러 넘칠 정도로 시료를 넣고 같은 조작을 반복한 후 자로 여분의 시료를 깎아서 평탄하게 한다.

② 진동기로 다지는 경우에는 KS F 2409의 5.2(진동기로 다지는 경우)에 준하여 실시하도록 하나 슬럼프 80㎜ 이상의 경우는 진동기를 사용하지 않는다.

③ 용기의 플랜지 윗면과 덮개의 플랜지 아랫면을 완전히 닦은 후, 덮개의 겉과 안을 통기할 수 있도록 하여 살짝 덮개를 용기에 부착하고 공기가 새지 않도록 조인 후 배수구에서 배수되어 덮개의 안팎과 수면사이의 공기가 빠져나갈 때까지 동요시키는 등으로 하면서 주수구에 물을 붓는다.

④ 다음으로 모든 밸브를 닫고 공기 핸드 펌프로 공기실의 압력을 초기 압력보다 약간 크게 한다. 약 5초 후에 조절 밸브를 서서히 열고 압력계의 바늘을 안정시키기 위하여 압력계를 가볍게 두드리고 압력계의 지침을 초기 압력의 눈금에 바르게 일치시켜 약 5초 후 작동 밸브를 열어 용기의 측면을 나무망치로 두드린다.

⑤ 다시 작동 밸브를 충분히 열고 지침이 안정되고 나서 압력계의 눈금을 소수점 이하 1자리로 읽어 그 눈금을 콘크리트의 겉보기 공기량(A_1)으로 한다. 측정 종료 후에는 덮개를 떼기 전에 주수구와 배수(기)구를 양쪽으로 열고 압력을 풀어 측정하며, 계산은 다음의 식에 의한다.

※ 용기 및 공기실의 양쪽의 압력을 풀기 전에 작동 밸브를 열지 않도록 주의한다. 이것을 게을리 하면 물이 공기실로 들어가서 그 후의 측정에 오차를 만들게 된다.

$$A = A_1 - G$$

여기에서, A : 콘크리트의 공기량 (%)

A_1 : 콘크리트의 겉보기 공극량 (%)

G : 골재 수정계수 (수정계수가 0.1% 미만인 경우는 생략)

⑦ 체가름 전의 콘크리트의 공기량 시험한 시료가 40㎜보다 큰 최대 치수의 골재를 사용한 콘크리트의 경우, 체가름 전의 콘크리트의 공기량(A)은 다음 식에 따라 산출한다.

$$A_f = 100 \times A \times V_c / (100 \times V_t - A \times V_a)$$

여기에서, V_c : 체가름 후의 콘크리트의 절대 용적으로 무공기, 원배치의 질량에서 구해진 용적(㎥)

V_t : 체가름 전의 콘크리트의 절대 용적으로 무공기의 용적(㎥)

V_a : 체가름 전의 콘크리트 중의 40㎜를 넘는 골재의 절대 용적. 원배치 질량에서 구한 용적(㎥)

4) 시험결과의 예

<table>
<tr><td colspan="13">굳지 않은 콘크리트의 공기 함유량 시험(공기실 압력 방법)</td></tr>
<tr><td colspan="3">시 험 일</td><td colspan="10">년 월 일</td></tr>
<tr><td colspan="3" rowspan="2">시험일의 상태</td><td colspan="3">실 온 (℃)</td><td colspan="4">습 도 (%)</td><td colspan="3">수 온 (℃)</td></tr>
<tr><td colspan="3">21.0</td><td colspan="4">65</td><td colspan="3">20</td></tr>
<tr><td colspan="3">시 료</td><td colspan="10">굳지 않은 콘크리트 (보통포틀랜드 시멘트, 잔골재, 굵은골재, AE제, 물)</td></tr>
<tr><td rowspan="4">시방배합</td><td rowspan="3">굵은 골재 최대 치수 (㎜)</td><td rowspan="3">슬럼프의 범위 (㎝)</td><td rowspan="3">공기량의 범위 (%)</td><td rowspan="3">물시멘트비 W/C(%)</td><td rowspan="3">잔골재율 s/a(%)</td><td colspan="7">단 위 량 (kg/㎥)</td></tr>
<tr><td rowspan="2">물 W</td><td rowspan="2">시멘트 C</td><td rowspan="2">잔골재 S</td><td colspan="2">굵은골재 G</td><td colspan="2">혼화재료</td></tr>
<tr><td>5㎜~25㎜</td><td>㎜~㎜</td><td>혼화재</td><td>혼화제</td></tr>
<tr><td>25</td><td>7.5</td><td>5.5</td><td>50</td><td>42.1</td><td>167</td><td>334</td><td>736</td><td>1041</td><td></td><td></td><td>0.1236</td></tr>
<tr><td colspan="3">측 정 번 호</td><td colspan="3">1</td><td colspan="4">2</td><td colspan="3">3</td></tr>
<tr><td colspan="3">① 겉보기공기량 A1(%)</td><td colspan="3">6.70</td><td colspan="4"></td><td colspan="3"></td></tr>
<tr><td colspan="3">② 골재수정계수 G(%)</td><td colspan="3">1.20</td><td colspan="4"></td><td colspan="3"></td></tr>
<tr><td colspan="3">공기량 A=①-②(%)</td><td colspan="3">5.50</td><td colspan="4"></td><td colspan="3"></td></tr>
</table>

1.4.4 굳지 않은 콘크리트의 응결 시험

1) 시험의 목적

콘크리트의 응결시간은 시멘트의 품질, 콘크리트의 배합, 혼화재료의 사용(경화촉진제, 지연제 등), 온도 등에 영향을 받으며 표면마무리시간 및 콜드조인트 시공 등의 시공성에 영향을 미치게 된다.

본 실험에서는 콘크리트의 응결시간에 영향을 미치는 제반 내외적 요인을 파악하여 각 콘크리트의 응결시간의 규격에 대한 적합 여부를 판단하는데 필요하며, 본서에서는 슬럼프가 0보다 큰 콘크리트를 체로 쳐서 얻은 모르타르에 대한 관입 저항을 측정하는 시험을 설명하였다.

2) 시험기기 및 재료

(1) 모르타르 시료 용기(수밀성을 갖는 금속제로서 최소 치수는 내경, 깊이 각 150㎜ 이상)
(2) 관입 침(지지 면적이 645, 323, 161, 65, 32, 16㎟이며, 지지 면에서 2㎜ 위의 둘레에 표시)
(3) 재하 장치(정확도 10N으로 최소 용량 600N을 가진 것)
(4) 다짐봉(원형의 곧은 강봉으로, 지름 16㎜, 길이 약 600㎜로서 한쪽 끝이 반구형)
(5) 피펫(시료의 표면에서 블리딩 현상으로 생기는 물을 제거할 수 있는 적절한 기구)
(6) 온도계(굳지 않은 콘크리트의 온도를 ±0.5℃까지 잴 수 있는 것)

〈사진 1.4.1〉 굳지 않은 콘크리트의 응결시험기

3) 시험 방법

(1) 블리딩수를 모으기 쉽도록, 물을 제거하기 2분 전에 시험편의 한쪽에 블록을 괴어 수평면에 대해 약 10° 정도 조심스럽게 기울인 후 블리딩 수(水)를 제거한다.

(2) 모르타르의 경화 상태에 따라 적당한 치수의 침을 관입 저항 기구에 붙여, 침의 지지면을 모르타르 표면에 접촉시켜 천천히 아래쪽으로 연직력을 작용시켜 침을 모르타르 안으로 25±2㎜의 깊이까지 관입한다.

(3) 25㎜의 깊이까지 관입하는데 소요되는 시간은 약 10±2초로 하며, 25㎜관입에 소요된 힘의 크기와 처음 시멘트와 물을 접촉시킨 후의 경과 시간을 기록한다.

(4) 기록된 하중을 침의 지지 면적으로 나누어 관입 저항을 계산하여 기록하며, 다음의 관입 시험에서는 이전의 시험에 의해 흐트러진 면을 피해야 한다. 이전 시험의 관입 위치와의 순 간격(clear distance)은 사용하는 침 지름의 최소 2배 이상, 15㎜ 이상이어야 하고 임의의 침 관입 위치와 용기 가장자리의 순 간격은 25㎜ 이상이어야 한다.

※ 보통의 배합에 대하여 20~25℃의 실험실에서의 최초 시험은 시멘트와 물이 처음 접촉한 이후로부터 경과 시간이 3~4시간일 때에 하고, 이 후의 시험은 30분~1시간 간격으로 실시한다.

※ 응결 촉진제를 사용한 배합이나 실험실 조건보다 고온에서 시험할 때의 최초 시험은 경과 시간 1~2시간일 때에 하고, 그 뒤의 시험은 30분마다 하는 것이 좋다.

※ 응결 지연제를 사용한 배합이나 실험실 조건보다 저온에서 시험할 때에는 최초 시험을 4~6시간 경과할 때까지 미루고, 모든 시험의 간격은 응결 속도에 따라 필요한 수의 관입 값을 얻을 수 있도록 필요에 따라 조절한다.

(5) 만족할 만한 관입 저항-경과 시간 곡선을 얻을 수 있는 시간 간격으로 6회 이상 시험하며, 관입 저항 측정값이 적어도 28.0MPa 이상이 될 때까지 시험을 계속한다.

(6) 시험 결과는 핸드 피팅(hand-fitting), 선형 회귀 분석(linear regression analysis), 통계 소프트웨어 등을 이용하여 결과를 도시한다.

(7) 각 조사 대상 변수에 대해 세 번 이상의 응결 시험 결과를 따로 도시하며, 이 때 나머지 측정

점들에서 정의한 경향에서 명백히 벗어나는 점은 버린다.

(8) 각 그래프에서, 관입 저항이 3.5MPa, 28.0MPa이 될 때의 시간을 각각 초결 시간과 종결 시간으로 하며, 응결 시간은 시, 분으로 5분까지 기록한다.

4) 시험결과의 예

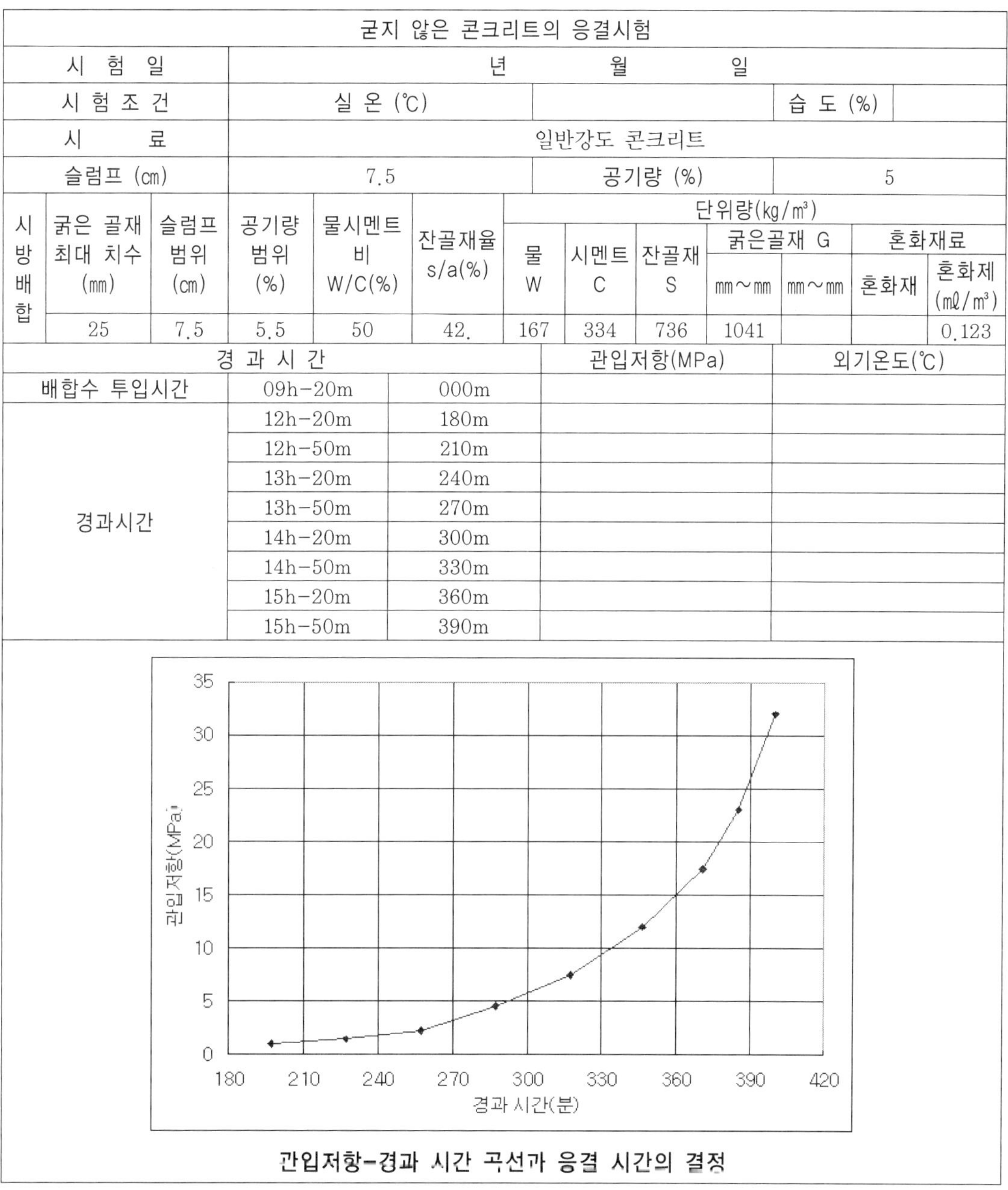

굳지 않은 콘크리트의 응결시험			
시 험 일	년 월 일		
시 험 조 건	실 온 (℃)		습 도 (%)
시 료	일반강도 콘크리트		
슬럼프 (㎝)	7.5	공기량 (%)	5

시방배합	굵은 골재 최대 치수 (㎜)	슬럼프 범위 (㎝)	공기량 범위 (%)	물시멘트비 W/C(%)	잔골재율 s/a(%)	단위량(kg/m³) 물 W	시멘트 C	잔골재 S	굵은골재 G ㎜~㎜	굵은골재 G ㎜~㎜	혼화재료 혼화재	혼화재료 혼화제 (mℓ/m³)
	25	7.5	5.5	50	42.	167	334	736	1041			0.123

경 과 시 간			관입저항(MPa)	외기온도(℃)
배합수 투입시간	09h-20m	000m		
경과시간	12h-20m	180m		
	12h-50m	210m		
	13h-20m	240m		
	13h-50m	270m		
	14h-20m	300m		
	14h-50m	330m		
	15h-20m	360m		
	15h-50m	390m		

관입저항-경과 시간 곡선과 응결 시간의 결정

1.4.5 굳지 않은 콘크리트의 블리딩 시험

1) 시험의 목적

블리딩은 일종의 재료분리 현상으로서 혼합수가 시멘트입자, 골재의 침하에 의해 상부에 떠오르는 것으로 약간의 블리딩은 콘크리트의 부어넣기에 있어서 불가피한 것이지만, 블리딩이 많아지면 부착력을 저하시키고 수밀성을 나쁘게 하는 것의 원인이 될 수 있으므로 이에 대한 평가를 필요로 한다. 본서에서는 KS F 2414에 준하여 굵은 골재의 최대 치수가 50㎜ 이하인 콘크리트의 블리딩 시험 방법에 대하여 설명한다.

2) 시험기기 및 재료

(1) 용기(수밀한 금속제의 원통형으로 안지름 250㎜, 안높이 285㎜로 한다.)
(2) 저울(감도 10g 이하의 것)
(3) 메스실린더(10㎖, 50㎖, 100㎖)와 피펫(또는 스포이드)
(4) 다짐봉(지름16㎜, 길이 500~600㎜의 강 또는 금속제 원형봉으로 끝은 반구모양)

〈사진 1.4.2〉 블리딩 시험용 용기

3) 시험 방법

(1) 실온 20±3℃의 시험실에서 콘크리트를 다짐봉으로 채워 넣고, 콘크리트의 표면이 용기의 가장자리에서 30±3㎜ 낮아지도록 고른다. 콘크리트의 표면은 최소 작업에서 평활한 면이 되도록 흙손으로 고른다. 이 때, 흙손으로 너무 고르면 물이 스며 나와 시험 결과의 편차가 커진다.
(2) 시료의 표면을 흙손으로 고른 후, 즉시 시각을 기록하고 시료와 용기를 진동하지 않는 수평대 또는 바닥 위에 놓고 뚜껑을 덮는다.
(3) 기록한 처음 시각에서 60분 동안 10분마다 콘크리트 표면에 스며 나온 물을 빨아낸 후 블리딩이 정지할 때까지 30분마다 물을 빨아낸다. 물을 빨아내는 것을 쉽게 하기 위하여 2분전에 두께 약 50㎜의 블록을 용기의 한쪽 밑에 주의 깊게 괴어 용기를 기울이고, 물을 빨아낸 후

수평 위치로 되돌린다. 빨아낸 물은 메스실린더에 옮긴 후 그 때까지 고인 물의 누계를 1mℓ까지 기록한다.

(4) 블리딩이 정지하면 즉시 용기와 시료의 질량을 측정하여 다음의 식에 의하여 계산한다.

$$B_q = \frac{V}{A}$$

여기에서, B_q : 블리딩 량(㎤/㎠)

V : 마지막까지 누계한 블리딩에 따른 물의 용적(㎤)

A : 콘크리트 윗면의 면적(㎠)

다만,

$$B_r = \frac{B}{W_s}$$

$$W_s = \frac{W}{C} \times S$$

여기에서, B_r : 블리딩률(%)

B : 최종까지 누계한 블리딩에 따른 물의 질량(kg)

W_s : 시료 중의 물의 질량(kg)

C : 콘크리트의 단위 용적 질량(kg/㎥)

W : 콘크리트의 단위 수량(kg/㎥)

S : 시료의 질량(kg)

4) 시험결과의 예

굳지 않은 콘크리트의 블리딩 시험												
시 험 일												
시험일의 상태		실 온 (℃)					습 도 (%)					
시 료												
시방배합	굵은 골재 최대 치수 (mm)	슬럼프 범위 (cm)	공기량 범위 (%)	물시멘트비 W/C(%)	잔골재율 s/a(%)	단위량(kg/m³)						
						물 W	시멘트 C	잔골재 S	굵은골재 G		혼화재료	
									mm～mm	mm～mm	혼화재	혼화제 (mℓ/m³)
	25	7.5	5.5	50	42.	167	334	736	1041			0.123

측 정 항 목	측정치	시 험 경 과			
① 용기의 질량 (kg)	44.450	시-분	분	cm³	℃
물을 채운 용기의 질량(kg)	25.530	14-10	0	-	20.5
채운 물의 온도(℃) 및 밀도(g/cm³)	20 0.9982	14-20	10	6.0	20.5
② 용기의 부피 (cm³)	14105	14-30	20	11.0	20.5
③ 용기의 평균 높이 (cm)	28.70	14-40	30	19.5	20.0
④ 용기 윗면의 면적=②/③(cm²)	491.5	14-50	40	30.0	20.0
⑤ 떠오른 물의 전량(cm³) 떠오른 물의 질량(g)	82.0 81.852	15-00	50	42.0	20.0
⑥ (시료+용기)의 질량 (kg)	43.850	15-10	60	49.5	20.0
⑦ 시료의 질량 ⑥-①(kg)	32.400	15-40	90	73.0	19.5
1m³당 재료의 총질량(kg)	2391	16-10	120	79.0	19.5
1m³당 콘크리트 단위수량(kg)	182	16-40	150	81.0	19.5
⑧ 블리딩량 ⑤/④ (cm³/cm²)	0.167	17-10	180	82.0	19.5
⑨ 블리딩율(%)	3.32				

1.4.6 콘크리트의 압축강도 시험

1) 시험의 목적

압축강도 시험은 경화한 콘크리트의 각종 시험 중 가장 중요하며, 이는 철근콘크리트 구조의 설계에는 압축강도만이 활용되고 인장강도나 휨강도, 전단강도는 무시되거나 보조적으로 고려되기 때문이며, 압축강도로부터 다른 강도를 추정하는 것이 가능하기 때문이다. 또한, 콘크리트의 강도는 시험조건에 의해 현저히 변화되므로 다음의 사항이 고려되어야 한다.

(1) 재료의 품질 : 시멘트, 골재, 배합수의 품질
(2) 배합, 골재입도, 시멘트 골재의 혼합비율, 물시멘트비, 워커빌리티
(3) 시공방법 : 제조방법(비빔, 부어넣기), 양생(온도, 습도, 방법), 재령
(4) 시험체 형상 및 치수, 시험방법

따라서 본 실험을 통하여 각 구성 재료의 물성을 조사하고, 소요의 제반 성능을 가지는 콘크리트를 가장 경제적으로 만드는 배합설계 방법을 연구하고, 성능설계에서 가정한 압축강도 및 기타의 성질에 대하여, 실제 구조물에 시공된 콘크리트의 품질관리 방법을 파악한다. 또한, 압축강도와 콘크리트의 기타 제성질 즉, 인장강도, 휨강도, 탄성계수, 내마모성 등과의 상관관계를 이해할 수 있도록 한다.

2) 시험기기 및 재료

(1) 시험체 몰드(mold) : 비흡수성 재질로 만들어진 원기둥형으로 지름 150㎜, 높이 300㎜인 것
(2) 다짐대(지름 150㎜, 길이 600㎜의 둥근강)
(3) 내부 진동기(진동수 700vpm 이상)
(4) 콘크리트 혼합기(드럼 믹서, 가경식 믹서 또는 팬믹서)
(5) 압축강도 시험기(용량 100t)
(6) 저울(계량할 무게의 0.3% 이내의 정밀도를 가진 것)
(7) 양생장치(23±2℃의 온도에서 습윤 상태로 유지할 수 있는 것)
(8) 캘리퍼스, (9) 흙손, (10) 비빔 용기, (11) 작은 삽

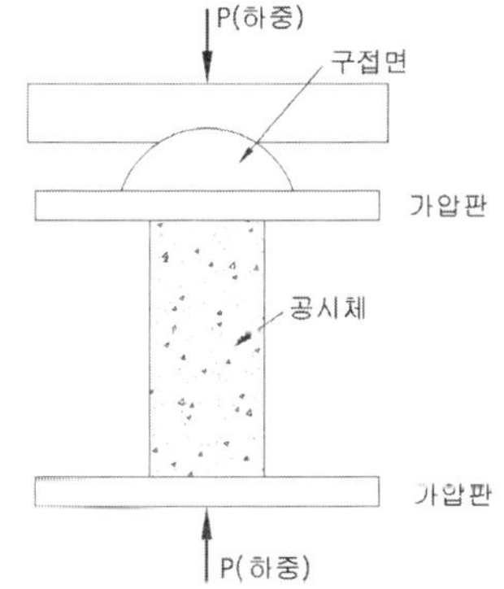

〈그림 1.4.4〉 콘크리트 압축강도 시험용 가압장치

〈사진 1.4.3〉 만능재료시험기(UTM)를 이용한 압축강도의 측정

3) 시험방법

(1) 공시체 및 가압판의 압축면의 이물질을 제거한 후, 공시체를 지름의 1% 이내의 오차에서 중심축이 가압판의 중심과 일치하도록 놓는다.
(2) 압축 응력도의 증가율이 매초 (0.6±0.4)MPa이 되도록 하고, 공시체가 급격한 변형을 시작한 후에는 하중을 가하는 속도의 조정을 중지하고 하중을 계속 가한다.

※ 콘크리트의 압축강도는 일반적으로 재하속도가 클수록 커진다. 단, 최대하중의 1/2 이하의 범위에서는 급속히 재하하여도 큰 강도변화는 나타나지 않는다.

(3) 공시체가 파괴될 때까지 시험기가 나타내는 최대 하중을 다음 식에 따라 산출하여 유효 숫자 3자리로 끝맺는다.

$$f_c = \frac{P}{\pi(\frac{d}{2})^2}$$

여기에서, f_c : 압축 강도(㎫)

P : 공시체가 파괴될 때까지의 구한 최대 하중(N)

d : 공시체 지름의 평균(㎜)

(4) 겉보기 밀도는 다음 식에 따라 산출하여 유효 숫자 3자리로 끝맺는다.

$$\rho = \frac{m}{h \times \pi(\frac{d}{2})^2}$$

여기에서, ρ : 겉보기 밀도(kg/㎥)

m : 공시체의 질량(kg)

h : 공시체의 높이(m)

d : 공시체의 지름(m)

4) 시험결과의 예

<table>
<tr><td colspan="13">콘크리트의 압축강도 시험</td></tr>
<tr><td colspan="3">시 험 일</td><td colspan="10">년 월 일</td></tr>
<tr><td colspan="3">시험일의 상태</td><td colspan="3">온 도(℃)</td><td colspan="2"></td><td colspan="3">습 도 (%)</td><td colspan="2"></td></tr>
<tr><td colspan="3">시 료</td><td colspan="10"></td></tr>
<tr><td rowspan="4">시방배합</td><td rowspan="3">굵은 골재 최대 치수 (㎜)</td><td rowspan="3">슬럼프 범위 (㎝)</td><td rowspan="3">공기량 범위 (%)</td><td rowspan="3">물시멘트 비 W/C(%)</td><td rowspan="3">잔골재 율 s/a(%)</td><td colspan="7">단위량(kg/㎥)</td></tr>
<tr><td rowspan="2">물 W</td><td rowspan="2">시멘트 C</td><td rowspan="2">잔골재 S</td><td colspan="2">굵은 골재 G</td><td colspan="2">혼화재료</td></tr>
<tr><td>㎜~㎜</td><td>㎜~㎜</td><td>혼화재</td><td>혼화제 (㎖/㎥)</td></tr>
<tr><td>25</td><td>7.5</td><td>5.5</td><td>50</td><td>42.</td><td>167</td><td>334</td><td>736</td><td>1041</td><td></td><td></td><td>0.123</td></tr>
<tr><td colspan="5">공시체 번호</td><td colspan="3">No. 1</td><td colspan="3">No. 2</td><td colspan="2">No. 3</td></tr>
<tr><td colspan="5">재 령 (일)</td><td colspan="3">28</td><td colspan="3">28</td><td colspan="2">28</td></tr>
<tr><td colspan="3" rowspan="3">직 경 (㎜)</td><td colspan="2">d1</td><td colspan="3">150.2</td><td colspan="3">150.0</td><td colspan="2">150.4</td></tr>
<tr><td colspan="2">d2</td><td colspan="3">150.0</td><td colspan="3">150.4</td><td colspan="2">150.2</td></tr>
<tr><td colspan="2">평균 d</td><td colspan="3">150.1</td><td colspan="3">150.2</td><td colspan="2">150.3</td></tr>
<tr><td colspan="5">겉보기 밀도(kg/㎥)</td><td colspan="3"></td><td colspan="3"></td><td colspan="2"></td></tr>
<tr><td colspan="5">최대 하중 P (kN)[kgf]</td><td colspan="3">385.0[39280]</td><td colspan="3">390.0[39790]</td><td colspan="2">388.0[39590]</td></tr>
<tr><td colspan="5">압축 강도 f'c=P/π (d/2)2</td><td colspan="3">21.8[222]</td><td colspan="3">22.0[224]</td><td colspan="2">21.9[223]</td></tr>
<tr><td colspan="5">평균 압축강도 f'c (N/㎟)</td><td colspan="8">21.9</td></tr>
<tr><td colspan="5">양생 방법 · 온도</td><td colspan="8">표준수중 20℃</td></tr>
</table>

1.4.7 콘크리트의 인장강도 시험

1) 시험의 목적

콘크리트의 인장강도는 그 콘크리트의 압축강도의 약 1/10~1/14 정도로 극히 적으나, 도로 포장판, 수조 등의 설계에는 중요하며, 또한 경화 건조수축이나 온도변화 등에 의한 균열의 경감, 방지를 도모하는 경우에는 인장강도의 크기를 아는 것이 필요하다.

2) 시험기기 및 재료

(1) 시험체 몰드(지름 150㎜, 높이 300㎜의 원주형과 지름 100㎜, 높이 200㎜의 원주형)
(2) 다짐대(지름 150㎜, 길이 600㎜의 둥근강)
(3) 가압판
(4) 지지판(시험기의 가압면이나 지지 블록의 크기가 시험체보다 작을 경우에 사용)
(5) 저울(계량할 무게의 3% 이내의 정밀도를 가진 것)
(6) 콘크리트 혼합기(드럼 믹서, 가경식 믹서 또는 팬 믹서)
(7) 진동기(내부 진동기, 외부 진동기)
(8) 양생장치(20±3℃의 온도에서 습윤 상태로 유지할 수 있는 것)
(9) 압축강도 시험기(용량 20~30tf)
(10) 캘리퍼스, (11) 비빔 용기, (12) 흙손, (13) 작은 삽

3) 시험 방법

(1) 공시체의 하중을 가하는 방향에서의 지름을 2개소 이상에서 0.1㎜까지 측정하고, 그 평균값을 공시체의 지름으로 하여 소수점 이하 1자리로 끝맺는다.
(2) 시험기는 시험시의 최대 하중이 1/5 범위에서 사용한다.
(3) 공시체의 측면 및 상하의 가압판의 압축면을 청소한다.
(4) 공시체를 시험기의 가압판 위에 편심하지 않도록 〈그림 1.4.5〉와 같이 설치한다. 이 경우, 가압판과 공시체의 접촉선의 어디에서도 틈새가 없도록 한다. 상하의 가압판은 하중을 가하고 있는 동안 평행을 유지할 수 있도록 한다.

※ 시험에 앞서 틈새가 생기지 않는 접촉선을 골라서 상하의 접촉선을 잇는 선을 공시체 측면에 표시하고, 또한 상하의 가압판의 중심에도 접촉선을 표시하여 표시한 양자의 접촉선이 정확하게 일치하도록 공시체를 설치하여야 한다. 그리고 원주의 축선 방향으로도 편심하지 않도록 한다.
※ 공시체와 가압판 사이에 틈새가 있으면 하중이 균등하게 가해지지 않아서 공시체가 국부적으로 파괴되는 경우가 있다. 특히, 공시체의 몰드 이음부가 가압판에 접하도록 설치하면 틈새가 생기는 수가 많다.
※ 5.00kN 이내의 하중을 가한 상태에서 하중의 증가를 일시 범추고, 상하 가압판의 거리를 2개소 이상 측정하여 상하의 가압판의 평행을 확인한다. 평행하지 않은 경우는 구면 시트를 가진 쪽의 가압판을 나무망치로 두드려서 조정한다.

(5) 공시체의 충격을 가하지 않도록 똑같은 속도로 하중을 가한다. 하중을 가하는 속도는 인장 응력도의 증가율이 매초 0.06±0.04MPa이 되도록 조정하고, 최대 하중에 도달할 때까지 그 증가율을 유지하도록 한다.

(6) 공시체가 쪼개진 면에서의 길이를 2개소 이상에서 0.1㎜까지 측정하여, 그 평균값을 공시체의 길이로 하고, 유효 숫자 4자리로 끝맺는다.

$$f_{sp} = \frac{2P}{\pi dl}$$

여기에서, f_{sp} : 인장 강도 MPa(=N/㎟)

P : 최대 하중(N)

d : 공시체의 지름(㎜)

l : 할열 된 면에서의 공시체의 길이(㎜)

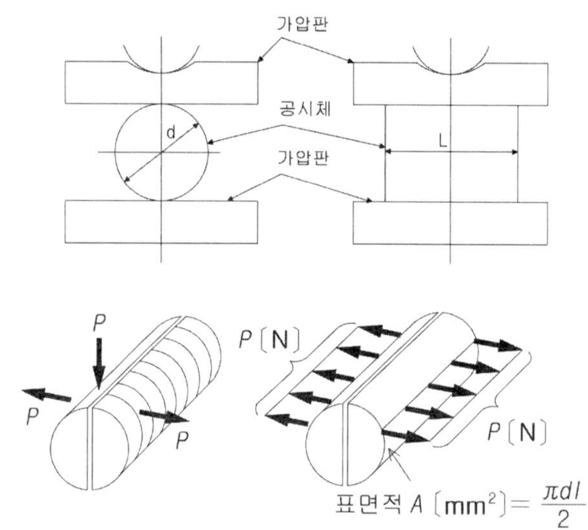

〈그림 1.4.5〉 콘크리트 인장강도 공시체

〈사진 1.4.4〉 할열 인장강도의 측정

5) 시험결과의 예

콘크리트의 인장 강도 시험

시 험 일	년 월 일		
시험일의 상태	온 도(℃)		습 도 (%)	
시 료				

시방배합	굵은 골재 최대 치수 (㎜)	슬럼프 범위 (㎝)	공기량 범위 (%)	물시멘트비 W/C(%)	잔골재율 s/a(%)	단위량(kg/㎥) 물 W	시멘트 C	잔골재 S	굵은골재 G ㎜~㎜	㎜~㎜	혼화재료 혼화재	혼화제 (㎖/㎥)
	25	7.5	5.5	50	42.	167	334	736	1041			0.123

공 시 체 번 호		No. 1	No. 2	No. 3
재 령 (일)		28	28	28
직 경(㎜)	d1	150.2	150.0	150.4
	d2	150.0	150.4	150.2
	평균 d	150.1	150.2	150.3
길 이(㎜)	ℓ 1	301.2	300.6	301.0
	ℓ 2	300.8	300.8	301.4
	평균 ℓ	301.0	300.7	301.2
최대 하중 P (kN)[kgf]		165.0[16835]	164.0[16733]	165.0[16835]
인장 강도 $f_t = 2P/\pi d \ell$		2.33[23.8]	2.31[23.6]	2.32[23.7]
평균 인장 강도 ft (N/㎟)[kgf/㎠]		2.32[23.7]		
양생 방법·온도		수중 20℃		

1.4.8 콘크리트의 휨강도 시험

1) 시험의 목적

콘크리트의 휨강도는 콘크리트 보 공시체로 Hook의 법칙 및 평면보호의 가정이 성립되는 세장한 탄성체로서 이를 요구한다. 이렇게 구한 휨강도는 압축강도의 약 1/5~1/8, 직접 인장강도의 약 1.6~2배의 크기를 가지고 있으며, 휨강도가 인장강도보다 큰 것은 콘크리트의 탄소성적 성질에 의한 것으로 휨 균열강도의 계산이나 콘크리트 관, 말뚝 등의 품질의 판정에 이용된다.

본서에서는 KS F 2408에 준하여 3등분점 재하법에 따른 경화 콘크리트 공시체의 휨 강도 시험방법에 대하여 설명한다. 중앙점 재하방식에 의한 휨강도 시험은 KS F 2408의 부속서를 참조하며, 계산방법은 본서에서 설명하였다.

2) 시험기기 및 재료

(1) 시험체 몰드(150×150×150㎜의 각주형과 100×100×380㎜의 각주형)

(2) 콘크리트 혼합기(드럼 믹서, 가경식 믹서 또는 팬 믹서)

(3) 휨 강도 시험 장치

(4) 다짐대(지름 16㎜, 길이 600㎜의 둥근강)

(5) 진동기(내부 진동기, 외부 진동기)

(6) 양생장치(20±3℃의 온도에서 습윤 상태로 유지할 수 있는 것)

(7) 저울(계량할 무게의 3% 이내의 정밀도를 가진 것)

(8) 압축강도 시험기(용량 10t)

(9) 캘리퍼스, (10) 비빔 용기, (11) 흙손, (12) 삽

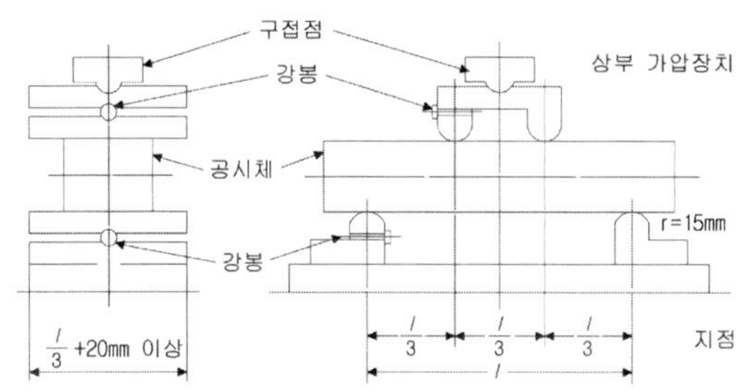

〈그림 1.4.6〉 3등분점 재하 장치의 보기

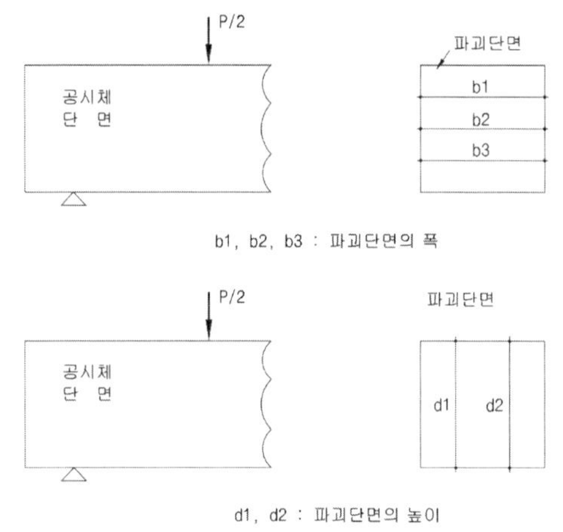

〈그림 1.4.7〉 파괴 단면 치수의 측정

3) 시험 방법

(1) 시험기는 시험시의 최대 하중이 용량의 1/5에서 용량까지의 범위에서 사용하며, 같은 시험기에서 용량을 바꿀 수 있는 경우는 각각의 용량을 별개의 용량으로 간주한다.

(2) 지간은 공시체 높이의 3배로 한다.

(3) 공시체는 콘크리트를 몰드에 채웠을 때의 옆면을 상하면으로 하며, 베어링 나비의 중앙에 놓고 지간의 3등분점에 상부 재하 장치를 접촉시킨다. 이 경우, 재하 장치의 접촉면과 공시체 면과의 사이 어디에도 틈새가 없도록 한다.

(4) 가장자리 응력도의 증가율이 매초 0.06±0.04MPa이 되도록 속도를 조정하고, 최대 하중이 될 때까지 그 증가율을 유지하도록 한다.

(5) 공시체가 파괴될 때까지 시험기가 나타내는 최대 하중을 유효 숫자 3자리까지 읽는다.

(6) 파괴 단면은 〈그림 1.4.7〉과 같이 폭(나비)는 3곳에서, 높이는 2곳에서 0.1㎜까지 측정하고, 그 평균값을 소수점 이하 첫째자리에서 끝맺음한다.

(7) 결과의 계산은 다음에 따라 계산한다.

① 공시체가 인장쪽 표면 지간 방향 중심선의 3등분점 사이에서 파괴되었을 때는 휨 강도를 다음 식으로 산출하여, 유효 숫자 3자리에서 끝맺음한다.

$$f_b = Pl / bh^2$$

여기에서, f_b : 휨 강도 (MPa)

P : 시험기가 나타내는 최대 하중(N)

l : 지 간(㎜)

b : 파괴 단면의 나비(㎜)

h : 파괴 단면의 높이(㎜)

② 공시체가 인장쪽 표면의 지간 방향 중심선의 3등분점의 바깥쪽에서 파괴된 경우는 그 시험 결과를 무효로 한다.

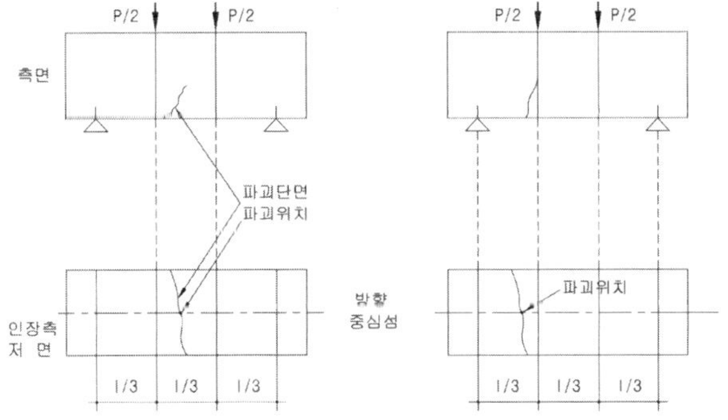

〈그림 1.4.8〉 인장시험 결과의 판정

③ 참고로 중앙점 재하방식에 의한 콘크리트의 휨 강도는 다음 식에 따라 산출하며, 유효 숫자 3자리에서 끝맺음한다.

$$f_b = 3Pl / 2bh^2$$

여기에서, f_b : 휨 강도 (MPa)

P : 시험기가 나타내는 최대 하중(N)

l : 지 간(㎜)

b : 파괴 단면의 나비(㎜)

h : 파괴 단면의 높이(㎜)

4) 시험결과의 예

콘크리트의 휨강도 시험												
시 험 일			년 월 일									
시험일의 상태			온 도(℃)				습 도 (%)					
시 료 명												
시방배합	굵은 골재 최대 치수 (㎜)	슬럼프 범위 (㎝)	공기량 범위 (%)	물시멘트비 W/C(%)	잔골재율 s/a(%)	단위량(kg/㎥)						
						물 W	시멘트 C	잔골재 S	굵은골재 G		혼화재료	
									㎜~㎜	㎜~㎜	혼화재	혼화제(㎖/㎥)
	25	7.5	5.5	50	42.	167	334	736	1041			0.123

공시체 번호		No. 1	No. 2	No. 3
재령(일)		28	28	28
폭 (㎜)	b1	150.2	150.8	150.4
	b2	150.6	150.0	151.0
	b3	150.8	150.6	150.8
	평균 b	150.5	150.5	150.7
높이 (㎜)	d1	149.8	150.2	150.4
	d2	150.0	150.0	150.2
	평균 d	149.9	150.1	150.3
지간 ℓ (㎜)		450.0	450.0	450.0
최대 하중 P (kN)[kgf]		44.5[4540]	44.0[4490]	35.0[3570]
휨강도 fb = Pℓ/bd2(N/㎟)[kgf/㎠]		5.92[60.4]	5.84[59.6]	-
평균 휨강도 ft (N/㎟)[kgf/㎠]		5.88[60.0]		
양생방법·온도		표준수중 20℃		
비고 : 공시체번호 No. 3은 파괴위치가 3등분점의 바깥에서 파괴되었기 때문에 시험결과를 무효로 하였다.				

1.5 금속재료

1.5.1 기본사항

건축 및 토목용으로 사용되는 구조용재는 원광석을 고로에서 용융시켜 만든 선철을 평로, 전로, 전기로에서 정제한 강괴를 요구하는 형태로 압연 성형한 압연강재가 주로 쓰이며, 종류로는 형강, 강판, 봉강 및 평강 등이 있다. 형강판은 주로 구조용으로 평강판은 타이플레이트 등, 봉강은 볼트, 리벳 이외에 철근콘크리트 보강재 등으로 사용되고 있다.

1) 강재의 규격

건축 및 토목의 강재는 KS분류에서는 대부분이 D부분이다. 대표적인 구조용 강재의 KS규격은 〈표 1.5.1〉과 같다.

〈표 1.5.1〉 구조용 강재의 KS규격

규격	명칭 및 종류
KS D 3503	일반 구조용 압연 강재
KS D 3515	용접 구조용 압연 강재
KS D 3529	용접 구조용 내후성 열간 압연 강재
KS D 3530	일반 구조용 경량 형강
KS D 3558	일반 구조용 용접 경량 H형강
KS D 3566	일반 구조용 탄소 강관
KS D 3568	일반 구조용 각형 강관
KS D 4108	용접 구조용 원심력 주강관
KS D 3602	강재강판

2) 강재의 종류

〈표 1.5.2〉 강재의 종류

조강	봉강	환강·각강·육자강·팔자강·반원강·이형환강·트위스트바
	형강	산형·구형·I형·H형·Z형·F형·구산형·구평형·강실판·항틀강·경량형강
	궤조	중궤강·경궤강
	선재	보통선재·특수선재
강판	후판(두께 3㎜이상)	후판·중판·트랏드강판
	박판(두께 3㎜ 이하)	박판(열간압연·냉간압연)·아연철판·알루미늄도금강판·전자강판·특수피복강판
	대강	
강관	이음매 없는 강관·단접관·봉접관(전봉관·UOE·프레스상관·스파이럴강판·가스용접관)·일반강관(재생관)·콜게이트파이프·각형관	

상기 구조용 강재는 아래와 같이 형상에 따라 조강, 강판, 강관으로 대별되고 〈표 1.5.2〉에 열거한 대로 여러 가지의 제품으로 만들어져 있다.

강재품은 소위 철강 2차 제품이라 불리는 것으로 와이어로프, 볼트, 너트, 못, 용접봉, 강재거푸집, 파이프지주, 강재새시, 셔터, 각종 철망 등 다양하다.

1.5.2 금속재료의 인장시험

1) 시험의 목적

철재의 대표적인 성질로써 매우 중요하며 구조설계에 있어서 기준이 되는 항복점, 내구성 및 인장강도 등을 측정한다. KS에 규정되어 있지 않은 강재를 사용하는 경우에는 인장시험을 실시하여 적당한 허용응력을 정해야만 한다.

강재 척도인 연성의 증가와 감소를 측정하고 응력과 굴곡의 관계를 조사하여 비례한도, 탄성한도, 탄성계수 또는 푸아송비 등을 구해야 한다.

2) 시험기기 및 재료

(1) 이형철근
(2) 인장시험기
(3) 펀치(punch)
(4) 자(scale)
(5) 해머(hammer)
(6) 줄(file)
(7) 마이크로미터(micrometer)
(8) 절단용 쇠톱
(9) 금긋기 바늘(scriber)
(10) 버니어캘리퍼스
(11) 연삭숫돌
(12) 페인트

3) 시험편의 준비

(1) 시험편은 KS B 0801(금속재료 인장시험편)에 따르나 별도로 규정이 되어 있는 것은 이에 따르지 않아도 된다.
(2) 시험편의 채취, 제작은 각각 재료의 규격에 따라 시행하며, 시험편 부분의 재질에 변형 또는 가열은 피한다. 전단, 펀칭 등에 따라 거칠게 가공한 경우에는 그 영향을 받은 영역을 절삭하여 제거하고, 평행부를 다듬질 한다.
(3) 선의 교정은 피하는 것이 좋으며, 교정을 필요로 할 경우에는 재질에 영향을 미치지 않는 방법을 사용한다.
(4) 표점(gauge mark)은 펀치 또는 스크라이버로 긋는 것을 표준으로 하나, 시험편의 재질이 표면 흠에 대하여 민감하거나 또는 매우 단단한 재질일 경우에는 도료 칠을 한 도료 위에 줄을

그어 표시한다.

(5) 압연, 인발, 압출, 주입한 그대로를 제외하고는 시험편의 표면은 기계 가공하고, 예민한 작은 줄 또는 연삭숫돌로 모서리를 둥글게 한다.

(6) 시험편 평행부에 있어서의 지름 또는 폭은 표점 간 중앙부분에 절단되도록 표점 근처보다 허용범위 내에서 작게 가공하는 것이 좋다.

4) 시험 장치

시험기는 견고한 기초대에 설치하고 물림부를 연결하는 직선을 정확히 수직 또는 수평으로 놓고 사용해야 하며, KS B 5521(인장시험기)의 규정에 맞아야 한다.

5) 시험 방법

(1) 시험편의 모양에 따라 적당한 물림장치를 사용하고 시험 중 시험편에는 축방향의 하중만이 가하여지도록 시험기를 조정한다.

(2) 하중을 가하는 속도는 가능한 균일하여야 하며, 그 지정은 응력증가율, 변형증가율, 경과시간 중 방법을 선택한다.

(3) 시험편 상부를 시험기 상부의 물림장치에 물리게 한다.

(4) 시험기를 조금 움직여 게이지 침을 0에 맞춘다.

(5) 시험편 하부를 시험기 하부의 물림장치에 물린다.

(6) 하중과 변형의 측정이 정확히 행하여질 수 있는 속도로 하중을 가한다.

(7) 하중을 가하는 속도가 측정결과에 큰 영향을 미칠 염려가 있는 재료에 대해서는 그 재료규격의 규정에 따른다.

※ 상·하 항복점 또는 항복강도를 측정하는 경우에는 그 규정값에 대응하는 하중의 1/2까지는 적당한 속도로 하중을 가하여도 좋으나, 그의 1/2하중을 초과한 후에는 상·하 항복점 또는 내력까지의 평균응력증가율을 3~30N/㎟·s, 알루미늄 및 그 합금에서는 30N/㎟·s 이하로 한다.

※ 인장강도를 측정하는 경우에 상·하 항복점 또는 내력의 측정이 불필요한 경우 인장강도 규정 값의 하중 1/2까지는 적당한 속도로 하중을 가하여도 되며, 그의 1/2하중을 초과한 후에는 시험편 평행부의 연신증가율이 20~80%/min, 알루미늄 및 합금에서는 80%/min 이하 속도로 인장을 한다. 상·하 항복점 또는 내력의 측정 후 계속하여 인장강도를 구하는 경우도 같다.

(8) 시험온도는 일반적으로 10~35℃의 범위 내로 하고 온도변화에 민감한 재료에 대해서는 23±5℃를 표준으로 하고 그 재료규격의 지시에 따른다.

(9) 절단된 시험편을 시험기에서 꺼낸다.

6) 시험편 평행부의 원단면적, 표점거리, 항복점, 내력, 항복연신, 인장강도, 파단연신율 (연신율), 단면수축률의 산출방법

(1) 시험편 평행부의 원단면적은 표점거리의 양단부 및 중앙부의 3개소 단면적의 평균값으로 한다. 단, 필요에 따라 테이퍼를 붙인 시험편은 최소단면에서의 단면적을 측정하여 원단면적으로 한다.
각각의 단면적을 구하기 위하여 지름 또는 폭, 두께는 적당한 측정기를 사용하고, 적어도 규정치수의 0.5%의 수치까지 측정한다. 단, 2㎜ 이하의 치수에 대해서는 0.01㎜까지 측정할 수 있다. 원형의 단면적을 구하기 위한 지름은 서로 직교하는 두 방향에 대하여 측정한 값의 평균값으로 한다.

(2) 표점거리는 적당한 측정기를 사용하여 적어도 규정치수의 0.4%의 수치를 측정한다. 단, 100㎜까지 측정하여도 좋다. 표점거리가 정해져 있는 연신율계를 사용하는 경우에는 앞의 방식과 같이 측정하여 다음 식에 의하여 계산한다.

상항복점의 경우 $\sigma_{SU} = \dfrac{F_{SU}}{A_0}$

하항복점의 경우 $\sigma_{SL} = \dfrac{F_{SL}}{A_0}$

여기에서, σ_{SU} : 상항복점(N/㎟)
σ_{SL} : 하항복점(N/㎟)
A_0 : 위의 (1)에 의해서 측정한 원단면적(㎟)
F_{SU} : 시험편 평행부가 항복하기 시작하는 이전의 최대하중(N)
F_{SL} : 시험편 평행부가 항복하기 시작한 후 거의 일정한 하중상태의 최소하중(N)

항복강도의 경우 $\sigma_{\epsilon} = \dfrac{F_{\epsilon}}{A_0}$

여기에서, σ_{ϵ} : 오프셋 법으로 산출한 내력(N/㎟)
F_{ϵ} : 연신율계를 사용하여 하중과 신장량과의 관계선도를 구하고 신장축 상 규정의 영구연신율(ϵ)에 상당하는 점으로부터 시험 초기의 직선 부분에 평행선을 그어 선도와 만나는 점을 나타내는 하중(N)

규정의 영규연신율 ϵ%가 얻어지는 하중 하의 총연신율 λ%를 알고 있는 경우에는 내력을 항복강도 산출을 위한 식 대신 다음의 방법으로 결정하여도 좋다.

총 연신율법으로 구한 항복강도 $\sigma_{\epsilon}(\lambda) = \dfrac{F\lambda}{A_0}$

여기에서, $\sigma_{\epsilon}(\lambda)$: 총연신율 법으로 구한 항복강도(N/㎟)

$F\lambda$: 연신율계를 사용하여 측정한 하중 하의 총연신율이 λ%일 때의 하중(N)

인장강도의 경우 $\sigma_B = \dfrac{P_{max}}{A_0}$

여기에서, σ_B : 인장강도(N/㎟)

P_{max} : 인장하중(N)

A_0 : 원단면적

(3) 상·하 항복점, 항복강도 또는 인장강도를 구하기 위한 하중은 그 크기의 0.5%까지로 하고, 항복점, 내력도, 인장강도의 수치는 첫째자리에서 끝맺음한다. 단, 응력의 측정값이 10N/㎟ 미만인 경우에는 유효숫자 두 자리가 되게 수치를 끝맺음한다.

파단 연신율의 경우 $\delta = \dfrac{l - l_0}{l_0} \times 100$

여기에서, δ : 파단연신율(연신율) (%)

l : 시험편의 양 파단편의 중심선이 일직선상에 있도록 주의하여 파단면을 접촉시켜 위의 (2)에 준하여 측정한 표점간의 거리 (㎜)

l_0 : 표점거리 (㎜)

※ 판상 시험편에 있어서 파단면을 접촉시켰을 때 폭의 중앙부에 틈새(CP)가 있는 경우 〈그림 1.5.1〉에도 그 CP의 치수를 빼지 않고, 표점 O_1, O_2 간의 거리로써 파단연신율(연신율)을 산출한다.

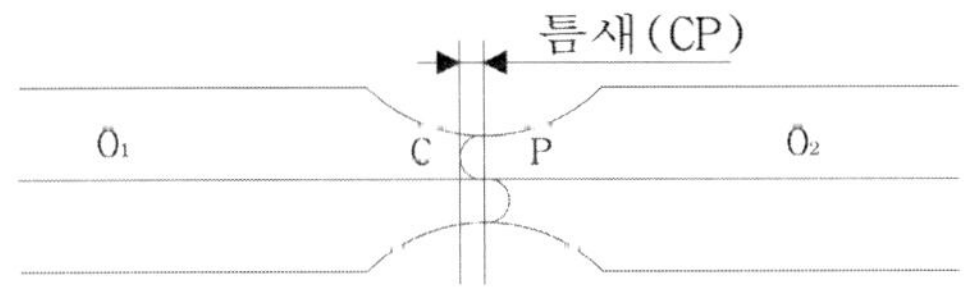

〈그림 1.5.1〉 파단연신율의 산출

(4) 단면수축률의 측정에는 원형 단면의 시험편을 사용하며, 다음 식에 따라 구한다.

$$\phi = \frac{A_0 - A}{A_0} \times 100$$

여기에서, ϕ : 단면수축률(%)

A : 시험편의 파단편을 주의하여 접촉시켜 위의 ①에 준하여 측정한 최소 단면적(㎟)

A_0 : 시험편의 원단면적(㎟)

(5) 인장시험의 성적은 시험편의 파단위치에 따라 다음과 같이 구별한다.

A : 표점 사이의 중심으로부터 표점거리의 1/4 이내(〈그림 1.5.2〉, A부)에서 파단한 경우
B : 표점 사이의 중심으로부터 표점거리의 1/4 초과표점 이내(〈그림 1.5.2〉, B부)에서 파단한 경우
C : 표점 밖 (〈그림 1.5.2〉, C부)에서 파단한 경우

이 A, B, C의 구분은 파단 후의 표점 사이의 길이로 생각하여도 좋다.

※ 파단연신율(연신율)의 추정

a. 미리 표점 사이를 적당한 길이로 등분하여 눈금을 기입한다.

b. 시험 후의 파단면을 접촉시켜 짧은 파단면상의 표점 O_1A간의 길이를 측정한다.

c. 긴 쪽의 파단면상의 표점(O_2)과 A 사이 등분수를 n으로 하고 n이 짝수인 때는 A로부터 O_2의 방향으로 n/2번째의 눈금, n이 홀수인 때는 (n−1)/2번째의 눈금과 (n+1)/2번째의 눈금과의 중점을 B로 하여 AB간의 길이를 측정한다.

d. 추정값은 다음 식에 따라 산출하여 표기한다.

$$\text{추정값} = \frac{O_1A + 2AB - \text{표점거리}}{\text{표점거리}} \times 100\%$$

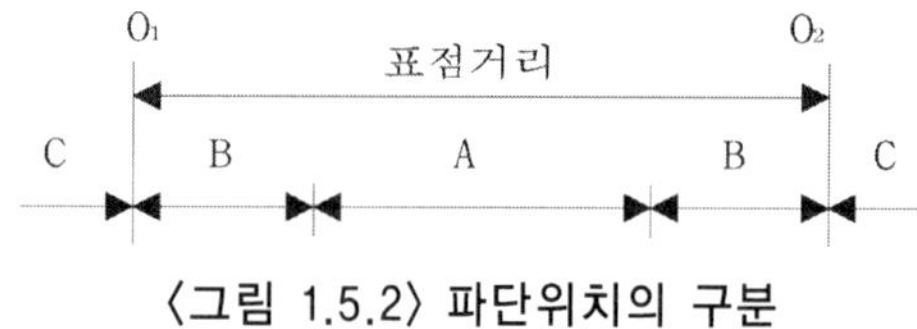

〈그림 1.5.2〉 파단위치의 구분

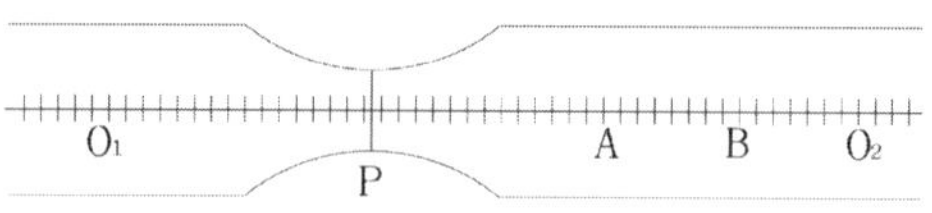

〈그림 1.5.3〉 파단 연신율의 추정

(6) 탄성계수는 다음 식을 이용하여 산출한다.

$$E = \frac{\sigma}{\epsilon}$$

여기에서, E : 탄성계수(N/㎟)
σ : 응력 (N/㎟)
ϵ : 변형도
단, σ와 ϵ은 탄성범위 내의 값을 취한다.

7) 참고사항

(1) 인장시험이란 시험편을 서서히 인장하여 항복점, 항복강도, 인장강도, 연신율, 단면수축률의

전부 또는 일부를 측정하는 시험이다.

(2) 항복점을 나누어 상항복점과 하항복점으로 구별한다. 여기서 상항복점이란 인장시험 경과 중 〈그림 1.5.4〉에 표시한 것과 같이 시험편 평행부가 항복을 시작하기 이전의 최대하중을 평행부의 원단면적으로 나눈 값(N/㎟)을 말하며 하항복점이란 인장시험 경과 중 시험편 평행부가 항복을 시작한 뒤의 일정한 하중을 평행부의 원단면적으로 나눈 값(N/㎟)을 말한다.

(3) 항복강도란 인장시험에 있어서 규정된 영구신장을 일으킬 때의 하중을 평행부의 원단면적으로 나눈 값(N/㎟)을 말한다. 단, 특별히 규정하지 않은 경우는 영구 연신율 값을 0.2%로 한다.

(4) 총 연신율이란 인장시험에 있어서 어떤 하중을 가했을 때, 그 상태로 표점간의 길이와 표점거리와의 차의 표점거리에 대한 백분율(%)을 말한다.

(5) 영구연신율이란 인장시험에 있어서 어떤 하중을 가하고 다음에 이를 제거한 후에 표점간의 길이와 표점거리와의 차의 표점거리에 대한 백분율을 말한다.

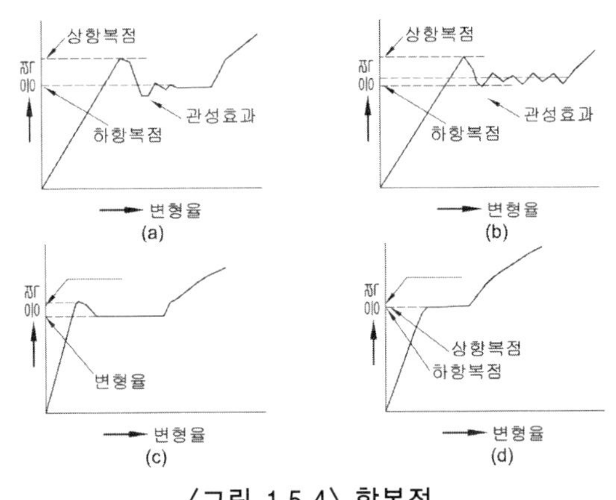

〈그림 1.5.4〉 항복점

(6) 인장시험편은 그의 모양 및 치수에 따라 1~14호 시험편으로 구분하고, 각 종류의 인장시험편의 용도 및 주요 치수는 다음과 같다. (KS B 0801)

① 1호 시험편 : 강판, 평강 및 형강의 인장시험에 사용한다.

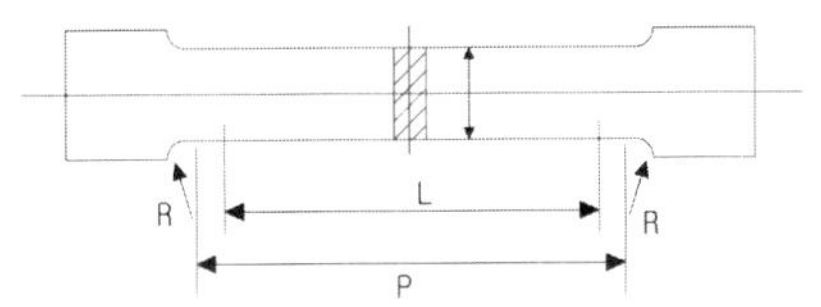

(단위 : ㎜)

시험편의 구별	폭 (W)
1A	40(38도 좋다)
1B	25

표점거리 L = 200㎜, 평행부 길이 P = 220㎜
어깨 반지름 R = 25㎜ 이상, 두께는 처음의 두께 그대로 한다.

〈그림 1.5.5〉 1호 시험편

② 2호 시험편 : 호칭지름(또는 대변거리)이 25㎜ 이하인 봉강의 인장시험에 사용한다. 표점거리 L은 지름(또는 대변거리) D의 8배로 하고 물림부를 굵게 하는 것에는 평행부의 길이

P를 D의 약 9배로 한다.

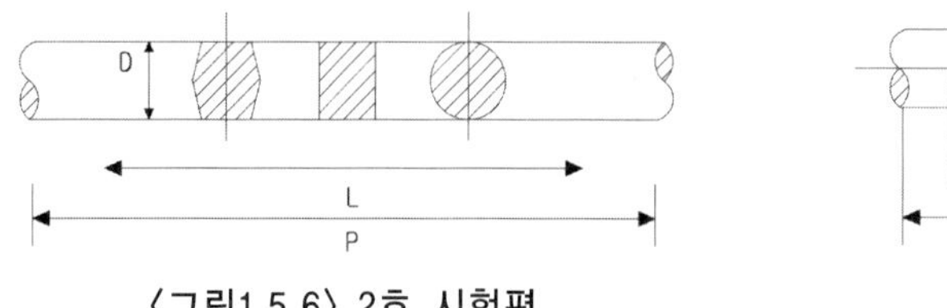

〈그림1.5.6〉 2호 시험편

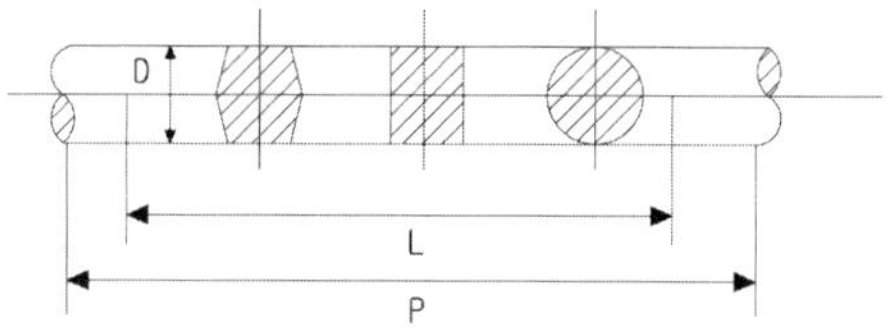

D
L
P

〈그림 1.5.7〉 3호 시험편

③ 3호 시험편 : 호칭지름(또는 대변거리)이 25㎜를 초과하는 봉강의 인장시험에 사용한다. 표점거리 L은 지름(또는 대변거리) D의 4배로 하고, 물림부를 굵게 하는 것에는 평행부 길이 P는 D의 약 4.5배로 한다.

④ 4호 시험편 : 주강품, 단강품, 압면 강재, 가단 주철품 및 구상 흑연 주철품, 그리고 비철금속(또는 그 합금)의 봉 및 주물의 인장 시험편에 사용하며, 시험편의 평행부 단면은 원형으로 다듬질하여야 한다. 단, 가단 주철품의 경우는 원칙으로 다듬질하지 않는다. 또 재료의 형편에 따라 아래에 적은 치수로 할 수 없는 경우는 다음 식으로 평행부의 지름과 표점거리를 정한다.

$L = 4\sqrt{A}$ (A는 시험편 평행부의 단면적) = 3.54D

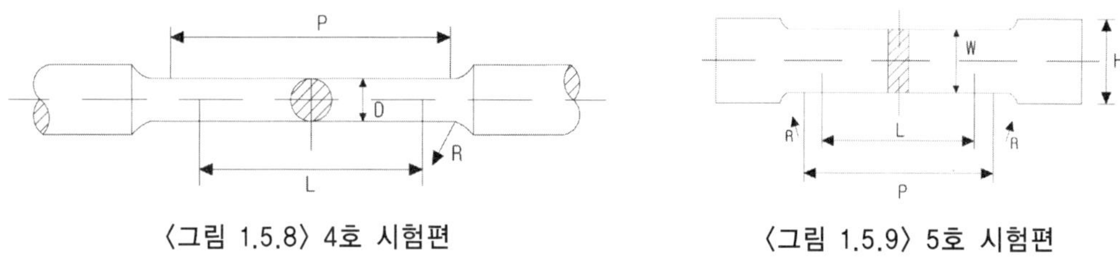

〈그림 1.5.8〉 4호 시험편

〈그림 1.5.9〉 5호 시험편

⑤ 5호 시험편 : 파이프류 강판 및 비철금속(또는 그 합금)의 판 그리고 형재의 인장시험에 사용한다. 단, 박강판에 한하여 반지름 R = 20~30㎜, 물림부의 폭 W = 30㎜ 이상으로 한다.

⑥ 6호 시험편 : 판재 및 형재로, 두께 6㎜ 이하의 것의 인장시험에 사용한다.

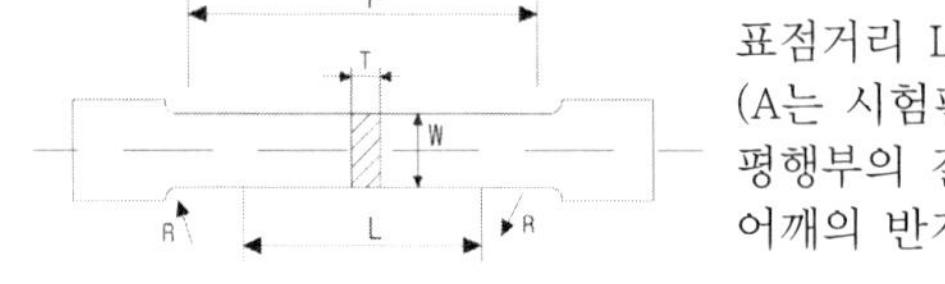

표점거리 $L=8\sqrt{A}$
(A는 시험편의 평행부의 단면적, W X T)
평행부의 길이 P=L+약 10㎜, 폭 W=15㎜
어깨의 반지름 R=15㎜ 이상, 두께는 처음의 두께대로 한다.

〈그림 1.5.10〉 6호 시험편

⑦ 7호 시험편 : 인장강도가 큰 평강, 강판 및 각 강의 인장시험에 사용한다.

⑧ 8호 시험편 : 일반 주철품의 인장시험에 사용하며 〈표 1.5.3〉에 나타낸 치수의 공시체를 가공하여 평행부 지름을 D로 다듬질한다.

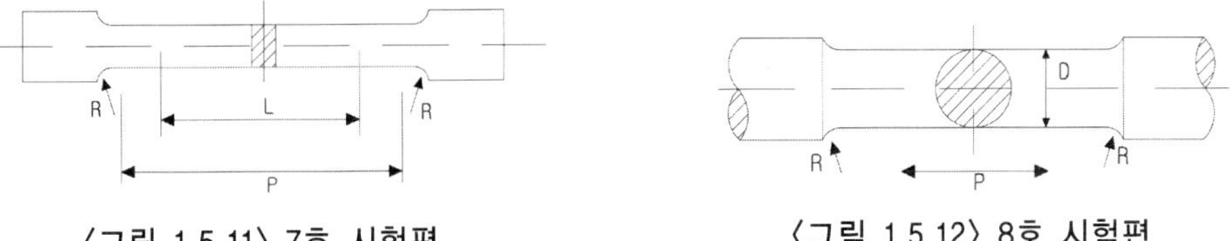

〈그림 1.5.11〉 7호 시험편 〈그림 1.5.12〉 8호 시험편

※ 표점거리 L=4$\sqrt{A}$(A는 시험편의 평행부의 단면적)
※ 평행부의 길이 P=약 1.2L, 어깨의 반지름 R=15㎜ 이상
※ 두께는 처음의 두께대로 하되, 폭은 두께보다 크게 한다.

〈표 1.5.3〉 철재의 인장시험편 (단위 : ㎜)

시험편의 구별	공시체의 주조치수(지름)	평행부의 길이(P)	지 름(D)	어깨의 반지름(R)
8A	약 13	약 8	8	16 이상
8B	약 20	약 12.5	12.5	25 이상
8C	약 30	약 20	20	40 이상
8D	약 40	약 32	32	64 이상

⑨ 9호 시험편 : 강선 및 비철금속(또는 그의 합금)의 선의 인장시험에 사용한다.

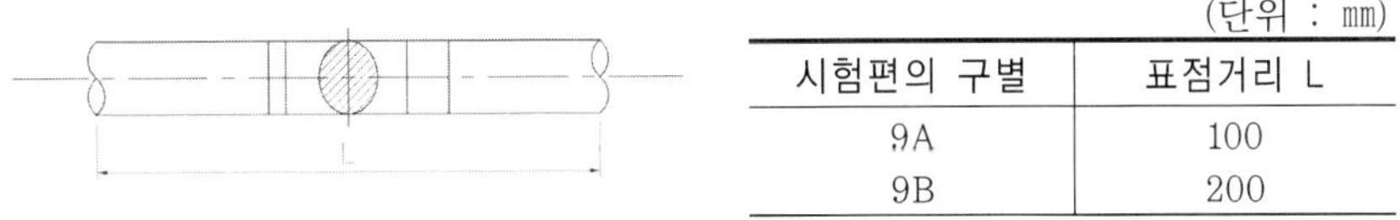

(단위 : ㎜)

시험편의 구별	표점거리 L
9A	100
9B	200

〈그림 1.5.13〉 9호 시험편

⑩ 10호 시험편 : 용착금속, 단강품, 주강품 및 압연강재의 인장시험에 사용하며, 용착금속의 경우 평행부는 모두 용착금속이어야 한다.

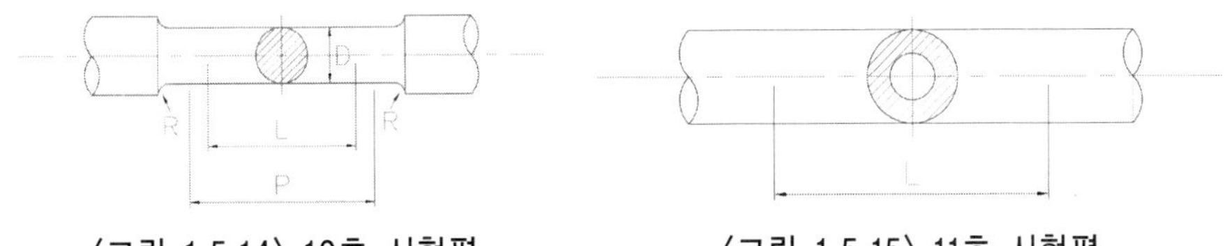

〈그림 1.5.14〉 10호 시험편 〈그림 1.5.15〉 11호 시험편

⑪ 11호 시험편 : 파이프 모양 그대로 시행하는 파이프류의 인장시험에 사용한다. 이 시험편의 단면은 원재료에서 잘라낸 그대로 하고 양끝의 고정부는 심쇠(金)를 넣든가 또는 두들

겨 평평히 한다. 또 후자의 경우 평행부의 길이는 100㎜ 이상이어야 한다.

⑫ 12호 시험편 : 파이프 모양 그대로 시행하지 않은 파이프류의 인장시험에 사용한다. 시험편의 양끝 고정부는 상온에서 두들겨 평평히 할 수 있다.

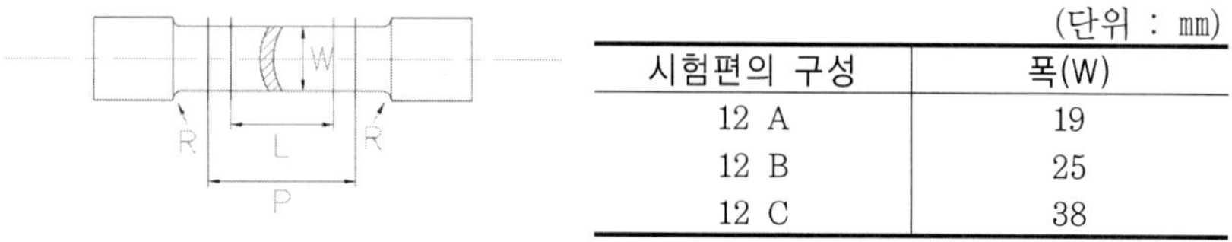

(단위 : ㎜)

시험편의 구성	폭(W)
12 A	19
12 B	25
12 C	38

〈그림 1.5.16〉 12호 시험편

⑬ 13호 시험편 : 이 시험편은 주로 관계의 인장시험에 사용한다. 두께는 처음의 그대로 한다.

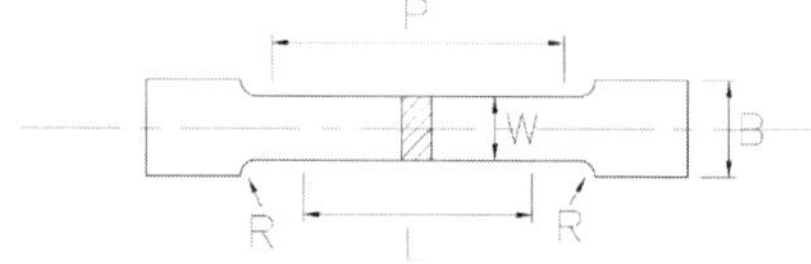

구별	폭(W)	표점거리(L)	평행부 길이(P)	어깨 반지름(R)	물림부 폭(B)
13 A	20	80	약 120	20~30	–
13 B	12.5	50	약 50	20~30	20 이상

〈그림 1.5.17〉 13호 시험편

⑭ 14호 시험편

a. 14 A호 시험편 : 강재의 인장시험에 사용한다.

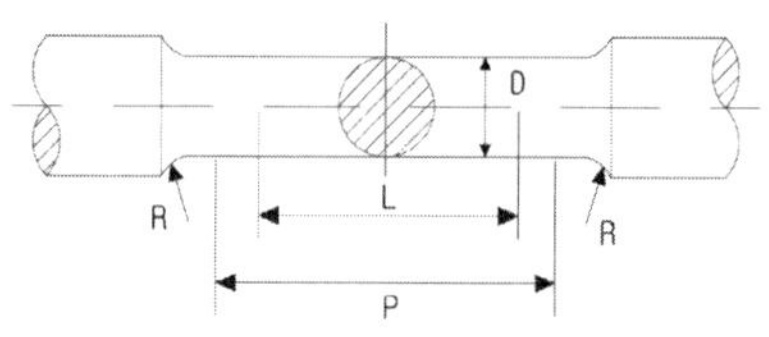

〈그림 1.5.18〉 14 A호 시험편

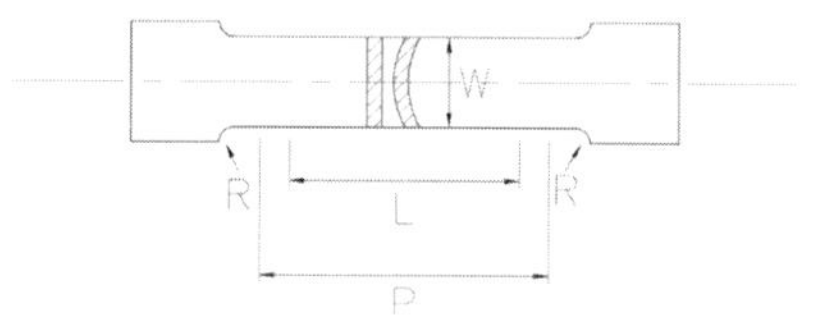

〈그림 1.5.19〉 14 B호 시험편

b. 14 B호 시험편 : 강재의 인장시험 및 파이프 모양대로 시험하지 않는 파이프류의 인장시험에 사용된다.

c. 14C호 시험편 : 파이프 모양대로 시험하는 파이프류의 인장시험에 사용한다.

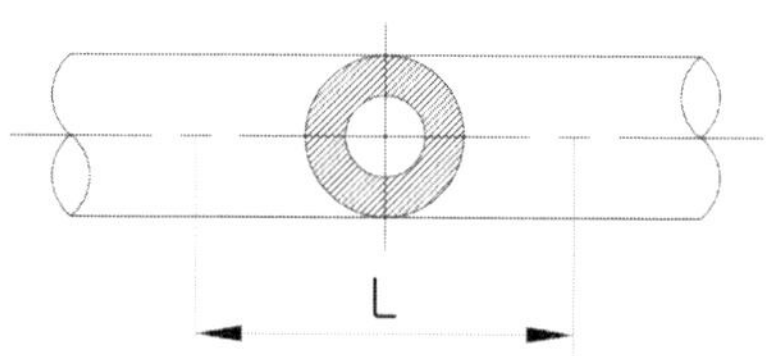

〈그림 1.5.20〉 14 C호 시험편

8) 시험결과의 예

금속재 인장시험 결과				
시 험 일	년 월 일			
시험일의 상태	실 온 (℃)		습 도 (%)	
	21			
시 료	시 료 명	채취장소	채취날짜	제조업체
	이형 철근			

시험편의 번호	1	2	3
강재의 종류	이형철근		
기 호	SD 30A		
시험편의 종류	2호 시험편		
① 원단면적 A_o(㎟)	198.5		
② 표점거리 I_o(㎜)	128		
③ 절단위치	중심에서 표점거리의 1/4 이내		
④ 파단 후 표점거리 l(㎜)	155.8		
⑤ 파단 후 단면적 A(㎟)			
⑥ 항복 이전의 최대하중 P_{yu}(kN)	7,850		
⑦ 항복 이후의 최소 하중 P_{yl}(kN)			
⑧최대 인장 하중 $P_{\max}$(kN)	11,800		
상항복점 f_{yu}(MPa) = ⑥/①	4.03		
하항복점 f_{yl}(MPa) = ⑦/①			
인장 강도 f_B(MPa) = ⑧/①	6.06		
파단 연신율 (%) = ④-②/②	22		
단면 수축률 (%) = ①-⑤/①			

1.5.3 금속재료의 휨 시험

1) 시험의 목적

철근으로 쓰이는 강재는 굽혔을 때 그 바깥쪽에 균열을 일으켜서는 안 되므로 이것을 검사할 필요가 있다. 굽힘시험이란 시험편을 규정의 안쪽 반지름으로 굽힌 각도가 규정의 수치까지 구부릴 때 굽힘부의 바깥쪽의 균열 및 기타 결점유무를 조사한다.

2) 시험기기 및 재료

(1) 여러 종류의 금속재료
(2) 받침부
(3) 누르개(押金具)
(4) 굽힘시험기
(5) 캘리퍼

3) 시험편의 준비

시험편은 재료규격이 정하는 바에 따르며, 시험편의 채취 및 제작은 각 재료규격에 따라 행하며 특별한 지정이 있을 때를 제외하고는 시험편으로 되는 부분에 불필요한 변화 또는 가열을 피하여야 한다.

4) 시험방법

(1) 눌러 구부리는 방법

① 시험편을 2개의 받침부에 올려놓고 그 중앙부에 누르개로 천천히 하중을 가하여 소정의 모양으로 구부리며, 이때 받침부와 누름쇠의 축과는 서로 평행해야 한다. 누름쇠 또는 받침부와 시험편에 접하는 면에는 기름칠을 하여서는 안된다.

② 눌러 구부리는 방법에 사용하는 누름쇠의 말단부는 규정의 안쪽 반지름과 같은 반지름의 원통의 형태를 갖으며, 원통면의 길이는 시험편의 폭보다 커야 한다.

③ 받침부와 시험편에 접하는 부분은 원통형이고 그 반지름은 10㎜ 이상으로 받침부간의 거리는 다음 식에 따른다.

$$L = 2r + 3t$$

여기에서, L : 2개의 받침부 간의 거리(㎜)
r : 안쪽 반지름(㎜)
t : 시험편의 두께, 지름, 변 또는 대변거리(㎜)

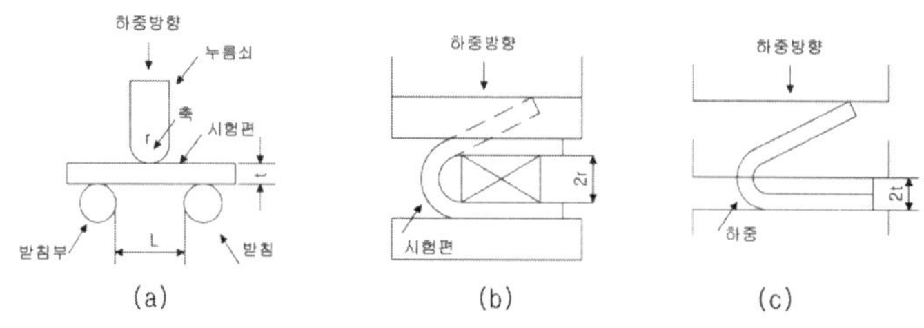

〈그림 1.5.21〉 눌러 구부리는 방법

④ 〈그림 1.5.21〉의 (a)의 방법으로 구부리는 각도는 약 170°까지로 한다. 굽힘각도가 180°일 때는 전항의 방법으로 약 170°로 구부린 후에 〈그림 5-21〉의 (b)와 같이 규정한 안쪽 반지름의 2배의 두께를 가진 삽입물을 사용하여 시험편의 양끝을 누른다.

단, 주문자의 승인이 있을 때에는 〈그림 1.5.21〉의 (a)에 있어서 받침부 간의 거리를 L=2r+2t로 하고, 시험편이 받침부를 빠져나갈 때까지 눌렀을 때에는 이것을 180°까지 구부려도 좋다. 밀착할 때에는 우선 적당한 안쪽 반지름을 가지고 거의 170°까지 구부린 후 〈그림 1.5.21〉의

(c)의 방법에 따른다.

(2) 감아 구부리는 방법

① 시험편의 중앙부분이 규정의 모양이 되도록 시험편을 축에 대고 시험편의 한쪽은 누르고 다른 쪽을 천천히 하중을 가하면서 축에 규정된 굽힘 각도까지 감아 구부리며, 하중을 가하는 위치는 〈그림 1.5.22〉의 방법에 따른다.

② 굽힘 각도가 180°이고 안쪽 반지름이 특히 작거나 또는 밀착하는 경우에는 위의 ①항의 방법으로써 적당한 안쪽 반지름을 가지고 180°까지 구부린 후 이것을 〈그림 1.5.22〉의 (b), (c) 방법으로 규정의 안쪽 반지름이 되도록 시험편의 양끝을 서로 눌러 붙인다.

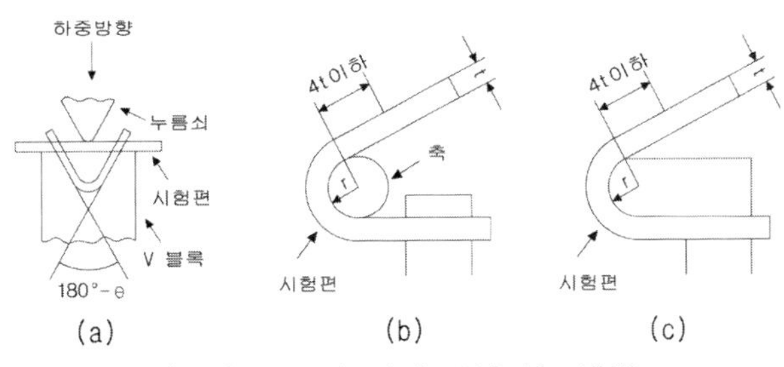

〈그림 1.5.22〉 감아 구부리는 방법

(3) 블록으로 구부리는 방법

V 블록법의 사용은 각각의 재료규격의 지시에 따라 시험하며, 이 경우의 V 블록 및 누름쇠의 모양, 치수는 재료규격의 지시에 따른다.

4) 관 찰

시험편을 굽힘 장치로부터 떼어낸 후 굽힘부의 바깥쪽의 파열 및 기타 결점의 유무를 관찰한다.

5) 참고사항

(1) 안쪽 반지름이란 굽혀진 시험편의 안쪽이 휨모멘트를 받고 있는 상태에서 곡면의 곡률반지름을 말하지만, 시험에 사용된 누르개 축 끝의 곡률반지름을 안쪽 반지름이라 한다.

(2) 굽힘 각도는 시험편의 안쪽이 휨모멘트를 받고 있는 상태에서 양끝의 직선부분이 이루는 각이 180°에 대하여 변화한 각의 크기를 말한다.

(3) 밀착이란 안쪽 반지름이 0이고 굽힘 각도가 180°인 때를 말한다.

(4) 시험편은 그 모양 및 치수에 따라 가~바 호의 시험편으로 구별하고, 그들의 표준치수는 다음과 같다.

① 가호 시험편 : 이 시험편은 주로 강판, 평강 및 형강의 인장시험에 사용한다.

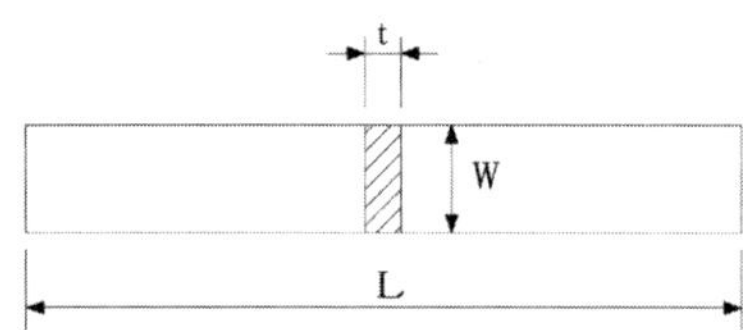

〈그림 1.5.23〉 가호 시험편

② 나호 시험편 : 봉강의 굽힘시험에 쓰이는 것으로 지름, 변 또는 대변거리가 35㎜를 넘을 때는 시험의 사정에 따라 지름 35㎜ 이상의 원형단면으로 기계 다듬질을 하여도 좋다.

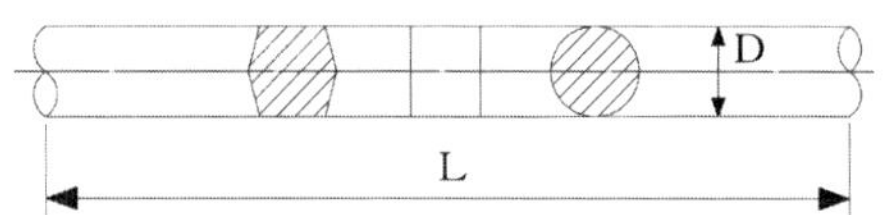

〈그림 1.5.24〉 나호 시험편

③ 다호 시험편 : 박강판의 굽힘 시험에 쓰이는 것으로 원재료의 사정상 규정의 폭으로 만들기가 어려울 때는 제작 가능한 최대 폭으로 하고, 절단된 측면에는 기계 다듬질을 하여도 좋다.

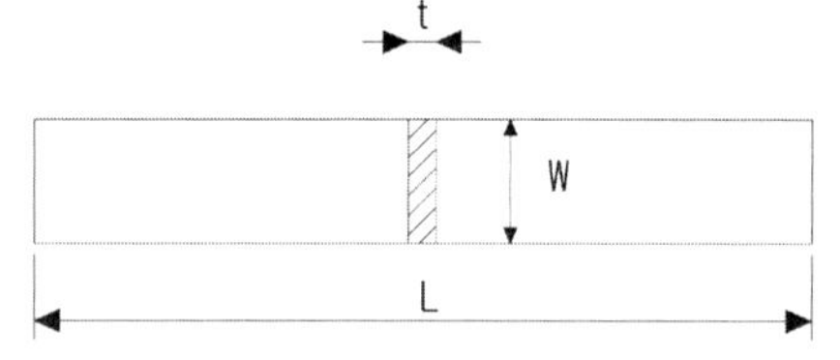

〈그림 1.5.25〉 다호 시험편

④ 라호 시험편 : 비철금속판의 굽힘 시험에 쓰이는 것으로 원재료의 사정에 따라서 폭으로 만들기가 곤란할 때는 제작 가능한 최대 폭으로 할 수 있다.

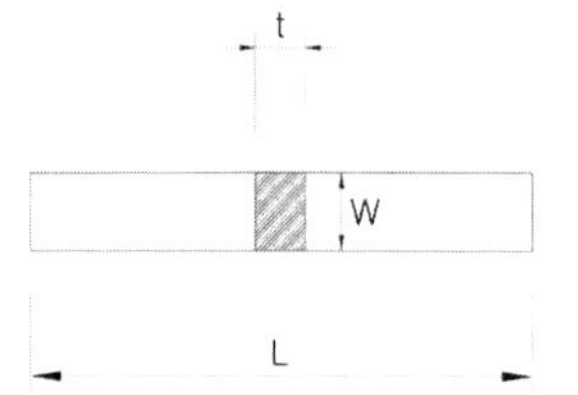

〈그림 1.5.26〉 라호 시험편

⑤ 마호 시험편 : 단강품, 주강품 및 스테인리스강의 굽힘시험에 쓰인다.

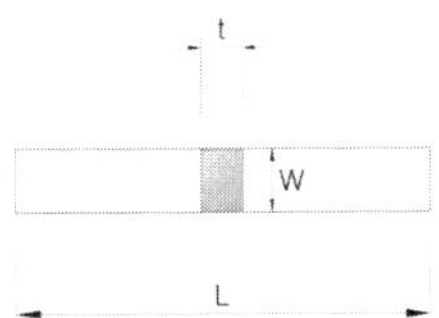

(단위 : mm)

시험편의 구별	마 1호	마 2호
두께 t	19	15
폭 W	25	20
길이 L	150 이상	150 이상

〈그림 1.5.27〉 마호 시험편

⑥ 바호 시험편 : 가단 주철품의 굽힘 시험에 쓰이고 시험편은 주조한 그대로 하고 양쪽에는 언제든지 둥글기를 붙일 수 있다.

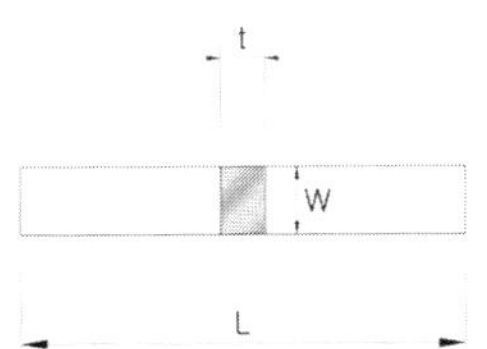

(단위 : mm)

시험편의 구별	둥글기
50 호 초과	3.0 이하
50 이하 10 초과	1.5 이하
10 이하	1.0 이하

두께 t : 흑심(黑心) 가단 주철품의 경우는 10mm
백심(白心) 가단 주철품의 경우는 6mm
폭 W : 16mm,
길이 L : 200mm

〈그림 1.5.28〉 바호 시험편

6) 시험결과의 예

금속재료의 휨 시험결과				
시 험 일	년 월 일			
시험일의 상태	실 온 (℃)	21	습 도 (%)	
시 료	시 료 명	채취장소	채취날짜	제조업체
시험편의 번호	1	2	3	
기 호	SD400 D10	SD400 D13		
공칭단면적(mm²)	71.3	126.7		
인장하중 (kgf)	3,845	6,845		
인장하중 (kN)	38.5	68.5		
인장강도(N/mm²)	528.3	529.4		
휨 하중 (kN)	27.5	47.0		
늘어난 길이 (mm)	94.2	125.6		
연신율 (%)	23.6	23.7		
굽힘성	이상없음	이상없음		

1.6 목재

1.6.1 기본사항

목재는 구조용에서부터 내・외장용에 이르기까지 지극히 넓지만 가연성이 크고 내구성이 부족하기 때문에 최근에는 철근콘크리트 및 철재 등의 사용으로 구조재료에서 장식재, 수장재 등으로의 용도가 옮겨가고 있으며, 점차 목조 건축물의 선호도가 높아져 건축용 재료로서 목재의 사용량이 증대되어 가고 있는 실정이다.

1) 목재의 종류

건축의 주요재료로서 구조에서 마감 재료에 이르기까지 현재까지 다양하게 사용되어 왔으며, 각종 건설재료의 출현 및 건축 양식의 변화에 영향을 받아 목재에 대한 소비 구조는 구조재에서 가설재 및 수장재로 사용되고 있으며, 건축 재료에서 사용되는 목재는 용도, 경도, 성장상황 등 다양한 방법으로 분류되고 있다.

〈표 1.6.1〉 용도에 의한 분류

구분 / 분류	주요 용도	재질	수종
구조용 재료	건물의 골조용 (기둥, 벽, 보, 바닥)	강도 및 내구성이 큰 목재	·침엽수(소나무, 낙엽송, 전나무, 삼나무, 미송 등)
장식용 재료	실내외 치장용 (수장재, 가구재, 창호재)	무늬 및 나뭇결이 좋은 목재	·침엽수(적송, 홍송, 낙엽송 등) ·활엽수(느티나무, 단풍나무, 박달나무, 오동나무, 참나무 등)

〈표 1.6.2〉 경도(硬度)에 의한 분류

분 류	재 질	수 종
경목류	침엽수	밤나무, 느티나무, 단풍나무, 박달나무, 참나무 등
연목류	활엽수	적송, 흑송, 삼송, 전나무, 잣나무, 낙엽송 등

〈표 1.6.3〉 성장상황(成長狀況)에 따른 분류

분 류	재 질	수 종
외장재	침엽수	소나무, 전나무, 비자나무 등
	활엽수	밤나무, 느티나무, 은행나무, 오동나무 등
내장재		대나무, 야자나무 등

2) 구분

제재의 종류는 단면의 단변(短邊) 및 장변(長邊)의 형상에 따라 다음과 같이 규정한다.

(1) 판재 : 단변이 6㎝ 미만이고 장변이 단변의 3배 이상인 것으로써 다음과 같이 다시 세분할 수 있다.

a. 좁은 판재 : 단변이 3㎝ 미만으로써 장변이 12㎝ 미만인 것.

b. 보통 판재 : 단변이 3㎝ 미만으로써 장변이 12㎝ 이상인 것.

c. 두꺼운 판재 : 단변이 3㎝ 이상이고 장변이 6㎝ 미만인 것.

(2) 각재 : 단변이 6㎝ 미만이고, 장변이 단변의 3배 미만인 것이나 단변 및 장변이 각각 6㎝ 이상인 것으로서 다음과 같이 세분할 수 있다.

a. 작은 각재 : 단변이 6㎝ 미만이고, 장변이 단변의 3배 미만인 것으로써 횡단면이 정사각형인 작은 정각재(正角材)와 횡단면이 작은 평각재(平角材)가 있다.

b. 각재(角材) : 단변 및 장변이 각각 6㎝ 이상인 것으로써 횡단면이 정사각형인 정각재(正角材)와 횡단면이 직사각형인 평각재(平角材)가 있다.

3) 치수의 측정방법

(1) 단면 : 단면의 치수는 길이 검척 내의 최소횡단면에서 측정하고, 결변이 있을 경우에는 이를 직사각형으로 보완하여 측정한다.

(2) 길이 : 제재의 길이는 양 횡단면을 연결하는 최단직선의 길이로 한다.

1.6.2 나이테 간격, 함수율 및 비중시험

1) 시험의 목적

평균 나이테폭 측정으로부터 침엽수와 활엽수의 역학직 성질을 검토하는 것으로 목재의 종류에 따른 함수율을 측정하여 질량, 강도, 내구성, 가공성, 열 또는 진기의 전도율 및 균열 상태를 추정한다. 특히, 목재의 밀도(全乾, 氣乾, 生木 밀도)를 측정하여 함수율과의 관계를 조사하고 목재의 역학적 성질을 추정한다.

2) 시험기기 및 재료

(1) 여러 가지 목재

(2) 톱

(3) 대패

(4) 먹줄 통 및 먹줄

(5) 파라핀

(6) 바늘

(7) 저울(200g~1/100g)

(8) 버니어캘리퍼스(1/10㎜, 1/20㎜)

(9) 습도계

(10) 건조기

(11) 용기

3) 평균 나이테 폭의 시험방법

(1) 시험편의 평균 나이테 폭은 양 횡단면(마구리) 평균 나이테 폭의 평균값으로 표시하며, 경우에 따라서는 한 횡단면 위의 평균 나이테 폭으로 표시할 수 있다.
(2) 전 항의 횡단면 위의 평균 나이테 폭은 나이테에 거의 수직방향인 같은 직선 위에서 완전한 것을 전부 취하여 그 폭(a)과 나이테 수 (n개)를 측정하여 평균값 a/n로 표시한다.
(3) 평균 나이테 폭은 ㎜ 단위로 표시하고 소수점 이하 첫째자리까지 취한다.

4) 함수율의 시험방법

(1) 큰 시료의 함수율 측정용 시험편은 시료표면에서 30㎝, 마구리로부터 50㎝ 이상 되고 옹이, 썩음, 갈라짐이 없는 가운데 부분에서 채취한다.
(2) 시험편을 환기가 좋은 건조기 속에서 103±2℃ 온도로 항량까지 건조시킨 후 절건 질량을 측정한다.
(3) 함수율은 다음 식에 따라 계산하고 0.5%까지 정확히 구해야 한다.

$$\text{함수율}(\%) = \frac{W_1 - W_2}{W_2} \times 100$$

여기에서, W_1 : 건조 전의 질량(g),
W_2 : 절건 상태의 질량(g)

5) 비중(밀도)의 시험방법

(1) 밀도는 다음 식에 따라 계산하고 소수점 이하 둘째자리까지 정확히 구해야 한다.

$$\text{밀도} = \frac{W}{V}$$

여기에서, W : 공시체의 질량(g)
V : 질량 측정 시 공시체의 부피(㎤)

(2) 시험편의 함수율은 반드시 측정해야 한다.
(3) 밀도시험만을 할 경우에는 기건 상태의 시험편으로 시험을 실시한다.
(4) 시험편의 정확한 부피를 측정할 때는 시험편의 공기 중의 질량과 완전히 물에 잠긴 시험편의 질량과의 차로서 계산하는 것이 좋다.
(5) 시험편의 표면을 파라핀으로 피복시키고 여분의 파라핀은 제거한 후 4℃의 물에서 질량을 측정한다.

6) 실험결과의 예

목재의 나이테 폭 및 함수율과 밀도(비중) 시험결과				
시 험 일	년 월 일			
시험일의 상태	실 온 (℃)		습 도 (%)	
시 료	시 료 명	채취장소	채취날짜	제조업체
	밤나무			

목재의 나이테 폭			
시료번호	나이테 평균 폭(W)	나이테 수(N)	평균 값(W/N)
1	3.1	16	0.194
2	3.8	17	0.224
3	3.9	18	0.217
4	3.2	17	0.188
5	3.5	18	0.194

목재의 함수율[1]				
시료번호	W1: 건조 전의 질량(g)	W2: 절건질량(g)	함수율(%)	평균 값(%)
1	81	72	12.5	
2	83	74	12.2	
3	88	77	14.3	13.2
4	85	73	16.4	
5	83	75	10.7	

목재의 밀도(비중)				
시료번호	공시체의 질량(g)	공시체의 부피(㎤)	밀도(비중)	평균 값
1	81	130.6	0.62	
2	83	131.5	0.63	
3	88	130.9	0.67	0.64
4	85	129.4	0.66	
5	83	130.1	0.64	

주1) 목재의 함수율은 기건상태의 것이다.

7) 참고사항

(1) 나이데(춘재, 추재), 마구리, 판목(판자결), 정목(곧은결), 수피, 내피, 형성층, 변재, 심재, 수심은 〈그림 1.6.1〉, 〈그림 1.6.2〉, 〈그림 1.6.3〉과 같다.

(2) 목재의 조직에서 수심은 어린나무일 때 수액을 전달하고, 변재는 수액의 이동과 양분을 저장하며, 심재는 변재보다 내구성과 강도가 크며 색깔이 아름답다.

(3) 추재율은 나이테 폭과 밀접한 관계가 있고, 기계적 성질이 추재율에 의하여 좌우된다. 추재율은 마구리면적에 대해 추재가 차지하는 면적의 백분율로 나타내며 반지름방향으로 측정된 나이테 폭에 대하여 그 추재 부분 폭의 평균비율로 표시된다. 추재폭은 춘재부와 추재부와의 색의 농도에 따라 육안으로 구별하여 측정할 수 있다. 변재율은 추재율과 같이 전마구리면적에 대한 변재부분이 차지하는 면적의 백분율로 표시한다.

(4) 나이테의 밀도는 목재의 강도에 관계되며 일반적으로 나이테는 활엽수보다 침엽수가 더 뚜렷하게 나타난다.

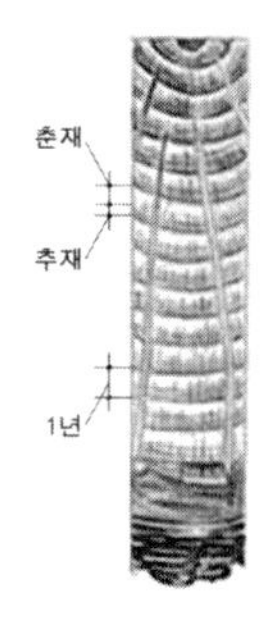

〈그림 1.6.1〉 나이테

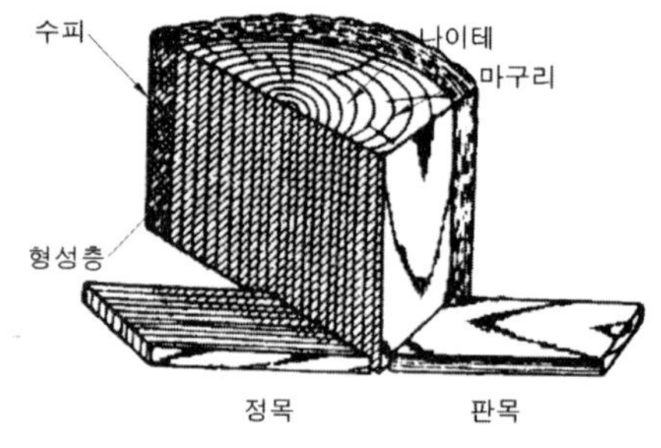

〈그림 1.6.2〉 목재의 단면

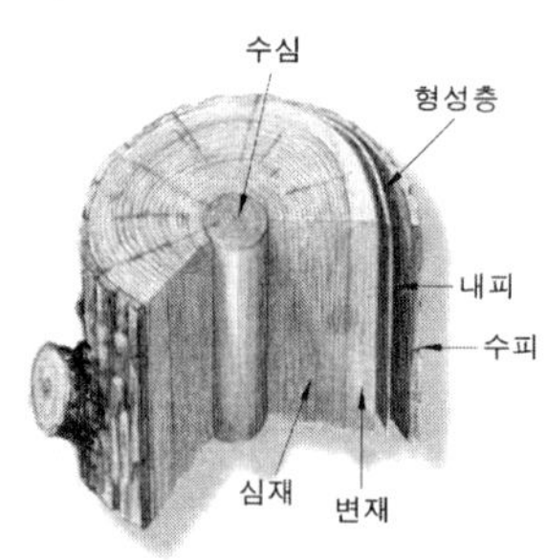

〈그림 1.6.3〉 수목의 횡단면

(5) 목질 중에 포함되어 있는 수분은 그 함유되어 있는 상태에 따라 유리수와 세포수의 두 종류로 나누어지며, 목재를 건조시키면 유리수가 먼저 증발하고 다음 세포수가 증발하는데 이 한계점을 섬유포화점이라 한다.

(6) 함수율은 목재의 전건질량을 기준으로 한 표시방법인 건량기준(乾量基準) 함수율이 있다. 결합수(먹은물)는 공기 중 습도변화에 따라 증감하고 공기 중 증기압과 평형되는 함수율에 의해 안정되는데, 이때의 함수율을 평형함수율이라 하며, 평형함수율은 지방과 지역, 계절, 시간에 따라 다른 값을 가진다.

〈표 1.6.4〉 목재의 생목 함수율

연 재	경 재	함수율 (%)
낙 엽 송	육송, 떡갈나무	61~70
나 한 백	후백나무, 밤나무	71~80
개분비, 노송나무, 가문비나무	너도밤나무	81~90
솔송나무, 전나무	오동나무, 계수나무	90~100
화백나무		110 이상

〈표 1.6.5〉 목재의 기건상□의 함수율

목재의 종류	함수율(%)	목재의 종류	함수율(%)
노송나무	15.2	솔송나무	13.5
삼 나 무	14.6	계수나무	13.5
낙 엽 송	14.4	느티나무	13.4
전 나 무	13.9	너도밤나무	12.8

(7) 목재의 참밀도는 나무 종류에 관계없이 대략 1.48~1.56 정도이며, 목재의 겉보기 밀도가 현저한 차가 있는 것은 주로 세포 안에 있는 공극과 함수량에 의한 것이다.

〈표 1.6.6〉 목재의 기건밀도

목재의 종류	기건밀도	목재의 종류	기건밀도
화백나무, 오동나무	0.40 이하	낙엽송, 벚나무, 밤나무	0.61~0.70
소나무, 삼나무	0.41~0.50	느티나무, 너도밤나무	0.71~0.80
전나무, 솔송나무, 나왕, 미송	0.51~0.60	참나무, 상수리나무	0.81 이상

1.6.3 수축률 시험

1) 시험의 목적

목재는 그 구조의 이방성(異方性) 때문에 나이테의 방사방향, 접선방향 및 섬유방향에 의하여 수축률에 차이가 있어서 목재의 균열과 뒤틀림의 원인인 함수율 변화에 따른 각 방향이 길이, 수축변화를 측정한다.

2) 시험용 기계기구 및 재료

(1) 여러 가지 목재	(2) 톱
(3) 대패	(4) 먹줄통 및 먹줄
(5) 버니어캘리퍼스(1/20㎜)	(6) 건조기
(7) micrometer	(8) comparator(1/50㎜의 정밀도 Dial gage),

3) 시험방법

(1) 수축률 측정은 나이테의 방사방향, 접선방향 및 섬유방향에 대하여 실시한다.

(2) 시험편의 모양은 반지름 및 접선방향에 대하여 실시할 경우에는 두 면이 정확한 지름단면으로 된 각 변의 길이가 20㎜인 정사각형의 판 〈그림 1.6.4〉으로 하고, 섬유방향에 대해서 실시할 경우에는 길이 10~30㎜인 정확한 지름단면의 판 〈그림 1.6.5〉으로 한다.

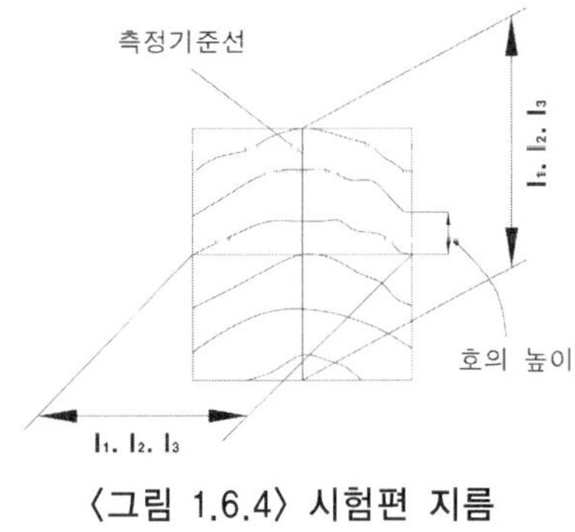

〈그림 1.6.4〉 시험편 지름

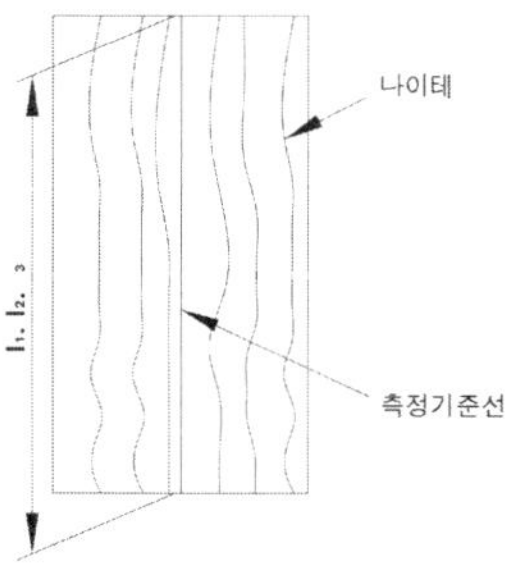

나이테

l_1, l_2, l_3

측정기준선

〈그림 1.6.5〉 시험편 길이(치수선)

(3) 시험체에서 반지름 및 접선방향의 수축률 공시체에 대해서는 횡단면의 두 중심선 부근에서 나이테에 직각 및 평행하게, 섬유방향의 수축률 공시체에 대해서는 두 지름단면의 세로 중심선 부근이 섬유와 평행하게 측정기준선을 그린다.

(4) 측정 기준선의 길이는 생재일 때와 실내에서 질량이 항량이 되었을 때, 또는 약 60℃에서 24시간 건조하여 완전건조 시에 측정하여 각각 l_1, l_2, l_3로 한다.

(5) 측정기준선의 길이측정 정밀도는 0.01㎜ 이내로 한다.

$$\text{함수율 1\%에 대한 평균수축률 (\%)} = \frac{l_2 - l_3}{nl} \times 100$$

$$\text{기건(氣乾)까지의 수축률 (\%)} = \frac{l_1 - l}{l_1} \times 100$$

$$\text{전건(全乾) 수축률 (\%)} = \frac{l_1 - l_3}{l_1} \times 100$$

여기에서, n : l_2를 측정하였을 때의 함수율

l : 함수율 12%일 때의 기준선의 길이로서 l_2 및 l_3로부터 비례적으로 다음식과 같이 계산된다.

$$l = l_3 + \frac{12(l_2 - l_3)}{n}$$

(7) l_2를 측정하였을 때의 함수율 및 밀도를 측정해야 하며 공시체에 대해서는 중앙 나이테의 높이를 반드시 측정해야 한다.

4) 실험결과의 예

목재의 수축률 시험결과								
시 험 일		년 월 일						
시험일의 상태		실 온 (℃)			습 도 (%)			
시 료		시 료 명		채취장소	채취날짜		제조업체	
		소나무						
생재상태에서 기건상태								
방사방향 길이			접선방향 길이			섬유방향 길이		
변동 전 (㎜)	변동 후 (㎜)	수축률 (%)	변동 전 (㎜)	변동 후 (㎜)	수축률 (%)	변동 전 (㎜)	변동 후 (㎜)	수축률 (%)
28.31	27.77	1.92	30.12	28.75	4.55	26.59	26.44	0.58
27.53	26.99	1.95	29.74	28.48	4.25	27.12	26.95	0.63
26.30	25.80	1.91	29.55	28.29	4.28	26.44	26.31	0.51
생재상태에서 절건상태								
방사방향 길이			접선방향 길이			섬유방향 길이		
변동 전 (㎜)	변동 후 (㎜)	수축률 (%)	변동 전 (㎜)	변동 후 (㎜)	수축률 (%)	변동 전 (㎜)	변동 후 (㎜)	수축률 (%)
27.55	26.53	3.7	28.22	26.19	7.2	28.75	28.50	0.87
26.33	25.33	3.8	27.84	25.78	7.4	27.88	27.67	0.77
25.89	24.98	3.5	27.10	25.18	7.1	27.12	26.90	0.82

5) 참고사항

(1) 일반적으로 밀도가 큰 나무일수록 수축률이 크다.

(2) 목재의 수축은 각 부분의 건조도 차이, 방향에 의한 수축률의 차이 등으로 고르지 못하기 때문에 목재의 모양에 변형을 일으키며 뒤틀림과 균열이 생긴다.

(3) 목재의 함수량에 따른 팽창률은 방향에 따라 다른데 접선방향이 가장 크고 섬유방향은 중간이며 반지름방향은 가장 작다.

(4) 목재의 접선방향, 반지름 방향 및 섬유방향에 대한 수축률 비는 대체로 10:5:1이라고 알려져 있다.

〈표 1.6.7〉 생목에서 절대건조까지의 수축율(%)

재 종		삼목	노송나무	나한백	육송	졸참나무	자작나무	너도밤나무	느티나무
수축률	간축방향	0.2	-	-	0.1	0.4	0.2	0.2	-
	곧은결방향	2.3	3.7	3.4	4.6	3.9	3.9	5.2	3.2
	판자결방향	5.7	6.2	8.4	7.8	7.6	9.3	7.0	5.7

〈표 1.6.8〉 기건상태에서 절대건조까지의 수축률(%)

재 종		화배나무	노송나무	전나무	계수나무	너도밤나무	졸참나무
나이테		4.9	5.6	4.5	5.0	5.4	10.2
함수율(%)		15.1	15.6	15.8	14.8	16.3	16.6
건조밀도		30.7	37.7	40.5	44.3	56.9	60.3
수출률	간축방향	0.2	0.7	0.2	0.2	0.3	0.2
	곧은결방향	1.4	1.7	2.4	2.3	2.7	2.6
	판자결방향	3.3	3.6	4.2	4.3	4.7	5.2

〈표 1.6.9〉 포수상태에서 기건상태까지의 수축률(15%)

재 종		삼목	미삼목	노송나무	전나무	나한백	육송	미노송나무
밀 도		0.4	0.42	0.46	0.48	0.5	0.52	0.53
수축률	곧은결방향	1.0~2.0	1.0~1.5	1.0~2.0	2.0~2.5	1.5~2.5	2.0~2.5	1.5~2.0
	판자결방향	2.0~3.0	2.0~2.5	2.5~3.5	3.0~5.0	3.0~4.5	3.5~5.0	2.5~3.5

1.6.4 흡수율 시험

1) 시험의 목적

목재의 흡수성능은 수온의 영향, 마구리, 정목, 판목 등 목재 채취방법의 차 또는 수심(水深) 등에 관계가 있고, 목재는 유기적인 다공질 재료로서 흡수율 커, 이에 의해 뚜렷한 성질의 변화가 있다.

2) 시험기기 및 재료

(1) 목재　　(2) 톱
(3) 대패　　(4) 먹줄통 및 먹줄
(5) 버니어캘리퍼tm(1/20㎜)　　(6) 밀폐용기
(7) 저울(200g~1/100g)　　(8) 길이측정 용구(1/50㎜)
9) 수조　　(10) 데시케이터(desiccator)

3) 시험방법

(1) 시험편은 30×30×100㎜의 두 면을 곧은결 단면인 직육면체로 하고 장축은 섬유방향과 나란하게 취한다.
(2) 시험편은 실내에서 건조시켜 함수율이 평형이 된 것을 사용해야 하며, 측정 면과 상대면(횡단면인 경우에는 한 면만을 흡수 면으로 남기고 경화성을 갖는 석탄산계 합성수지 또는 파라핀과 바셀린을 같은 비율로 섞은 혼합물 등의 내수성이 센 도료를 여러 번 발라 완전히 방수처리 한다.
(3) 시험용 물은 25±1℃의 맑은 물로 한다.
(4) 시험편은 윗면이 수면에서 50㎜의 깊이에 잠기도록 하되, 섬유방향은 수면과 나란하고 흡수면은 수면과 수직이 되도록 세운 다음 24시간 동안 물속에 담가둔다.
(5) 흡수율은 다음 식에 의해 소수점 이하 둘째자리까지 정확히 계산한다.

$$흡수율 = \frac{W_2 - W_1}{A}$$

여기에서, W_1 : 방수한 다음의 시험편의 질량 (g),
A : 흡수면의 총면적(㎠)
W_2 : 물에 24시간 동안 담근 직후의 시험편의 질량 (g)

(6) 시험하기 전에 시험편의 밀도와 함수율은 반드시 측정해 두어야 하며 함수율은 다음 식에 따라 구한다.

$$시험\ 전의\ 시험편의\ 함수율(\%) = \frac{W_3 - W_4}{W_3 - (W_1 - W_4)} \times 100$$

여기에서, W_3 : 방수 전의 시험편의 질량(g)
W_4 : 물에 24시간 담근 직후 시험편의 전건(全乾)질량(g)

4) 실험결과의 예

목재의 흡수율 시험결과					
시 험 일		년 월 일			
시험일의 상태		실 온 (℃)		습 도 (%)	
시 료		시 료 명	채취장소	채취날짜	제조업체
		육송목			
시료번호	방수후 질량(g)	흡수면의 면적(㎠)	24시간 수중 침지 후 질량(g)	흡수율(g/㎠)	평균 값(g/㎠)
1	51.4	6.14	56.07	0.760	
2	52.6	6.22	57.29	0.754	0.751
3	51.2	6.05	55.68	0.740	

5) 참고사항

(1) 수분의 흡수속도는 변재가 빠르고 심재가 늦기 때문에 변재부가 큰 원목은 물에 떠있게 되는 기간이 짧다. 또한 흡수속도는 횡단면, 관목면(판자결), 정목면(곧은결)의 순으로 늦어진다.

〈표 1.6.10〉 목재의 흡수율

종 류	변 · 심재	흡수면	평균 나이테 폭(㎜)	기건 밀도	시험시작 시 함수율(%)	24시간 후 흡수율(g/㎠)
노송	심재	횡단면	0.9	0.37	12.1	0.187
	심재	정 목	1.2	0.40	12.8	0.054
	심재	판 목	1.7	0.46	13.4	0.039
육송	변재	횡단면	2.8	0.55	13.1	0.749
	변재	정 목	2.9	0.56	13.4	0.096
	변재	판 목	3.2	0.59	13.7	0.112
너도밤나무	변재	횡단면	3.1	0.65	12.8	0.380
	변재	정 목	1.7	0.64	12.4	0.069
	변재	판 목	3.2	0.65	12.9	0.083
느티나무	심재	마구리	3.8	0.71	12.0	0.222
	심재	정 목	3.9	0.71	12.2	0.038
	심재	판 목	4.3	0.73	12.1	0.070
적나왕	심재	횡단면	–	0.42	12.5	0.143
	심재	정 목	–	0.41	12.9	0.025
		판 목	–	0.41	13.0	0.033

1.6.5 압축 시험

1) 시험의 목적

목재의 압축강도와 탄성계수는 구조물의 구조설계에 필요하며 그 재질(밀도, 함수율, 결함의 유무)을 판정하는 데 큰 역할을 하므로 압축시험을 실시하도록 하며, 등방성 재료가 아니므로 다음의 세 가지 압축시험이 필요하다.

(1) 섬유에 나란한 방향의 하중에 의한 섬유방향 압축시험(종압축시험)
(2) 섬유에 수직한 방향의 하중에 의한 섬유직각방향 압축시험(횡압축시험)
(3) 섬유에 수직인 하중으로 세로의 일부분만 평면 압축하는 부분압축시험

2) 시험기기 및 재료

(1) 여러 가지 목재
(2) 톱
(3) 대패
(4) 먹줄통 및 먹줄
(5) 버니어캘리퍼스(1/20 ㎜)
(6) 마이크로미터 또는 다이얼 게이지
(7) 변형계 (폭이 넓은 약 10㎜ 정도의 거울식 변형계)
(8) 압축시험기 : 종압축시험용은 용량 10tf 정도 횡압축시험용은 용량 300N 정도

3) 시험방법

압축시험에 사용될 시료는 KS F 2202에서 설명한 목재의 평균나이테폭, 함수율 및 밀도를 측정한 시험체에 대하여 실시한다.

(1) 섬유방향 압축시험
① 하중방향과 섬유방향이 나란한 경우에 실시한다.
② 시험편은 횡단면의 한 변의 길이가 20㎜인 정사각형이며, 섬유방향의 길이가 30~60㎜인 직육면체의 형태로 제작되어야 한다.
③ 시험편은 그 재축을 섬유방향에 나란하게 하고 그 두 끝 면이 재료 축에 수직이고 평면이 되게 한다.
④ 이 시험에서 시험편을 강판 사이에 놓고 하중을 가한다.
⑤ 시험 도중 줄어듦을 측정할 경우는 시험편 양끝으로부터 a/2 이상 떨어진 곳에 표점거리를 정한 다음 실시한다.
⑥ 평균하중속도는 매분 약 10MPa를 표준으로 한다.
⑦ 이 시험에서는 다음 값들을 구한다.

섬유방향 압축강도(MPa) = $\frac{P}{A}$

섬유방향 압축비례한도 (MPa) = $\frac{P_P}{A}$

섬유방향 압축탄성계수 (MPa) = $\frac{\Delta Pl}{\Delta lA}$

여기에서, P : 최대하중(N)

A : 단면적(㎟)

l : 표점거리(㎜)

Δl : ΔP 일 때의 수축률(㎜)

P_P : 비례한도 하중(N)

ΔP : 비례구역 안에서 상한하중과 하한하중의 차(N)

⑧ 비례한도 하중 P_P는 〈그림 1.6.6〉에 나타낸 방법에 의해 원점접선 OB보다 5% 기울어진 OC와 하중-변형 곡선과의 만나는 점 D로부터 결정한다.

(2) 섬유직각방향 압축시험 (횡압축시험)

① 하중방향이 섬유방향에 수직일 경우에 대하여 실시한다.

② 시험편은 섬유방향에 나란한 단면이 20㎜인 정사각형이며 섬유방향 길이가 30~60㎜인 직육면체로 하고 그 치수는 변의 길이 a = 20~40㎜, 높이 h = 2a로 한다.

③ 시험편은 그 재료 축을 섬유방향에 수직이 되도록 하며 그 두 끝면이 재료 축에 수직이고 평면이 되도록 주의하여야 한다.

④ 이 시험에서는 시험편을 강판 사이에 놓고 하중을 가한다.

⑤ 시험 도중 줄어듦을 측정할 경우 시험편의 양끝으로부터 a/2 이상 떨어진 곳에 표점거리(標點距離)를 정하여야 한다.

⑥ 하중방향은 나이테에 대하여 반지름 및 접선방향과 45°를 이루는 방향으로 한다.

⑦ 평균하중속도는 연한 목재일 때는 매분 약 5MPa, 단단한 목재일 때는 매분 약 1.5MPa를 표준으로 한다.

⑧ 이 시험에서는 다음 값들을 구한다.

$$\text{섬유직각방향 압축비례한도 (MPa)} = \frac{P_P}{A}$$

$$\text{섬유직각방향 압축탄성계수 (MPa)} = \frac{\Delta Pl}{\Delta lA}$$

여기에서, P_P : 비례한도 하중(N) (결정법은 섬유방향 압축시험에서와 같다.)

ΔP : 비례구역 안에서 상한하중과 하한하중의 차(N)

A : 단면적(㎟)

l : 표점거리(㎜)

Δl : ΔP 일 때의 줄어든 양(㎜)

(3) 부분 압축시험

① 하중방향이 섬유방향에 수직일 대에 실시한다.

② 시험편은 마구리면이 정사각형인 직육면체(角柱)로 하고, 그 치수는 변의 길이 a = 20~40㎜, 길이 l = 3a로 한다.

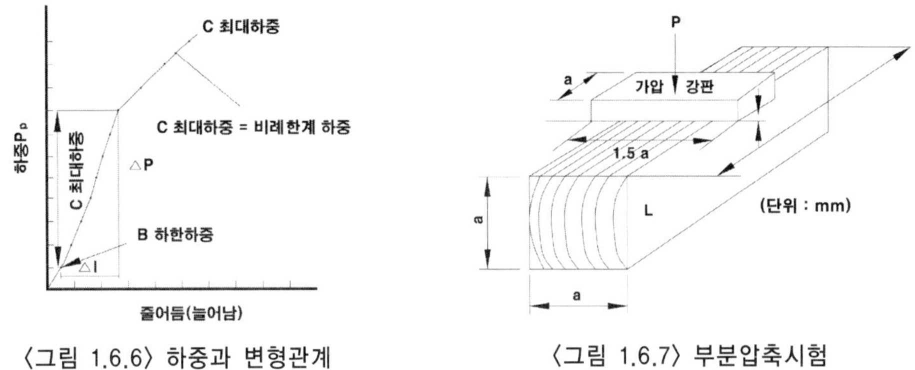

〈그림 1.6.6〉 하중과 변형관계 〈그림 1.6.7〉 부분압축시험

③ 시험편의 가운데 부분에 〈그림 1.6.7〉에 표시한 가압강판(加壓鋼板)을 사용하여 하중을 가하며, 이때 수축률의 측정은 압력을 받는 부분의 전체 두께에 대하여 실시한다.

④ 하중방향은 나이테에 대하여 반지름 및 접선방향과 45˚를 이루는 방향으로 하고 판자결일 때에는 나무거죽 면으로부터 하중을 가한다.

⑤ 평균하중속도는 연한 목재일 때는 매분 약 1 MPa 이하, 단단한 목재는 매분 약 30MPa 이하로 한다.

⑥ 이 시험에서는 다음의 사항을 결정한다.

부분압축 비례한도 (MPa) = $\dfrac{P_P}{A}$

변의 길이 5%에 대한 부분압축강도 (MPa) = $\dfrac{P_5}{A}$

4) 참고사항

(1) 목재의 압축강도에 관계되는 요인은 밀도, 함수율 및 가력 방향 세 가지로 나눈다.

① 밀도와 압축강도 : 목재는 밀도에 비하여 비교적 강도가 크며 일반적으로 밀도가 클수록 압축강도가 커진다.

② 함수율과 압축강도 : 건조된 목재일수록 강도는 크고 함수율이 클수록 강도는 작아진다. 섬유포화점(함수율 약 30%)을 넘으면 강도는 거의 일정하고, 섬유포화점 이하에서는 함수율이 1% 늘어남에 따라 섬유방향 압축강도는 약 4% 줄어든다. 따라서 압축강도를 비교할 때는 같은 함수율일 때의 값으로 하여야 하며, 일반적으로 15%를 기준으로 한다.

③ 가력의 방향과 압축강도 : 일반적으로 섬유방향에 나란하게 힘을 가할 때 강도가 가장 세고 이와 직각인 힘에 대하여 가장 약하다. 섬유방향에 수직으로 압축하면 나란한 방향으로 압축할 대의 약 10~20% 정도가 된다.

(2) 섬유직각방향의 압축하중은 <그림 1.6.8>과 같이 최대하중의 확인이 곤란하여 하중-감소곡선으로부터 비례한도 하중만을 구할 수 있다.

<표 1.6.11> 목재강도(MPa)

재 종		기건밀도	압축강도	인장강도	휨강도	전단강도
침엽수	화백나무	0.33	33.9	27.9	6.8	4.9
	중국산 전나무	0.41	36.7	57.5	4.8	6.3
	노송나무	0.43	38.0	55.3	60.3	7.2
	삼나무	0.39	40.0	44.7	57.6	5.2
	일본가문비	0.47	42.7	81.2	68.7	7.1
	가문비나무	0.41	45.8	49.0	59.0	5.9
	흑 송	0.54	44.0	57.9	70.3	7.6
	육 송	0.53	51.5	57.4	73.4	8.2
	전 나 무	0.46	51.7	57.3	80.4	7.2
	낙 엽 송	0.61	63.8	-	82.7	9.0
	솔송나무	0.50	54.6	57.9	74.9	8.3
활엽수	밤 나 무	0.50	35.3	57.8	58.2	6.4
	졸참나무	0.80	45.9	90.1	78.6	7.9
	너도밤나무	0.71	48.8	87.4	95.8	9.8
	오동나무	0.31	37.2	57.8	58.5	-
	벚 나 무	0.70	54.3	-	87.9	10.2
	단풍나무	0.72	56.4	-	91.0	11.4
	떡갈나무	0.82	45.9	-	78.6	7.9
	참 나 무	0.99	64.1	-	118.0	12.3
	느티나무	0.68	52.6	87.8	87.4	9.7
	북가시나무	1.06	54.7	116.0	120.4	12.0
	가시나무	0.99	64.1	125.0	118.0	12.4
수입재	미 삼	0.35	37.0	-	57.0	5.9
	미 송	0.54	48.0	-	77.0	7.4
	베 이 히	0.50	41.5	-	67.5	6.9
	지 크	0.50	34.2	-	79.3	6.9
	마호가니	0.53	45.2	-	76.6	10.9
	나 왕	0.49	43.5	-	77.7	5.7
	시 오 지	0.65	51.5	-	82.3	8.7

<표 1.6.12> 미송의 함수율과 압축강도

함수율(%)	밀 도	압축강도 (MPa)
0.70	0.46	75.7
11.43	0.60	41.6
14.80	0.64	34.1
28.35	0.78	31.1
32.60	0.80	23.2

〈표 1.6.13〉 각종 목재의 압축강도와 압축비례한도

종 류		압축비례한도(MPa)						압축강도
		섬유방향	지름방향	접선방향	정목면(45°)	횡단면(45°)	판목면(45°)	(MPa)
침엽수	삼나무	23	1.4	0.7	3.4	3.0	1.8	24
	가문비	28	1.9	1.2	3.5	3.5	2.7	33
	육 송	28	2.5	1.8	5.1	8.0	3.9	42
활엽수	너도밤나무	32	3.6	2.2	6.7	1.9	5.2	45
	졸참나무	24	4.7	1.9	7.8	1.8	5.3	42
	느티나무	34	6.8	5.2	9.6	4.1	7.5	55
	이 피 튼	42	2.9	1.8	4.3	2.0	3.6	52

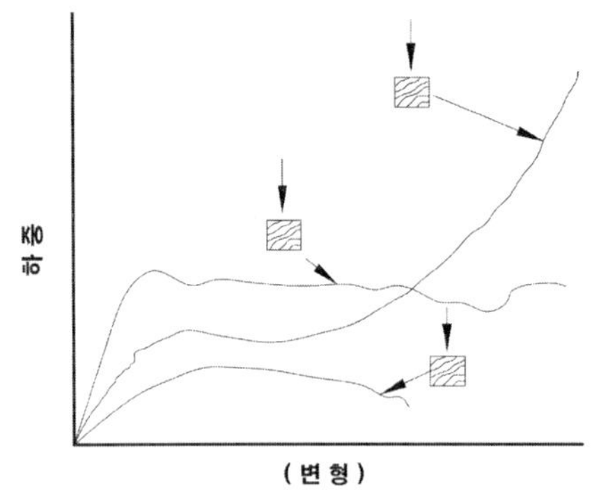

〈그림 1.6.8〉 섬유직각방향 압축

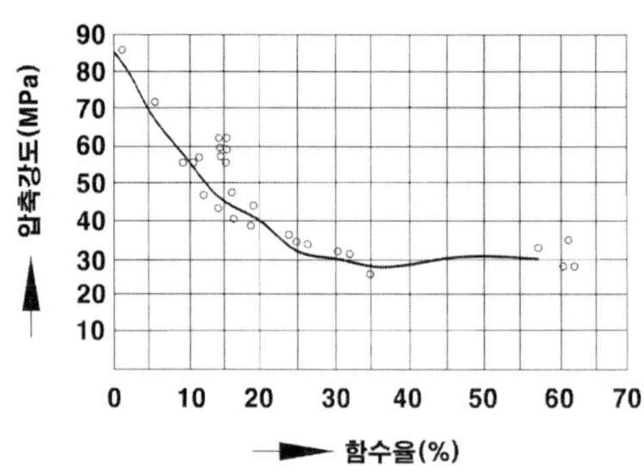

〈그림 1.6.9〉 압축강도와 함수율과의 관계

1.6.6 인장 시험

1) 시험의 목적

구조물 구조설계에 필요한 인장강도와 인장 탄성계수를 측정하고 목재의 재질을 판정하며, 목재는 등방성(等方性) 재료가 아니므로 인장의 방향에 따라 강도 차이가 발생하므로 검증할 필요가 있으며, 이 때문에 목재의 인장시험은 섬유방향과 섬유직각방향으로 구분한다.

(1) 하중방향과 섬유방향이 평행한 섬유방향 인장강도시험

(2) 하중방향과 섬유방향이 수직인 섬유직각방향 인장강도시험

2) 시험기기 및 재료

(1) 여러 가지 목재

(2) 톱, 실톱

(3) 대패(평대패, 둥근날대패)

(4) 먹줄통 및 먹줄

(5) 버니어캘리퍼tm(1/20㎜)

(6) 폭이 넓은 거울식 변형계(약 10㎜ 정도)

(7) 인장시험기(올센형 또는 암슬러형)

3) 시험방법

시험에 사용할 시료는 KS F 2202에서 설명한 목재의 평균 나이테폭, 함수율 및 밀도측정이 끝난 것이어야 한다.

(1) 섬유방향 인장시험(종인장시험)

① 이 시험은 하중방향과 섬유방향이 나란한 경우에 대하여 실시한다.

② 시험편의 모양과 치수는 〈그림 1.6.10〉에 표시한 것과 같이 a = 20~30㎜로 하고, 경우에 따라서는 시험편 중앙 평행부의 두께는 3㎜, 원호의 반지름 R은 355㎜로 하여도 좋으며, 시험편이 경질목재일 경우에는 덧댐목을 생략할 수가 있다.

③ 평균하중속도는 매분 약 20MPa를 표준으로 한다.

④ 이 시험에서는 다음 값들을 결정한다.

섬유방향 인장강도(MPa) = $\dfrac{P}{A}$

섬유방향 인장비례한도 (MPa) = $\dfrac{P_P}{A}$

섬유방향 인장탄성계수 (MPa) = $\dfrac{\Delta Pl}{\Delta lA}$

여기에서, P : 최대하중(N)

A : 단면적(㎟)

P_P : 비례한도 하중(N)

l : 표점거리(㎜)

Δl : ΔP 일 때의 늘어남(㎜)

ΔP: 비례구역 안에서 상한하중과 하한하중의 차(N)

(2) 섬유직각방향 인장시험 (횡인장시험)

① 이 시험은 하중방향과 섬유방향의 수직인 경우에 대해 실시한다.

② 시험편의 모양 및 치수는 〈그림 1.6.11〉에 표시한 것으로 하고 a = 20~30㎜로 한다. 경우에 따라서는 시험편의 중앙 평행부의 두께를 6㎜, 원호의 반지름 R을 48㎜로 하여도 좋다.

③ 평균하중속도는 연한 목재일 대는 매분 약 0.5MPa, 단단한 목재일 때는 1.5MPa를 표준으로 한다.

④ 이 시험에서는 다음 값들을 결정한다.

섬유직각방향 인장강도(MPa) = $\dfrac{P}{A}$

섬유직각방향 인장비례한도 (MPa) = $\dfrac{P_P}{A}$

$$\text{섬유직각방향 인장탄성계수 (MPa)} = \frac{\Delta Pl}{\Delta lA}$$

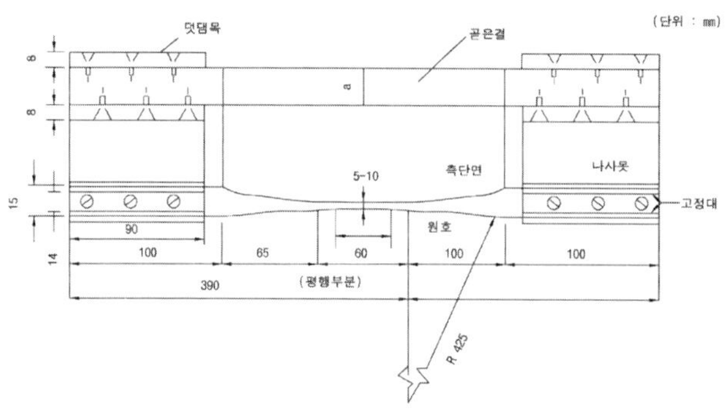

〈그림 1.6.10〉 섬유방향 인장시험

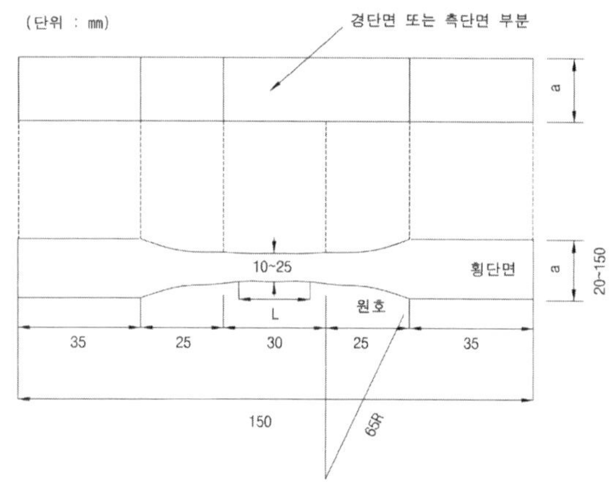

〈그림 1.6.11〉 섬유직각방향 인장시험

4) 참고사항

(1) 목재의 인장강도에 영향을 주는 요인은 다음과 같다.

① 밀도 : 목재는 밀도에 비하여 인장강도가 비교적 크며 일반적으로 밀도가 클수록 인장강도는 커진다.

② 함수율 : 함수율이 인장강도에 미치는 영향은 압축강도시험처럼 그다지 크지 않다. 일반적으로 섬유포화점 이하에서 함수율이 1% 늘어남에 따라 섬유방향 인장강도는 1%, 섬유직각방향 인장강도는 1.5% 줄어든다.

③ 가력의 방향 : 섬유방향에 나란하게 인장할 때가 가장 세며 섬유방향에 직각으로 인장하면 나란하게 인장시켰을 때의 약 3~10% 정도가 된다. 섬유방향의 인장강도는 압축강도에 비하여 크다.

④ 섬유방향과 시험편 재료축의 차이로 인한 모든 강도의 변화는 매우 크다.

1.6.7 휨 시험

1) 시험의 목적

구조재로서 목재를 사용하는 경우 휨응력을 받을 때가 대단히 많으므로 구조설계 계산에서 목재의 휨강도를 구할 필요가 있으며, 목재의 휨시험으로부터 그 품질과 재질의 추정이 가능하다.

2) 시험기기 및 재료

(1) 여러 가지 목재
(2) 톱
(3) 대패
(4) 먹줄 및 먹줄통
(5) 버니어캘리퍼스(1/20㎜)
(6) 다이얼 게이지
(7) 휨강도시험기

3) 시험방법

시료는 KS F 2202에 따라 평균 나이테 폭, 함수율 및 밀도측정이 끝난 것으로 한다.

(1) 재료축이 섬유방향과 나란하고 하중방향과 수직일 경우 실시한다.
(2) 시험편은 횡단면이 정사각형인 직육면체(角柱)로 하고 그 치수는 짧은 변의 길이 a=2~40㎜, 긴 변의 길이 L = 지간+2a로 한다.
(3) 지간은 보의 높이의 14배로 하고 집중하중을 보의 중앙에 가한다.
(4) 하중면은 곧은결을 표준으로 하고 판자결 또는 이것과 45°을 이루는 경우에는 거죽면으로부터 하중을 가한다.
(5) 하중점 및 지점은 〈그림 1.6.12〉, 〈그림 1.6.13〉에 표시한 것과 같이 잡는다.
(6) 평균하중속도는 매분 약 15MPa 이하로 한다.
(7) 이 시험에서는 다음 값들을 구한다.

$$\text{휨강도 (MPa)} = \frac{Pl}{4z}$$

$$\text{휨비례한도 (MPa)} = \frac{P_P l}{4z}$$

$$\text{휨탄성계수 (MPa)} = \frac{\Delta P l^3}{48 I \Delta y}$$

여기에서, P_P : 비례한도 하중(섬유방향 압축시험에서의 P_P의 결정법과 같으나 감소 대신 보 중앙부의 처짐을 사용한다.)(N)

Δy: ΔP일 때의 지간 중앙의 처짐(㎜)

I : 단면 2차 모멘트(㎜⁴)

l : 지간(㎜)

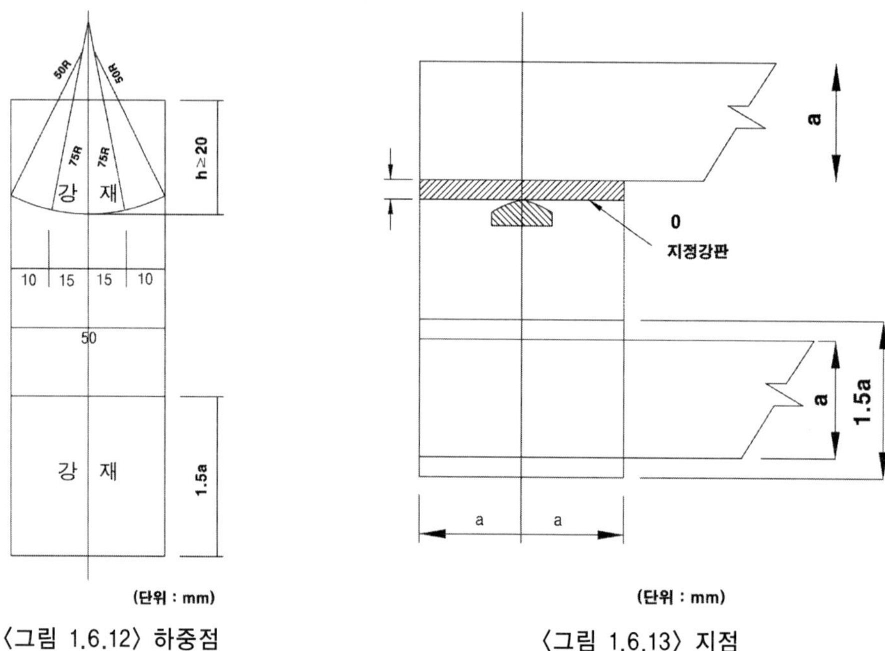

〈그림 1.6.12〉 하중점

〈그림 1.6.13〉 지점

4) 참고사항

(1) 목재의 휨강도에 영향을 주는 요인은 다음과 같다.

① 밀도 : 일반적으로 압축강도나 인장강도와 마찬가지로 휨강도는 밀도에 비례한다.

② 함수율 : 함수율이 휨강도에 미치는 영향은 크며 대체로 함수율이 1% 증가함에 따라 휨강도는 약 4% 정도 줄어든다.

③ 가력의 방향 : 휨강도에 있어서 압축강도나 인장강도와 같이 시험편의 길이방향과 섬유방향이 이루는 각도에 따라 달라진다.

5) 시험결과의 예

목재의 강도 시험결과				
시 험 일	년 월 일			
시험일의 상태	실 온 (℃)		습 도 (%)	
시 료	시 료 명	채취장소	채취날짜	제조업체
	밤나무			

압축강도 시험				
시료번호	최대하중(N)	단면적(㎟)	압축강도(MPa)	평균 값(MPa)
1	14226	403	35.3	
2	13990	402	34.8	34.2
3	13032	401	32.5	

인장강도 시험				
시료번호	최대하중(N)	단면적(㎟)	압축강도(MPa)	평균 값(MPa)
1	22365	374	59.8	
2	21507	376	57.2	57.5
3	20886	377	55.4	

휨강도 시험						
시료번호	지간거리(㎜)	시험편의 폭(㎜)	시험편의 높이(㎜)	최대하중(N)	휨강도(MPa)	평균 값(MPa)
1	301	25	40	5271	59.5	
2	302	25	41	5120	55.2	56.5
3	302	25	41	5083	54.8	

비고: 이 시험은 섬유방향에 대한 목재 강도 시험 결과이다.

Ⅱ. 마감재료의 시험

2.1 도자기질 타일

2.1.1 기본 사항

우리나라에서 타일이라 하면 주로 도자기질 타일을 말하지만, 서양에서는 작은 판형으로 된 것을 총칭하는 말로서 흡음판·기와·비닐타일 등도 타일이라 하며 도자기질 타일은 자기타일·도기타일·석기타일 등이 있다.

도자기질 타일은 표면 마무리법에 따라 시유타일과 무유타일로 구분하는데, 대부분 자기타일은 무유타일이 많이 쓰인다. 이것은 용도상으로 외장용 타일과 내장용 타일로 구분되고, 또 사용 장소에 따라 벽타일 또는 바닥타일로 구분한다.

1) 종류

타일은 용도, 소지의 질 및 유약의 유무에 따라 각각 다음과 같이 구분한다.

(1) 호칭에 의한 구분
① 외장 타일
② 내장 타일
③ 바닥 타일
④ 모자이크 타일

(2) 소지(타일 원재료)의 질에 의한 구분
① 자기질 타일
② 석기질 타일
③ 도기질 타일

(3) 유약의 유무에 의한 구분
① 시유 타일　　② 무유 타일

2) 치수 및 허용차

(1) 모듈 호칭 치수

타일의 모듈 호칭 치수는 〈표 2.1.1〉과 같다. 다만, 수출품 및 모자이크 타일의 치수에 대해서는 제외한다. 또한, 모듈 호칭 치수와 제작 치수의 관계를 〈그림 2.1.1〉에 나타낸다.

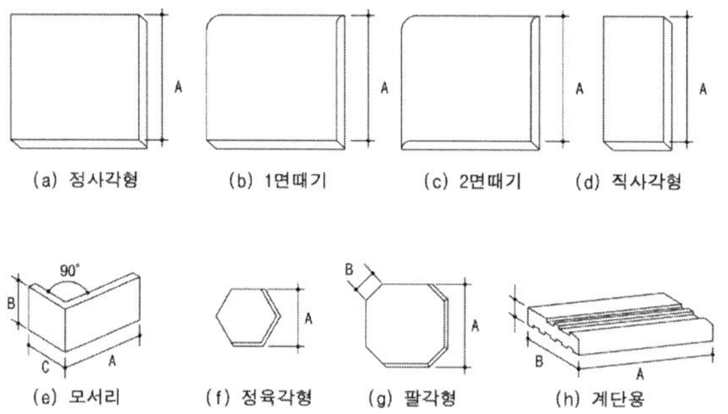

〈그림 2.1.1〉 타일의 형태에 따른 구분

〈표 2.1.1〉 타일의 모듈 호칭 치수 (단위 : ㎜)

	내장 타일, 외장 타일 및 바닥 타일										구성타일	
A(너비)	50	100	150	200	250	300	400	450	500	600	300	450
B(길이)	50	100	150	200	250	300	400	450	500	600	300	450

(2) 제작 치수

제작 치수란 타일을 제작할 때 기본이 되는 치수를 말하며, 길이 및 너비의 제작 치수는 모듈 호칭 치수에서 줄눈 및 공차를 고려한 치수로서 제조자가 정하는 것으로 한다.

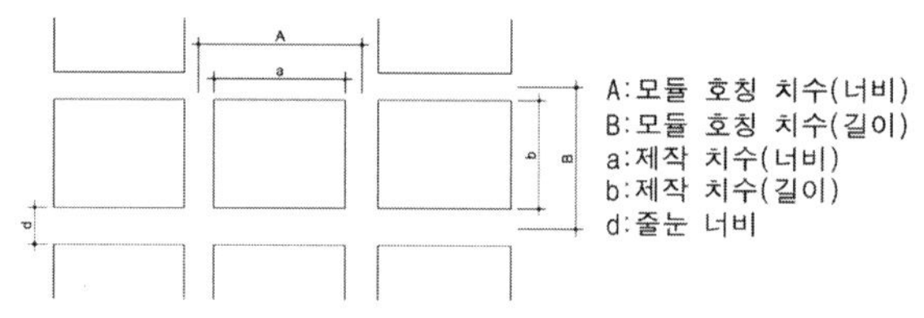

〈그림 2.1.2〉 모듈 호칭 치수 개념도

(3) 길이 및 너비의 허용오차

타일의 길이 및 너비의 제작 치수에 대한 허용차는 〈표 2.1.2〉과 같다. 다만, 구성타일의 허용치는 ±2.0㎜로 한다. 또한 먼저 붙임공법에 사용하는 타일에 대해서는 당사자 사이에 별도의 허용차를 정할 수 있다.

〈표 2.1.2〉 길이 및 너비의 허용치 (단위 : ㎜)

타일의 제작 치수	내장 타일	모자이크 타일	외장 타일 및 바닥타일
50 이하	–	± 1.0	± 1.5
50 초과, 105 이하	± 0.6 [1)]	± 1.5	± 2.0
105 초과, 155 이하	± 0.8 [1)]	± 2.0	± 2.5
155 초과, 355 이하	± 1.5	–	± 3.0
355 초과, 605 이하	± 2.0	–	± 3.5

주1) 자기질 타일에 한하여 ±1.0㎜로 한다.

(4) 두께의 허용차

타일의 두께 제작 치수에 대한 허용치는 〈표 2.1.3〉과 같다.

〈표 2.1.3〉 두께의 허용치 (단위 : ㎜)

호칭명에 의한 구분	허용치
내장 타일	± 0.7
외장 타일	± 1.5
바닥 타일	± 1.5
모자이크 타일	± 0.8

3) 품 질

(1) 겉모양

타일의 겉모양은 〈표 2.1.4〉에 따라 조사하고, 〈표 2.1.5〉의 규정에 적합해야 하며, 구성타일인 경우에는 〈표 2.16〉의 규정에 적합해야 한다. 다만, 장식상 별도로 만든 색 얼룩, 색조의 불균일, 유약얼룩, 금갈라짐 등은 결점으로 취급하지 않는다. 또한 자기질 타일에서 표면의 넓이가 15㎠ 이상인 경우에는 충분히 접착될 수 있도록 뒷굽을 붙인다.

〈표 2.1.4〉 타일 상호간의 결점조사에 필요한 시료 수

타일의 표면 면적[1)]	평타일	부속타일
15㎠	약 1.0㎡	약 0.3m
15㎠ 이상, 60㎠ 미만	약 0.3㎡	약 1.0m
60㎠ 이상, 400㎠ 미만	약 1.0㎡	
400㎠ 이상	약 2.0㎡	약 2.0m

주1) 복수의 면을 갖는 부속타일의 경우는 큰 쪽 면의 면적을 적용한다.

〈표 2.1.5〉 타일의 결점 및 판정기준

결 점 의 분 류		판 정 기 준
1개 타일에서의 결점	금갈라짐, 현저한 뒷면 흠집, 깨어짐	없어야 한다.
	소지 떨어짐, 핀홀, 오목, 평면 흠집, 이물질의 부착, 장식얼룩, 색얼룩, 광택얼룩, 변형[2)]	약 1.0m거리에서 바라보았을 때 눈에 띄지 않아야 한다.
타일 상호간의 결점	색조의 불균일, 광택의 불균일	위 표를 만족하는 데 필요한 개수의 타일을 펴놓고, 약 2.0m거리에서 바라보았을 때 눈에 띄지 않을 것.

주2) 한 변이 50㎜를 초과하는 정사각형 또는 긴 변이 50㎜를 초과하는 직사각형 타일의 뒤틀림 및 치수의 불규칙도에 대해서는 뒤틀림과 치수의 불규칙도의 규정에 따른다.

〈표 2.1.6〉 구성타일의 결점 및 판정기준

결 점 의 종 류		판 정 기 준
1개의 구성타일의 결점	첨지 나옴 첨지 찢어짐	없어야 한다. 다만, 겉붙임 첨지의 경우 시공에 지장이 없으면 관계없다.
	줄눈의 불균일	약 1m거리에서 바라보았을 때 눈에 띄지 않을 것.
	두께의 불균일	경사방향에서 바라보았을 때 눈에 띄지 않을 것.
구성타일 상호간의 결점	색조의 불균일 광택의 불균일	9매의 구성타일을 정사각형 모양으로 펴놓고, 약 2m 거리에서 바라보았을 때 눈에 띄지 않을 것.
	줄눈 틀림	9매의 구성타일을 정사각형 모양으로 펴놓고, 약 1m 거리에서 바라보았을 때 눈에 띄지 않을 것.

2.1.2 흡수율 시험

1) 시험의 목적

타일은 건축물의 내·외부 마감용도로 사용되는 것으로서 외부 또는 내부에서의 사용자로부터 발생하는 물에 의하여 구조체와 타일간 동결 등의 문제로 인하여, 박리·박락 등이 발생할 수 있어 이에 대한 검토가 필요하다.

2) 시험기기 및 재료

(1) 시험용 타일　(2) 저울　(3) 타일을 담을 수 있는 용기,
(4) 건조기　(5) 데시케이터　(6) 실리카겔

3) 시험 방법

(1) 시험체를 15~25℃의 깨끗한 물속에 담그고, 24시간 경과 후 꺼내어 곧바로 각 표면을 젖은 수건으로 닦은 직후 무게를 측정하여 흡수무게(m_2)로 한다.
(2) 이 시험편을 105±5℃로 유지된 공기건조기에 넣어 3시간 동안 건조한 후 꺼내어 무수염화칼

슘 또는 실리카겔로 조습된 데시케이트에 넣어 상온까지 냉각시킨 후 무게를 측정하여, 건조무게(m_1)로 한다.

$$W(\%) = \frac{m_2 - m_1}{m_1} \times 100$$

여기에서, W : 흡수율(%)

m_1 : 건조무게(g)

m_2 : 흡수무게(g)

(3) 무게 측정은 각각 0.1g까지 측정하되, 시험편의 무게가 500g을 넘을 경우는 시험체를 절단하여 사용하든지, 절단하지 않을 때에는 최소 눈금 0.2g 이하까지 측정할 수 있는 저울을 사용하여도 좋다. 또한 가마에서 꺼낸 직후의 타일을 시험체로서 사용할 경우에는 공기 건조기에 의한 건조를 생략할 수 있다.

※ 타일의 시험방법에 규정하는 흡수시험을 했을 때의 품질기준은 다음과 같다.

① 자기질 3.0% 이하

② 석기질 5.0% 이하

③ 도기질 18.0% 이하 단, 클링커 타일은 흡수율을 8.0% 이하로 한다.

도자기질 타일 흡수율 시험결과				
시 험 일	년 월 일			
시험일의 상태	실온(℃)	습도(%)	수온(℃)	건조온도(℃)
시 료	시 료 명	채취장소	채취날짜	제조업체
	도자기질 타일			
시험체 번호		건조무게	흡수무게	흡수율(%)
1		270.70	278.50	2.9
2		261.90	269.30	2.8
3		258.00	265.10	2.8
팽창도(%) 평균값		2.8		

2.1.3 오토클레이브 시험 (내균열성 시험)

1) 시험의 목적

타일은 균열 및 갈라짐이 발생할 경우 박리·박락이 발생할 수 있으며 특히, 외부에 마감재로서 사용할 경우 미관을 저해하는 중요한 요소로서 영향을 미치게 되므로 촉진시험으로서 일정한 증기양생에 의한 내균열성을 확인할 필요가 있다.

2) 시험기기 및 재료

(1) 오토클레이브 시험기
(2) 그물 망
(3) 헝겊
(4) 버니어캘리퍼스

3) 시험방법

(1) 시험 중에 소비될 물의 양을 고려하여 보다 많은 물을 시험기 내에 넣는다.
(2) 시험체를 오토클레이브안의 성근망(조망)과 같은 높이로 놓으며, 이 때의 시험체는 오토클레이브의 내벽 및 시험체와 다른 시험체 사이의 거리를 10㎜ 이상 떼어 놓는다.
(3) 오토클레이브 뚜껑을 밀폐한 다음 1시간에 1MPa의 압력이 되도록 온도를 높인 후, 이 가압상태를 1시간 동안 지속한다.
(4) 증기를 배출시켜 상온까지 냉각시킨 다음 뚜껑을 열고 시험체를 꺼내어 부착된 이물질 등을 헝겊으로 닦고, 소지의 균열 및 금갈라짐의 유무를 조사한다.

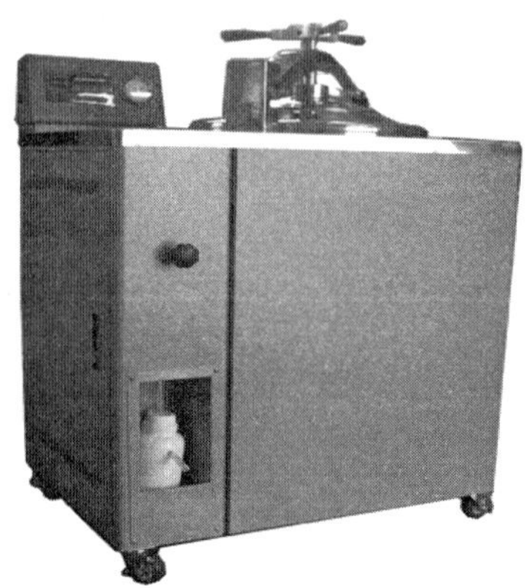

〈사진 2.1.1〉 오토클레이브 시험기

※ 주의 : 물에 잠기지 않도록 유지하기 위하여 오토클레이브 안에 적당한 높이의 받침대를 설치하고, 그 위에 눈이 거친 철망을 놓으면 좋다.
※ 내균열성 : 시유타일은 시험방법에 규정하는 오토클레이브시험을 했을 때, 균열 및 금갈라짐이 생겨서는 안 된다. 다만, 장식 상 특별히 만든 균열 및 금갈라짐이 있는 타일에 대해서는 적용하지 않는다. 또한 흡수율 1% 이하의 자기질 타일의 경우는 시험을 생략할 수 있다.

4) 시험결과의 예

오토클레이브(내균열성) 시험				
시 험 일	년 월 일			
시험일의 상태	실온(℃)	습도(%)	수온(℃)	건조온도(℃)
시 료	시 료 명	채취장소	채취날짜	제조업체
	도자기질 타일			
시험체 번호	시 험 결 과(상태)			
1	이상 없음			
2	이상 없음			
3	이상 없음			

※ 비고
장식상 특별히 만든 균열 및 금갈라짐이 있는 타일에 대해서는 적용하지 않는다. 또한 흡수율 1% 이하의 자기질 타일의 경우는 시험을 생략할 수 있다.

2.1.4 내마모성 시험

1) 시험의 목적

타일은 바닥재 또는 외부 마감재로서 사용되어지므로 항상 외부로부터 외력에 의한 표면의 부스러짐 등이 발생할 수 있기에 마감재로서의 내마모성에 대한 성능을 검토해야 한다.

2) 시험기기 및 재료

(1) 낙사마모시험기
(2) 낙사마모 시험용 시험체
(3) 탄화규소 언삭재
(4) 서울
(5) 초시계

3) 시험방법

(1) 40~50㎜ 정사각형으로 절단하여 무게 100g 이내로 시험체를 조정한다.
(2) 시험체의 무게를 측정한 후 수평면과 45°의 각도로 경사지게 정치시킨다.
(3) 1100㎜의 높이에서 KS L 6508에 규정한 탄화규소 연삭재 C의 입도 20번을 무게로 10㎏ 낙하시킨다.
(4) 시험체에 부착된 가루를 잘 털어내고 타일의 무게를 측정하여 그 무게감량을 마모감량으로

한다. 무게는 0.01g까지 측정하며, 이때 낙하시간이 8분 이상이 되도록 조정한다.

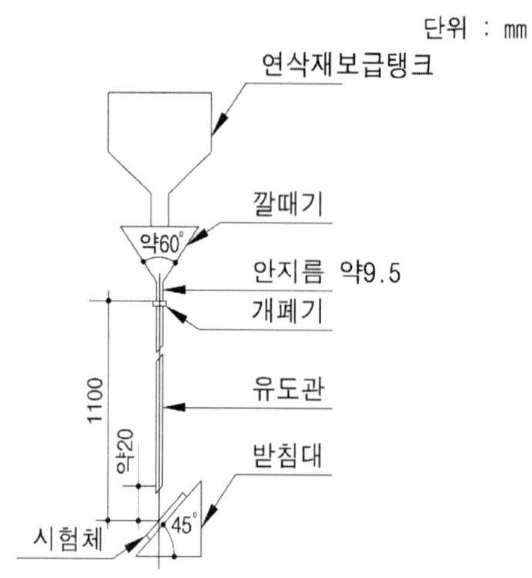

〈그림 2.1.3〉 낙사식 마모시험장치

4) 시험결과의 예

<table>
<tr><td colspan="6">내마모성 시험결과</td></tr>
<tr><td>시 험 일</td><td colspan="5">년 월 일</td></tr>
<tr><td rowspan="2">시험일의 상태</td><td>실온(℃)</td><td>습도(%)</td><td colspan="2">수온(℃)</td><td>건조온도(℃)</td></tr>
<tr><td></td><td></td><td colspan="2"></td><td></td></tr>
<tr><td rowspan="2">시 료</td><td>시 료 명</td><td>채취장소</td><td colspan="2">채취날짜</td><td>제조업체</td></tr>
<tr><td>도자기질 타일</td><td></td><td colspan="2"></td><td></td></tr>
<tr><td colspan="2">시험체 번호</td><td>마모전(g)</td><td>마모후(g)</td><td>마모량(g)</td><td>시험결과</td></tr>
<tr><td colspan="2">1</td><td>98.542</td><td>98.522</td><td>0.020</td><td>이상 없음</td></tr>
<tr><td colspan="2">2</td><td>97.669</td><td>97.647</td><td>0.022</td><td>이상 없음</td></tr>
<tr><td colspan="2">3</td><td>95.381</td><td>95.360</td><td>0.021</td><td>이상 없음</td></tr>
<tr><td colspan="6">※ 비 고
바닥에 사용하는 타일은 마모시험을 했을 때, 마모감량이 0.1g 이하이어야 한다.</td></tr>
</table>

2.1.5 꺾임 강도 시험

1) 시험의 목적

타일은 벽면 또는 바닥면에 수평적으로 설치되는 재료로서 타일면 직각방향의 충격으로부터 충분한 저항성능을 확보하는 내구성능을 필요로 한다.

2) 시험기기 및 재료

(1) 시험용 타일 (2) 꺾임강도 시험기

(3) 고무판 (4) 지지봉

3) 시험방법

(1) 시험체의 표면을 아래로 해서 직사각형의 경우는 〈그림 2.1.4〉와 같이 긴 변 방향을 지지봉 간 거리 l㎜로 설치한 지름 10㎜의 지지봉 위에 놓는다.

(2) 지지봉 간 거리 중앙 위에 위와 같은 모양의 가압봉으로 하중을 가한다. 다만, 미끄러짐 등의 방지를 위하여 돌출·성형·가공한 타일의 경우는 돌출된 부분에 시험하중을 가하고, 지지봉에 지지되는 부분도 돌출 부분이 지지되도록 조정하여 시험한다.

(3) 또 타일이 정사각형이고, 꺾임 강도가 약한 방향이 명백한 경우에는 그 방향에 대하여 시험한다. 이 때 가압봉 및 지지봉과 시험체에는 KS M 6518에 규정한 스프링식 경도시험기 A형에 경도가 60~70°이고, 두께 약 3㎜인 고무판을 놓는다.

(4) 나비 1㎝당 꺾임파괴하중(P)은 다음 식에 따라 구한다.

$$P = \frac{F}{b} \times \frac{l}{90}$$

여기에서, P : 나비 1㎝당 꺾임파괴하중(N/㎝){kgf/㎝}

F : 파괴하중(N){kgf}

b : 타일 너비(㎝)

l : 지지봉 간의 거리(㎜) 다만, 하중 속도는 30호 이상, $F_0 = \frac{90bp_l}{l}$(N)){kgf}이 되도록 한다.

p_l : 〈표 2.1.7〉에 나타낸 꺾임파괴하중의 하한값이다.

※ 꺾임강도 : 타일은 규정한 꺾임강도시험을 했을 때 너비 1㎝당 꺾임파괴하중이 〈표 2.1.7〉의 규정에 합격해야 한다. 다만, 각 변이 50㎜이하인 모자이크 타일은 적용하지 않는다.

단위 : mm

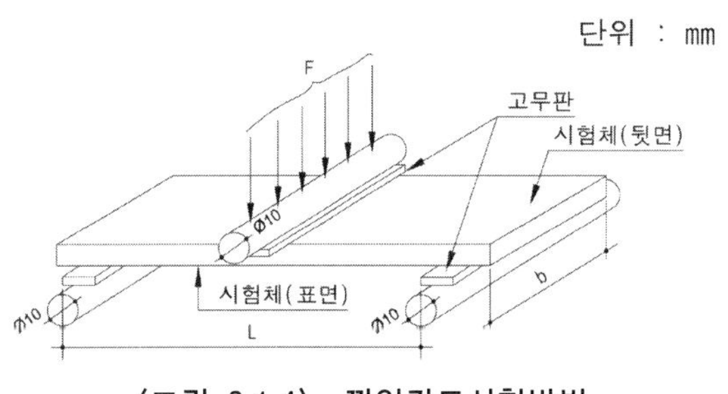

〈그림 2.1.4〉 꺾임강도시험방법

〈표 2.1.7〉 꺾임 강도의 기준

호 칭 명		나비 1㎝당 꺾임 파괴 하중 (N/㎝)
내장 타일		12 이상
외장 타일 바닥 타일	타일의 치수 [1)]가 155㎜ 이하인 경우	80 이상
	타일의 치수 [1)]가 155㎜ 초과인 경우	100 이상
모자이크 타일		60 이상

주1) 타일의 치수란 직사각형 타일의 긴 변 또는 정사각형 타일의 한 변을 말한다.

(5) 또한, l은 〈표 2.1.8〉에 따른다. 단, 타일의 긴 변 또는 각 변이 300㎜를 초과하는 경우 그 변의 길이가 약 300㎜가 되도록 절단하여 사용한다. 또 복수의 면을 가진 부속타일의 경우는 절단하여 넓은 면에 대해 시험하는 것으로 한다.

〈표 2.1.8〉 지지봉 간 거리

타일의 제작 치수	l (지지봉 간 거리)
50 초과 95 이하	45
95 초과 185 이하	90
185 초과 305 이하	180
305 초과 605 이하	270

비고 : 돌출·성형·가공한 타일의 경우 누르는 하중이 돌출부분에 위치하고, 지지되는 부분이 돌출부분에 조정하기 위해서는 l을 규정한 거리보다 최소한 작게 할 수 있다.

4) 시험결과의 예

꺾임 강도의 시험결과					
시 험 일	년 월 일				
시험일의 상태	실온(℃)	습도(%)	수온(℃)	건조온도(℃)	
시 료	시 료 명	채취장소	채취날짜	제조업체	
	도자기질 타일				
시험체 번호	파괴하중 (N)	타일너비 (㎝)	지간거리 (㎜)	꺾임강도 (N/㎝)	평균 꺾임강도 (N/㎝)
1	1,038	19.8	185.1	109	109
2	1,039	19.8	185.0	107	
3	1,009	19.8	185.1	110	

※ 꺾임 강도의 기준

호 칭 명		나비 1㎝당 꺾임 파괴 하중 (N/㎝)
내장 타일		12 이상
외장 타일 바닥 타일	타일의 치수가 155㎜ 이하인 경우	80 이상
	타일의 치수가 155㎜ 초과인 경우	100 이상
모자이크 타일		60 이상

2.2 도료

2.2.1 기본사항

도료란 유동 상태로서 물체의 표면에 도포하면 얇은 층으로 확산 되고 그 표면에 고착·고화되어 피막을 형성하는 기능을 갖고 있는 물질이다. 도료를 사용하는 목적은 미관과 보호인데 그 중 도료의 보호기능은 도막형성 요소에 의해 크게 달라지며 그 내구성과 물성은 도료를 사용하는 수지의 조성에 의해서 제어 가능하다. 또한 도료의 미관 기능인 평활성과 색의 얼룩도, 수지의 유동성에 의해서 결정되고, 광택과 중후감 등의 광학적 성질 역시 수지의 조성에 의해서 결정된다. 최근에는 도료에 도전성, 절연성, 내열성, 내화성, 계면성, 광학성 등의 물리적 기능과 항균성, 그리고 냄새 등과 같은 화학 및 생물학적 기능을 목적으로 하는 도료가 개발되고 있다.

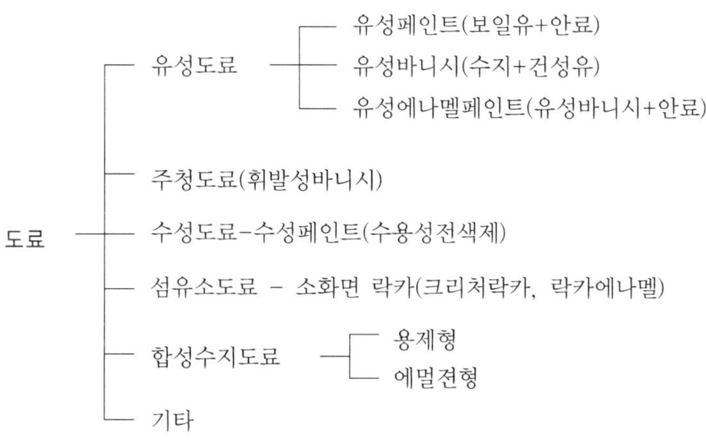

〈그림 2.2.1〉 도료의 종류

〈표 2.2.1〉 건축물에 통상 사용되는 도료의 성질, 성능, 적응장소 등

도료명칭	도막형성요소	건조기구	성능							적응장소			
			내후성	내알칼리성	내산성	내수성	내열성	난연성	굴곡성	목부	철부	경금속부	알칼리성바탕
조합페인트	보일한 건성유	산화, 상온	◎	×	△	◎	△	×	◎	◎	◎	△	×
유성바니시	건성유, 천연수지	산화, 상온	△	×	△	◎	△	×	○	◎	–	–	–
에나멜페인트	건성유, 천연수지	산화, 상온	○	×	△	◎	△	×	○	◎	◎	○	×
은색에나멜	건성유, 천연수지	산화, 상온	○	×	△	◎	△	○	○	◎	◎	◎	×
알루미늄페인트	건성유, 천연수지	산화, 상온	◎	×	△	◎	○	○	○	◎	◎	◎	×
세락니스	천연수지	증발, 상온	×	×	△	△	×	×	×	◎	–	–	–
페놀수지바니시	건성유, 페놀수지	산화중합, 상온	△	○	◎	◎	○	×	△	◎	–	–	–
페놀수지에나멜	건성유, 페놀수지	산화중합, 상온	△	○	◎	◎	○	×	△	◎	◎	○	–
프탈산수지바니시	건성유, 프탈산수지	산화중합, 상온	◎	×	×	△	◎	×	◎	◎	◎	○	–
프탈산수지에나멜	건성유, 프탈산수지	산화중합, 상온	◎	×	×	△	◎	×	◎	◎	◎	○	–
투명락카	니트로셀룰로스	증발, 상온	○	○	○	◎	○	×	○	◎	◎	○	–
락카에나멜	니트로셀룰로스	증발, 상온	○	○	○	◎	○	×	○	◎	◎	○	–
염화비닐수지도료	염화비닐수지, 초산비닐수지	증발, 상온	◎	◎	◎	◎	○	◎	◎	◎	◎	○	◎
메타크릴수지도료	메타크릴산 메칠수지	증발중합, 상온	◎	◎	◎	◎	○	◎	◎	◎	◎	○	○
멜라민수지도료	멜라민수지	중합	◎	◎	◎	◎	◎	◎	○	–	◎	○	
에폭시수지도료	에폭시수지	중합	◎	◎	◎	◎	◎	◎	◎	–	◎	○	–
합성수지에멀젼도료	초산비닐수, 스틸렌, 부타디엔수지	증발, 상온	○	○	○	○	○	◎	◎	◎	–	–	◎
수성도료	카제인, 전분 등	증발, 상온	×	–	–	×	◎	◎	×	◎	–	–	◎

(주) ◎ : 양호 ○ : 가능 △ : 불충분 × : 불가

2.2.2 밀도(비중) 시험

1) 시험의 목적

「KS M ISO 2811-1 도료와 바니시-밀도 측정 방법-제1부 : 비중병법」에 의해 비중병(pyknometer)을 사용하여 도료, 바니시 및 관련 제품의 밀도를 측정하는 방법으로 시험 온도(표준 시험 온도 23±0.5℃)에서 저점도 또는 중간 점도인 시료를 시험한다. 고점도 시료의 밀도는 허바드(Hubbard)비중병 법을 사용하여 밀도를 측정한다.

2) 시험기기 및 재료

(1) 금속 비중병 : 부피가 50㎖ 또는 100㎖인 것으로 단면은 원형이고 원통 모양이며, 부식되지 않는 물질로 만들어지고, 매끄럽게 마감되어 있어야 한다. 중앙에 구멍이 있는 뚜껑은 본체와 꼭 맞아야 하며, 뚜껑의 안쪽은 오목하게 생겨야 한다.

(2) 유리 비중병 : 부피가 10~100㎖ 정도인 게이-루삭(Gay-Lussac)형 또는 하바드형 비중병

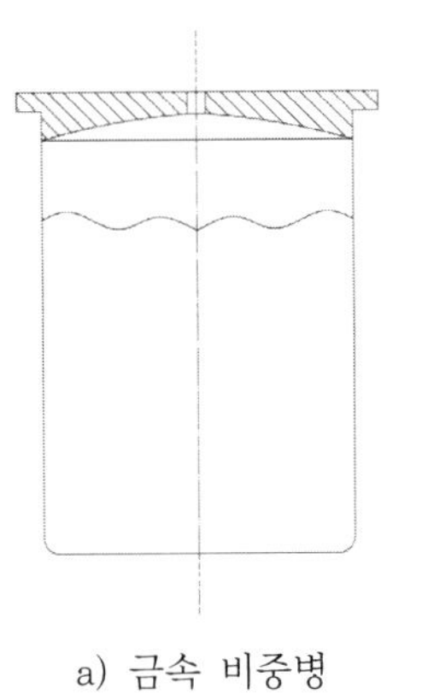

a) 금속 비중병

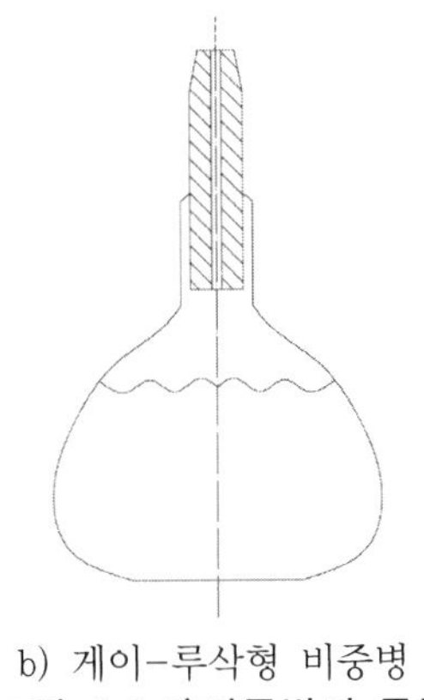

b) 게이-루삭형 비중병

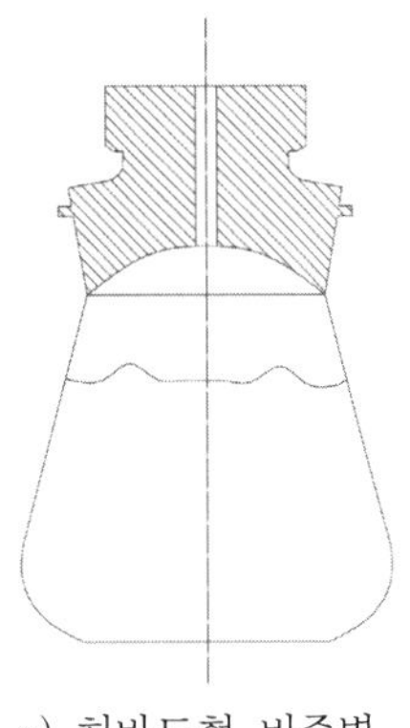

c) 허바드형 비중병

〈그림 2.2.2〉비중병의 종류

3) 시험방법

(1) 온도 조절 챔버나 물중탕에 규정된 온도(표준 시험 온도 23±0.5℃)에 도달하도록 비중병과 시료를 약 30분간 방치한다.

(2) 온도계를 사용하여 시험 시료의 온도 t_T를 측정한다.

(3) 빈 비중병의 무게 m_1을 측정 기록한다. 비중병의 부피가 50㎖에서 100㎖ 사이이면 10㎖까지 정확하게 기록하고, 50㎖ 이하이면, 1㎎까지 정밀하게 측정 기록한다.

(4) 시험할 제품을 공기방울이 생성되지 않도록 비중병에 채운 후 비중병의 뚜껑 또는 마개를 정해진 위치에 덮고, 외부로 흘러넘친 재료를 용매에 적신 흡수재로 닦아내고 탈지면으로 세밀하게 닦는다.

(5) 시험할 제품으로 채운 비중병의 무게 m_2를 달아 기록한다.

$$\rho(g/ml) = \frac{m_2 - m_1}{V_t}$$

여기에서, m_1 : 빈 비중병의 무세(g)

m_2 : 시험 온도 t_T에서 제품을 채운 비중병의 무게(g)

V_t : 시험 온도 t_T에서의 비중병의 부피(㎖)

- 비중병의 부피 계산

$$V_t = \frac{m_3 - m_1}{\rho_W - \rho_A} \times \left(1 - \frac{\rho_A}{\rho_G}\right)$$

또는,

$$V_t = \frac{m_3 - m_1}{\rho_W - 0.0012} \times 0.99985$$

여기에서, m_1 : 비중병의 무게(g)

m_3 : 시험 온도 t_T에서 증류수로 채운 비중병의 무게(g)

ρ_W : 시험 온도 t_T에서 순수한 물의 밀도(g/㎖)

ρ_A : 공기의 밀도(=0.0012g/㎖)

ρ_G : 시용된 저울 분동의 밀도(강철제의 경우, ρ_G=8g/㎤)

4) 시험결과의 예

밀도(비중)의 시험결과				
시 험 일	년 월 일			
시험실의 상태	실 온 (℃)	25	습 도 (%)	
시 료 명	시 료 명	채취장소	채취날짜	제조업체
측정값	1		2	
① m_1	169.89g			
② m_2	305.61g			
③ V_t	100㎖			
비중(②-①/100)	1.36			

2.2.3 색상 시험

1) 시험의 목적

이 시험은 유색 도료의 건조 도막 색상을 시험하는 것으로 표준 견본액으로 만든 건조 도막 색상과의 비교법, 도막 견본 색상과의 비교법, 지정된 색상표 색상과의 비교법으로 시험할 수 있다

2) 시험기기 및 재료

(1) 광원

3) 시험방법

(1) 비색을 위한 광원은 자연광 또는 인공 표준광원을 사용한다.

(2) 자연광 사용 시 직사광선은 피하고 환경색(벽이나 천장색)에 영향을 받지 않게 하고 유리창, 커튼 등의 투과 광선을 피한다. 해가 뜬 후 3시간 해가 지기 3시간 전의 자연광을 이용하고

이외의 시간은 인공광원을 사용한다.

(3) 인공 표준 광원은 크세논램프와 필터를 사용한 표준 백색 광원을 사용한다.

(4) 목측 위치는 다음 〈그림 2.2.3〉과 같이 목측한다.

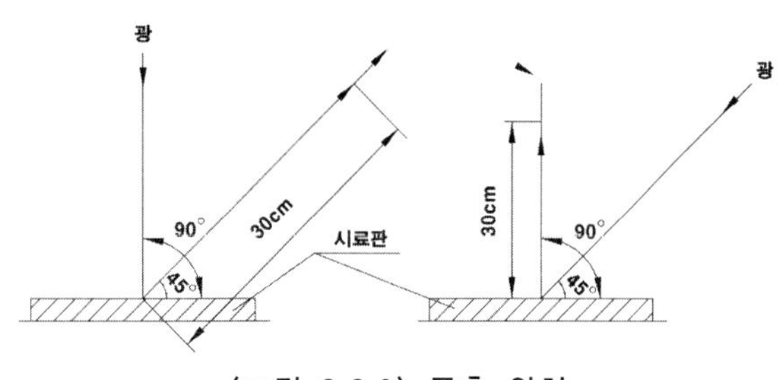

〈그림 2.2.3〉 목측 위치

(5) 마스킹을 비교할 때는 명도 5~8의 무광택 회색 종이로 만든 〈그림 2.2.4〉와 같은 마스킹을 사용하며, 〈그림 2.2.5〉와 〈그림 2.5.6〉과 같이 접근 또는 이간비교법(離間比較法)으로 5초 이내에 목측한다.

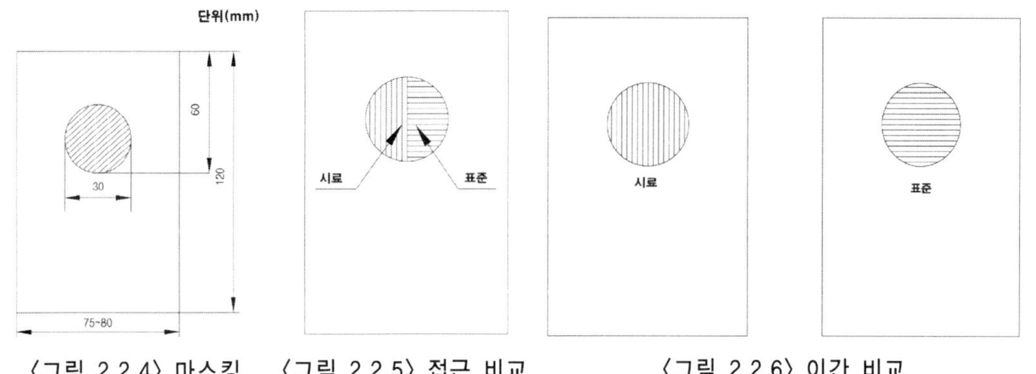

〈그림 2.2.4〉 마스킹 〈그림 2.2.5〉 접근 비교 〈그림 2.2.6〉 이간 비교

(6) 광택도가 다른 도막을 비교할 때에는 물이나 투명한 광유로 도막을 적셔야 한다.

4) 실험결과의 예

색상의 시험결과				
시 험 일	년 월 일			
시험실의 상태	실 온 (℃)	25	습 도 (%)	
시 료 명	시 료 명	채취장소	채취날짜	제조업자
측정값	1		2	
	지정된 표준 색상과 차이가 없어야 한다.			

2.2.4 점도 시험

1) 시험의 목적

투명 액체의 점도 시험 방법으로 가드너관을 이용한 직접 시험과 표준 점도관과 가드너관을 비교 시험하여 투명 액체의 점도를 구한다.

2) 시험기기 및 재료

(1) 가드너관 : 안지름 10.75±0.025㎜, 안길이 112±0.05㎜의 투명한 유리로 만든 평평한 바닥 시험관(입구로부터 아래로 5㎜ 및 13㎜의 곳에 눈금이 있다.).
(2) 표준 점도관 : 가드너관에 점도를 알고 있는 액을 넣고 밀폐한 것으로서 표에 표시한 값에 따라 기호가 새겨져 있는 것.

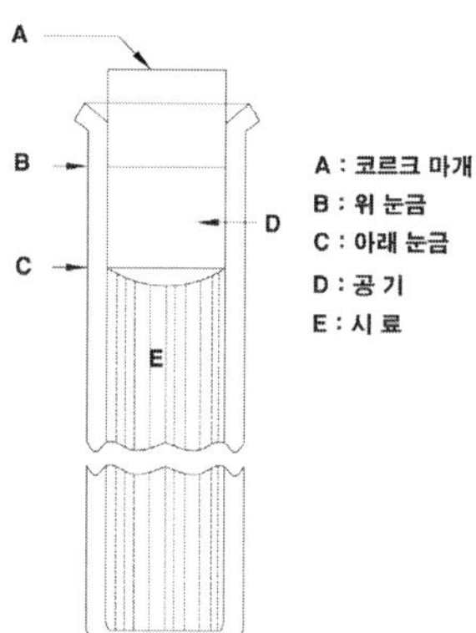

〈그림 2.2.7〉 가드너관

3) 시험방법

(1) 직접 시험 : 고형물이 없는 깨끗한 시료를 가드너관에 거품이 생기지 않도록 하여 그림과 같이 액면이 아래 눈금에 일치하도록 채우고 코르크 마개의 밑 부분이 위 눈금에 일치하도록 끼운다. 시료가 든 가드너관을 물중탕에 넣고 내용물이 25±0.25℃가 되도록 유지시킨다. 가드너관을 거꾸로 하여 기포가 올라와서 정지하도록 하고 기포가 올라오는 데 소요한 시간의 2배 정도 정치시킨 후 다시 거꾸로 하여 수직으로 하고 기포가 원위치로 돌아가는 데 소요되는 시간을 0.1초까지 측정하여 다음 식에 따라 초단위의 시간을 스토크 단위의 점도로 환산한다.
(2) 표준 점도관과의 비교 시험 : 시료가 든 가드너관과 표준 점도관을 동시에 같은 조작을 반복할 때 비교할 표준 점도관과 시료가 든 가드너관의 기포 상승 속도가 가장 가까운 것을 택하여 〈표 2.2.2〉에 규정된 표준 점도관의 가드너 기호를 시료의 점도로 표시한다.

$$V = 0.73T - \frac{0.5}{T^2}$$

여기에서, V : 점도(스토크)
T : 시간(초)

〈표 2.2.2〉 표준 점도관의 가드너 기호와 점도(스토크)[1]의 관계

가드너 기호	점도(스토크)	기포 상승 시간(초)
A5	0.00505	−
A4	0.0624	−
A3	0.144	−
A2	0.220	−
A1	0.321	−
A	0.50	1.2
B	0.65	1.3
C	0.85	1.5
D	1.00	1.6
E	1.25	1.9
F	1.40	2.1
G	1.65	2.3
H	2.00	2.8
I	2.25	3.1
J	2.50	3.4
K	2.75	3.8
L	3.00	4.1
M	3.20	4.4
N	3.40	4.7
O	3.70	5.1
P	4.00	5.5
Q	4.35	6.0
R	4.70	6.4
S	5.0	6.8
T	5.5	7.6
U	6.27	8.6
V	8.84	12.1
W	10.7	14.7
X	12.9	17.7
Y	17.6	24.0
Z	22.7	31.0
Z1	27.0	37.0
Z2	36.2	50.0
Z3	46.3	63.0
Z4	63.4	87.0
Z5	98.5	135.0
Z6	148	202.0
Z7	388	−
Z8	590	−
Z9	855	−
Z10	1066	−

주1) 포아스=스토크×비중(g/mℓ)

4) 시험결과의 예

점도의 시험결과				
시 험 일	년 월 일			
시험실의 상태	실 온 (℃)	습 도 (%)		수 온 (℃)
시 료	시 료 명	채취장소	채취날짜	제조업체
시료의 유출 시간 (초)	측정번호	1	2	3
	측 정 값	3.1	3.2	3.3
	평 균 값	3.2		
점도	$V = 0.73 \times 3.2 - \frac{0.5}{3.2^2} = 2.29$			

2.2.5 마모 시험

1) 시험의 목적

도료의 도막이나 도막 조직의 낙사 또는 외부로부터의 충격에 의한 내마모성능을 시험하여 도료의 물리적인 성능을 평가하는 실험이다.

2) 시험기기 및 재료

(1) 모래 도관 : 수직 방향과 45°의 각도로 시험판을 놓을 수 있는 지지대가 있어야 하며, 도관에서 시험편까지의 가장 가까운 거리는 25.4㎜이어야 한다.

(2) 도관에는 모래가 흐르는 도관의 위 끝에서 76㎜되는 곳에 엷은 접시 모양이 차단기(금속판)가 달려 있어 모래의 차단을 조정할 수 있어야 한다.

(3) 표준 모래 : 표준 모래는 자연 실리카 모래로서 20번체(sieve)를 통과하나 30번체는 통과하지 않는 표준 모래로서 보통 100g의 모래를 5분간 체로 쳤을 때 20번체에 15g 미만이 남고 30번체를 통과한 것이 5g 미만이면 표준모래로 사용할 수 있다.

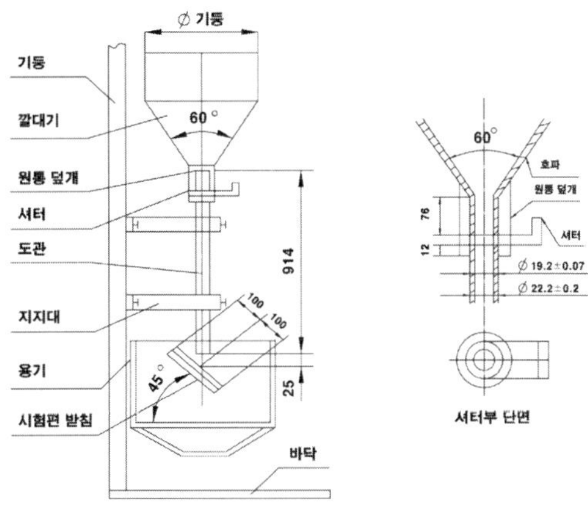

〈그림 2.2.8〉 낙사 마모 시험기(단위:㎜)

3) 시험방법

(1) 별다른 규정이 없으면 적당한 용제로 깨끗이 닦은 금속판에 적당한 방법으로 도료를 일정한 두께로 도막을 만든 다음 제품 규격에 따라 건조 경화시킨다.

(2) 시험편의 3곳에 지름 2.5㎝의 원을 그리고 시험할 수 있도록 시험편을 지지판 위에 알맞게 고정한다. 적당한 방법으로 시험 도막의 두께를 각 부분에서 적어도 5곳을 측정하고 평균을 내어 각 시험편의 두께로 한다.

(3) 시험은 23±1℃, 상대 습도 50±4%에서 시험편을 시험편 지지대 위에 놓고 표시해 둔 세 부분의 하나를 모래 도관 밑에 고정 시킨 후, 5000±25㎖의 모래를 깔때기에 붓는다.

(4) 금속판의 차단기를 열어 도관에서 모래가 시험할 부분에 떨어지도록 하고, 모래가 다 떨어진 후에 마모된 정도를 관찰한다.

(5) 다시 금속판으로 도관을 막고 전부 또는 적당량의 모래를 깔때기에 다시 붓는다. 사용한 모래의 양을 매번 기록하며, 각 시험 때마다 마모의 정도를 기입하여 시험을 계속한다.

(6) 도막에 구멍이 뚫어지면 모래의 양을 줄여가며, 조절하여 구멍의 지름이 4㎜가 될 때 시험을 중지 한다. 똑같은 방법으로 시험편의 나머지 부분도 실험을 하고 다음의 식에 의하여 결과를 계산한다.

① 시험 부분 도막 두께의 평균값과 사용한 모래의 양을 계산한다.

② 다음 식에 의하여 도막에 대한 마모 계수를 계산하여 보고 한다. 이 식에서 마모 저항성이 도막 두께에 비례한다는 것을 추측할 수 있다.

$$\text{마모계수(L/mil)} = \frac{V}{T}$$

여기에서, V : 사용된 모래의 평균량 (L)

T : 도막의 평균 두께 (1mil = 0.001inch)

4) 시험결과의 예

마모 시험결과				
시 험 일	년 월 일			
시험실의 상태	실 온 (℃)		습 도 (%)	
시 료	시 료 명	채취장소	채취날짜	제조업체
측 정 번 호		1	2	3
시료의 평균 두께		0.94		
사용된 모래의 평균량	측 정 값	14.5	1.5	15.5
	평 균 값	15		
마모계수(L/mil)	$\frac{15}{0.94} = 15.957$			

2.3 석재

2.3.1 기본 사항

석재는 지구표면에 자연적으로 노출된 암석을 건축 재료로 쓰기 위해 잘라내어 필요한 모양으로 성형한 것을 말한다. 최근 구조재료로 벽돌, 철근콘크리트 및 강재가 발달되어 구조재로서의 석재의 용도는 감소하고, 건축물의 벽면, 바닥면 등의 치장재, 도로 포장재로는 여전히 많이 사용하고 있다.

한편, 석재는 내마모성이나 내구성이 우수하기 때문에 오래 전부터 기초, 돌담, 석축 등에 폭넓게 사용되고 있으며, 콘크리트의 골재도 광의로는 석재로 분류할 수 있다.

1) 석재의 요구조건 및 특징

(1) 건축용 석재의 중요한 요구조건

① 경도
② 가공 및 시공성
③ 내구성
④ 미려한 색조와 질감
⑤ 채석의 난이성

(2) 석재의 일반적 특징

① 장점
  a. 압축강도가 크다.
  b. 불연성, 내구성, 내화학성, 내미모성, 내수성이 우수하다.
  c. 종류가 다양하고, 다양한 외관과 색조를 나타낸다.
  d. 외관이 장중하고 치밀하며, 미려한 광택이 난다.

② 단점
  a. 인장강도는 압축강도에 비해 매우 작다. (압축강도의 1/10~1/40)
  b. 직대재를 얻기 어려우므로 구조재로는 부적당하다.
  c. 화열에 닿으면 화강암 등은 균열이 발생한다.
  d. 비중이 크므로 운반 및 시공이 어렵다.
  e. 가공성이 좋지 않다.
  d. 고가이다.

2) 석재의 분류

석재는 성인(成因), 산출상태, 화학성분, 조직구조, 강도, 용도, 형상 등에 따라 분류할 수 있다.

(1) 성인(成因)에 의한 분류

가장 일반적인 분류방법으로 화성암, 수성암, 변성암으로 분류되고 〈표 2.3.1〉과 같다.

〈표 2.3.1〉 성인 및 암질상의 종류

성인에 의한 분류		암질에 의한 종별		석재
화성암	심성암	화강암 석록암		화강암
	화산암	안산암	휘석안산암	안산암
			각섬안산암	
			운모안산암	
			석영안산암	
		석영조명암		경석
수성암	쇄설암	이판암 점판암		점판암
		사암 역암		사암
		응회암	응회암	응회암
			사질응회암	
			청역질 응회암	
	유기암	석회암		석회석
	침적암	석고		
변성암	수성암계	대리석		대리석
	화성암계	사문석		사문석

(2) 모양에 따른 분류

① 각 석 : 너비가 두께의 3배 미만이며, 일정한 길이를 가지고 있는 것.

② 판 석 : 두께가 15cm 미만이며, 너비가 두께의 3배 이상인 것.

③ 견치석 : 면이 원칙적으로 거의 사각형에 가까운 것으로 길이는 면 최소변의 1.5배 이상일 것.

④ 사고석 : 면이 원칙적으로 거의 사각형에 가까운 것으로 길이는 면 최소변의 1.2배 이상일 것.

(3) 물리적 성질에 의한 분류

〈표 2.3.2〉 강도에 의한 분류

종 류	압축강도(kg/㎠)	참 고 치		석재 예	비 고
		흡수율(%)	비중(g/㎤)		
경 석	500 이상	5미만	약 2.7~2.5	화강암, 안산암, 대리석	*JIS A 5003 (석재)과 동일
준경석	100이상~500 미만	5~15미만	약 2.5~2.0	경질사암, 경질회암	
연 석	100 미만	15이상	약 2.0	연질응회암, 연질사암	

〈표 2.3.3〉 ASTM기준에 의한 암석의 물성 기준치

구분 / 암 석		흡수율 (최대%)	비 중 (최소g/㎤)	압축강도 (최소㎏/㎠)	파괴율 (최소㎏/㎠)
화 강 암		0.4	2.56	1,330	105
대리석	방해석	0.75	2.595	525	70
	백운석		2.80		
	사문석		2.69		
석회암	저밀도	12	1.76	126	28
	중밀도	7.5	2.16	280	35
	고밀도	3	2.56	560	70
사 암	보 통	20	2.24	140	21
	규 질	3	2.40	700	70
	규 암	1	2.56	1,400	140

* ASTM : American society for testing and materials (미국재료시험협회)

〈표 2.3.4〉 ASTM C 422-58T
Specification for Structural Granite [Physical requirements]

용 도		요 구 수 명: 50년 미만 압축강도 (최소㎏/㎠)	50년 미만 마 모 율 (최대%)	50년 이상 압축강도 (최소㎏/㎠)	50년 이상 마 모 율 (최대%)
토목등급 (engineering grade)	교각, 해안 벽 및 이와 관련된 구조	1,757	35	2,109	32
	다리 상부구조물, 분리대	1,757	35	2,109	32
	만곡부 구조재	2,109	32	2,109	32
	도로 경계석, 도로구조물 등	1,757	35	2,109	32
건축등급 (architectural grade)	기념물	1,968	34	2,109	32
	공공건물	1,827	36	1,968	34
	상업용건물	1,406	40	1,827	36
	주거용건물	1,125	45	1,406	40
	휴양지, 공원 등	1,757	35	2,109	32

2.3.2 흡수율 및 비중 시험

1) 시험의 목적

석재의 흡수율 및 비중시험을 함으로써 석재의 강도, 내구성, 마모저항, 공극률 등의 품질을 추정할 수 있고, 석재의 종류 등도 추정할 수 있으며, 또한 조직을 이해할 수 있다.

2) 시험기기 및 재료

〈사진 2.3.1〉 버니어 캘리퍼스

(1) 버니어 캘리퍼스 (Vernier calipers)
(2) 석재절단기
(3) 연마분
(4) 건조기
(5) 데시케이터
(6) 저울 (0.1g까지 측정할 수 있는 것)
(7) 수조
(8) 수중 중량측정을 위한 시험장치
(9) 헝겊
(10) 온·습도계

〈사진 2.3.2〉 석재절단기

시료는 대표적인 것을 3개 이상의 공시체를 만들 수 있을 정도의 크기를 채취하여야 한다. 석재의 성질상 변화가 있다고 인정될 경우에는 그 한계를 가릴 수 있을 정도의 시료를 채취해야 하며, 공시체는 다음과 같다.

① 공시체는 치수 5×5㎝의 입방체, 프리즘, 원주 또는 다른 규칙적인 형태의 것이어야 하며, 표면적에 대해 체적의 비율이 0.8~1.4인 것이어야 한다.
② 시험체의 표면은 톱질한 표면이나 코아로 채취한 표면 정도로 평편해야 하며, 이보다 거친 표면은 연마분으로 손질하여 사용할 수 있으나, 끌이나 이와 유사한 기구를 사용하여 손질해서는 안 된다.
③ 시료마다 3개 이상의 공시체를 만들어야 한다.

3) 시험방법

(1) 흡수율 시험

① 공시체를 통기장치가 된 건조기 속에서 105±2℃의 온도로 24시간 동안 건조시켜야 한다.
② 건조 후 공시체를 실내에서 30분간 식힌 후 중량을 측정하고, 공시체를 식힌 후 즉시 측정하지 못할 경우에는 데시케이터 속에 저장해야 한다. 무게는 0.1g의 정밀도로 측정한다.
③ 공시체를 20±5℃의 증류수나 여과수 속에서 48시간 동안 침수시킨 후, 이 기간이 끝난면 공시체를 수조에서 동시에 꺼내서 표면을 젖은 헝겊으로 닦아 내고 0.1g의 정밀도로 측정한다.

$$\text{흡수율} = \frac{(B-A)}{A} \times 100$$

여기에서, A : 건조 공시체의 중량(g)

B : 침수 후 공시체의 중량(g)

(2) 비중 시험

① 흡수율 시험에 사용하였던 공시체를 비중시험에 사용할 경우에는 흡수율 시험을 끝낸 직후 포화된 공시체를 온도 20±5℃의 여과수나 증류수 속에 매달고 0.1g의 정밀도로 측정한다.

② 수중에서 공시체를 칭량하는 데는 바스켓이나 〈그림 2.3.1〉과 같은 기구가 좋으며, 바스켓의 무게는 공시체와 무게를 측정하였을 때의 깊이로 넣어 측정해야 한다. 이때, 공시체나 바스켓에 붙은 기포는 측정 전에 제거한다.

③ 공시체의 수중 중량은 공시체와 바스켓이 합쳐진 무게에서 바스켓의 무게를 감하여 구한다.

$$비중 = \frac{A}{(B-C)}$$

여기에서, A : 공시체의 건조무게(g)

B : 공시체의 침수 후 표면건조 포화상태의 공시체의 무게(g)

C : 공시체의 수중 무게(g)

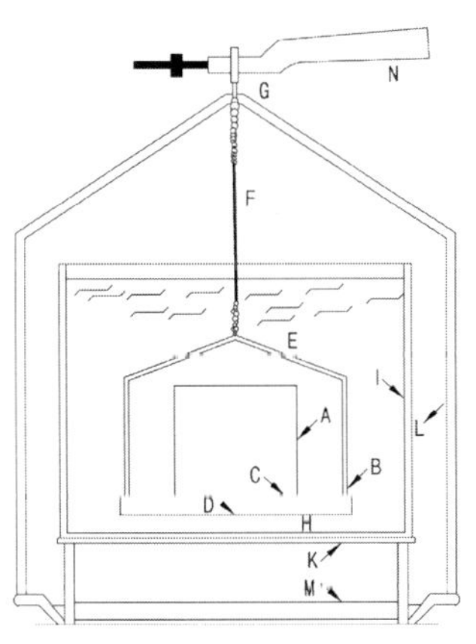

A : 공시체
B : 바스켓
C : 황동환
D : 황동선 바스켓(모든 조인트를 땜질한 것)
E : 황동선 손잡이
F : 황동선으로 된 매다는 줄
G : 저울걸이
H : 바스켓 앞 단면
I : 물 병
J : 수 면
K : 물병 지지대
L : 저울 접시 달기
M : 저울 접시
N : 저울대

〈그림 2.3.1〉 비중 시험 장치

4) 시험결과의 예

시 험 명	석재의 흡수율 및 비중(밀도) 시험결과				
시 험 일	년 월 일				
시험일의 상태	실 온 (℃)	22	습 도 (%)		
시 료	시 료 명	채취장소	채취날짜	제조업체	
	화강암				
시험편의 번호			1	2	3
흡수율	① 건조한 시험체의 무게		325.7	326.1	326.4
	② 흡수휴 표면건조상태의 시험체 무게		326.5	326.8	327.2
	③ 흡수율②-①/①×100(%)		0.25	0.21	0.25
	평균값		0.24		
비중	③ 물 속에서의 철망채와 시험체의 무게		764.7	764.9	765.3
	④ 물 속에서의 철망채의 무게		562.	561.8	562.4
	⑤ 물속에서의 시험체의 무게 (③-④)		202.7	203.1	202.9
	비중 (①/②-⑤)		2.631	2.636	2.626
	평균값		2.631		

2.3.3 압축강도시험

1) 시험의 목적

석재의 압축강도는 비중에 대체로 정비례하여 비중이 클수록 강도가 크다고 알려져 있는데, 이 시험은 천연산 석재의 압축강도를 알기 위해 행한다.

2) 시험기기 및 재료

(1) 압축강도시험기
(2) 석재 절단기 : 톱 혹은 코어채취기
(3) 버니어 캘리퍼스(Vernier calipers)
(4) 금강석
(5) 건조기
(6) 수조
(7) 헝겊
(8) 온, 습도계

〈사진 2.3.3〉 압축강□ 시험기

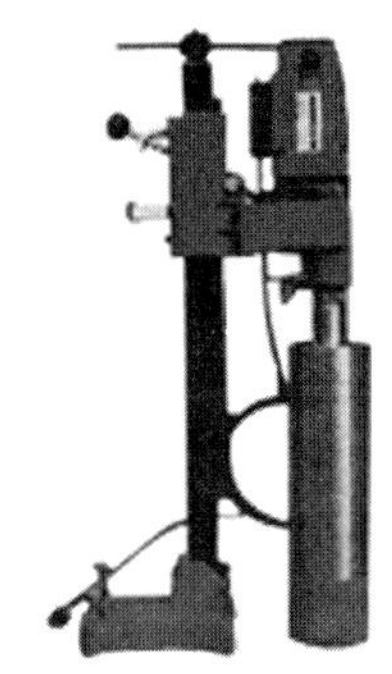

〈사진 2.3.4〉 코어 채취기

① 시료는 석재의 종류에 따라 대표적인 것을 채취하야 하며, 종류에 따라 3개 이상의 공시체를 만들 수 있을 정도의 크기로 채취해야 한다.

② 석재의 성질상 변화가 있다고 인정될 경우에는 그 한계를 가릴 수 있을 정도의 시료를 채취해야 한다.

③ 공시체는 톱이나 코어드릴을 사용하여 직육면체, 사각기둥형 또는 원추형으로 만들어야하며, 하중 지지면이 거의 평행한 것이라야 한다.

④ 공시체의 지름(∅)또는 횡방향 치수(H)는 5㎝ 이상이어야 하며, 높이가 지름 또는 횡방향 치수보다 적어서는 안된다.

⑤ 공시체는 각 종류마다 5개 이상이어야 한다. 만일, 시료를 습윤 및 건조 상태에서 결에 대하여 수직방향으로만 시험할 경우에는 10개 이상의 공시체가 필요하며, 수직 및 평행의 두 방향으로 시험할 경우에는 20개 이상이 필요하다.

⑥ 지지면을 잘 연마한 후, 그 공시체의 하중 지지면과 결의방향을 표시해야한다.

⑦ 공시체의 하중지지면적은 공시체 높이의 중앙부 단면적으로 하면, 정밀도는 길이 0.5㎜, 면적은 0.25㎠로 한다.

3) 시험방법

(1) 건조 상태에서 시험할 공시체는 60±2℃의 온도에서 48시간 건조시켜야 한다.

(2) 습윤 상태에서 시험할 공시체는 22±2℃의 수중에 48시간 담가두었다가 수조에서 꺼낸 즉시 시험해야 한다.

(3) 구면좌로 된 가압판 바로 밑에 평평한 가압판을 놓는다.

(4) 상·하부 가압판과 공시체의 가압면을 깨끗이 닦고 공시체를 하부 가압판 위에 올려놓는다. 이때 공시체의 축이 상부 가압판의 구면좌의 중심에 오도록 해야 한다.

(5) 하중은 충격을 주지 않도록 전단면으로 가해야 한다. 나선식 시험기에 있어서는 기계를 천천히 돌려서 가압판이 약 1㎜/min의 속도로 움직이게 해야 한다.

(6) 최대하중의 절반까지는 하중을 빠른 속도로 가해도 무방하다.

(7) 하중을 공시체가 파괴될 때까지 가압하고, 시험 중에 공시체가 받은 최대 하중을 기록해야 하며, 또 파괴상태도 기록해야 한다.

① 공시체의 압축강도는 다음 식에 따라 계산하고, 시험치는 0.1N/㎟의 정밀도로 구한다.

② 지름(또는 횡방향 치수)에 대한 높이의 비율이 25% 이상이 될 경우에는 그 시험치를 다음 식에 따라 계산한다.

$$C = \frac{W}{A}$$

여기에서, C : 공시체의 압축강도{MPa(=N/㎟)}

W : 공시체의 파괴하중(N)

A : 공시체의 하중지지면(㎟)

$$C_c = \frac{C_P}{0.778 + 0.222(b/h)}$$

여기에서, C_c : 등가 입방공시체로 환산한 압축강도{MPa(=N/㎟)}

C_P : 공시체의 압축강도{MPa(=N/㎟)}

b : 지름 또는 횡방향 치수(㎜)

h : 높이(㎜)

③ 상기와 같이 시험하여 구한 결과에서 〈그림 2.3.2〉의 (a)와 같이 하중을 가한 공시체의 압축강도 평균치는 결에 직각인 방향의 압축강도로 기록하고, (b)와 같이 하중을 가한 공시체의 압축강도 평균치는 결에 평행한 방향의 압축강도로 기록한다.

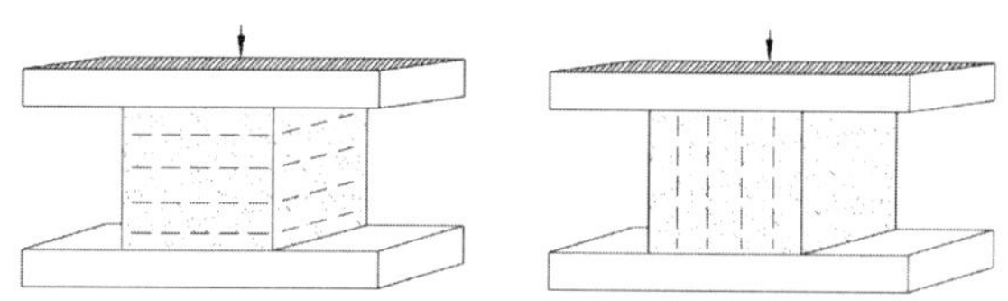

(a) 결에 수직되게 하중을 가할 때　(b) 결에 평행하게 하중을 가할 때
(점선은 결의 방향, 화살표는 하중 방향을 표시한다.)

〈그림 2.3.2〉 결에 따라 하중을 가하는 방법

4) 시험결과의 예

<table>
<tr><td>시 험 명</td><td colspan="6">석재의 압축강도 시험</td></tr>
<tr><td>시 험 일</td><td colspan="6">년 월 일</td></tr>
<tr><td>시험일의 상태</td><td>실 온 (℃)</td><td colspan="2">21</td><td colspan="2">습 도 (%)</td><td></td></tr>
<tr><td rowspan="2">시 료</td><td>시 료 명</td><td colspan="2">채취장소</td><td colspan="2">채취날짜</td><td>제조업체</td></tr>
<tr><td>화강석</td><td colspan="2"></td><td colspan="2"></td><td></td></tr>
<tr><td>흡수율 (%)</td><td colspan="6">0.24</td></tr>
<tr><td>시험체의 모양</td><td colspan="6">입방체</td></tr>
<tr><td>시험체의 건습 상태</td><td colspan="6">건조 상태</td></tr>
<tr><td>시험편의 번호</td><td>1</td><td>2</td><td>3</td><td>4</td><td>5</td><td>6</td></tr>
<tr><td>① 단면적</td><td>127.5</td><td>130</td><td>128.7</td><td>128.7</td><td>127.5</td><td>123.7</td></tr>
<tr><td>② 최대하중</td><td>201,700</td><td>203,650</td><td>206,300</td><td>207,850</td><td>201,200</td><td>193,150</td></tr>
<tr><td>압축강도 ②/① (MPa)</td><td>161.4</td><td>159.7</td><td>163.5</td><td>164.7</td><td>161.0</td><td>159.3</td></tr>
<tr><td>평균 압축강도 (MPa)</td><td colspan="6">161.6</td></tr>
<tr><td colspan="7">※ 비 고
산지의 지명과 위치 :
암석의 등급 및 상호명 :
파괴 형태 :
시험에 사용된 공시체의 크기와 형태 :
공시체를 준비한 방법에 대한 설명서 :</td></tr>
</table>

2.4 시멘트 모르타르

2.4.1 기본 사항

시멘트 모르타르는 시멘트와 모래를 〈표 2.4.1〉의 용적 배합비에 따라 일정비율로 혼합한 후, 물로 반죽한 것을 말한다. 시멘트와 모래만을 섞는 것을 건비빔이라 하는데, 시멘트 모르타르는 필요시마다 우선 넓은 장소에서 건 비빔을 한 후 사용 장소로 옮겨 물을 부어 다시 반죽하여 사용한다.

시멘트 모르타르는 다른 미장재료보다 강도가 크고 내구성이 뛰어나며 내화성, 내수성이 있을 뿐만 아니라 값이 싸고 시공도 비교적 간편하여 미장재료 중 가장 많이 사용되고 있다. 모르타르에는 결합재로 사용한 시멘트 모르타르 이외에도 결합재의 종류에 따라 석회 모르타르, 아스팔트 모르타르, 수지 모르타르, 질석 모르타르 등 여러 가지가 있으나, 보통 모르타르 바르기라 하면 시멘트 모르타르 바르기를 말한다.

시멘트 모르타르에 사용하는 모래는 유해한 먼지나 흙, 유기불순물, 염화물 등이 섞이지 않은 깨끗한 것을 사용하여야 하며, 내구성, 내화학성이 있는 것으로 모래의 입도는 〈표 2.4.2〉의 표준 입도표를 기준으로 하여 가능한 최대 크기가 큰 것을 사용해야 좋은 모르타르를 제조할 수 있다.

다만 모래입자의 최대크기는 바름 두께의 1/2이하로 한다. 시멘트 모르타르는 시멘트, 모래 이외에도 사용목적 및 용도에 따라 각종 혼화재료를 혼합하여 사용하기도 한다.

〈표 2.4.1〉 시멘트 모르타르 용적 배합비

바탕	바름	초벌바름	라스먹임	고름질	재벌바름	정벌바름
	부분	시멘트 : 모래	시멘트 : 모래	시멘트 : 모래	시멘트 : 모래	시멘트 : 모래
콘크리트벽, 콘크리트블록 및 벽돌면	바닥	-	-	-	-	1 : 3 : 0
	내벽	1 : 3	1 : 3	1 : 3	1 : 3	1 : 3 : 0.3
	천장	1 : 3	1 : 3	1 : 3	1 : 3	1 : 3 : 0
	차양	1 : 3	1 : 3	1 : 3	1 : 3	1 : 3 : 0
	외벽	1 : 2	1 : 2	1 : 2	-	1 : 2 :0.5
	기타	1 : 3	1 : 2	-	-	1 : 2 : 0.5
각종 라스바탕	내벽	1 : 3	1 : 3	1 : 3	1 : 3	1 : 3 : 0.3
	천장	1 : 3	1 : 3	1 : 3	1 : 3	1 : 3 : 0.5
	차양	1 : 3	1 : 3	1 : 3	1 : 3	1 : 3 : 0.5
	외벽	1 : 2	1 : 2	1 : 3	1 : 3	1 : 3 : 0
	기타	1 : 3	1 : 3	1 : 3	1 : 3	1 : 3 : 0

여기에 사용되는 혼화재료로는 착색, 표면의 미려함을 위하여 사용되는 색모래와 종석, 특수 목적을 위하여 혼합하는 감수제, 방수제와 같은 합성주지계 혼화제와 소석회, 포졸란, 돌로마이트 플라스터와 같은 무기질계 혼화재가 있으며, 단열이나 방음 등을 위하여 펄라이트나 질석, 경량 단열 골재 등이 사용되기도 한다.

<표 2.4.2> 시멘트 모르타르용 모래의 표준입도

체공칭치수(mm) / 입도의 종별	체를 통과한 모래의 중량 백분율(%)					
	0.15	0.3	0.6	1.2	2.5	5
A종	2~10	10~35	25~65	50~90	80~100	100
B종	2~10	15~45	35~80	70~100	100	-
C종	5~15	20~60	45~90	100	-	-
D종	5~15	15~35	40~70	65~90	80~100	100

A종 : 바닥 모르타르 바름용, 시멘트 모르타르 바름용, 돌로마이트 플라스터 바름의 정벌용, 재벌바름용, 회반죽바름의 초벌바름용, 고름질용, 재벌바름용 등
B종 : 시멘트 모르타르 바름의 정벌바름용, 석고 플라스터의 초벌바름용, 고름질 및 재벌바름용, 회반죽바름의 초벌바름용, 고름질용, 재벌비름용 등
C종 : 시멘트 모르타르 바름 정벌바름용, 시멘트 모르타르 얇게 바름용, 회반죽의 고름질용 등
D종 : 시멘트 모르타르의 압송용, 뿜칠용

특히, 요즘에는 현장에서 배합작업을 할 경우 품질관리에 어려움이 있고 작업 또한 번거로우므로 공장에서 미리 사용목적에 맞게 시멘트, 모래, 혼화재료 등을 배합하여 현장에서는 적당량의 물만 혼합하여 사용할 수 있도록 만든 기성배합 시멘트 모르타르도 많이 생산되고 있다.

이러한, 기성배합 시멘트 모르타르는 기배합 모르타르 또는 건조모르타르라고도 하며, 현장에서의 간소함, 현장인력의 부족함 등의 이유로 요즘 그 사용량은 점차로 증가하고 있는 추세이다. 본서에서는 현장에서 물만 첨가하여 사용되어지는 프리믹스 타입의 건조모르타르에 대한 시험항목 중 강도특성시험에 대한 내용을 정리하였다.

1) 시험의 목적

건조모르타르는 공장에서 기조합되어 현장에서 물만을 혼합하여 사용하는 것으로서 강도특성 시험은 크게 압축강도 및 휨강도, 부착강도로 구분할 수 있으며, 이들 시험은 기 배합되는 모르타르의 기초적인 물성을 판단할 수 있는 자료로서 활용되고 있다.

2) 시험기기 및 재료

(1) 압축강도 시험기
(2) 휨 강도 시험기
(3) 건연식 부착강도 시험기
(4) 어태치먼트(40×40mm)
(5) 접착제
(6) 상・하부 인장용 지그(강철제)
(7) 몰드(압축강도 40×40×160mm의 휨강도 시험을 실시한 시험편 또는 50×50mm의 입방체, 휨강도 40×40×160mm)
(8) 부착강도 측정을 위한 70×70×20mm 이상의 바탕체

3) 시험방법

(1) 압축강도 시험

압축강도 시험은 1.1.6의 수경성 시멘트의 압축강도 시험방법의 제작, 성형, 시험에 준하여 실시한다.

(2) 휨 강도 시험

휨 강도 시험은 1.1.6의 수경성 시멘트의 압축강도 시험방법의 제작, 성형, 시험에 준하여 시험하며, 지간의 거리를 100㎜로 하고, 시험체의 중앙을 매초 50±10N의 속도로 재하하여 최대하중을 구한 뒤, 다음의 식에 의하여 계산한다.

$$Q = P \times 0.00234$$

여기에서, Q : 휨 강도(N/㎟)

P : 최대 하중(N)

(3) 부착강도 시험

① 제작된 바탕체 위에 시험할 재료를 두께 10㎜로 윗면을 평탄하게 마무리하여 성형 후 표준수중양생 조건에서 소정의 재령 일까지 양생한다.

② 양생된 시험체의 표면의 물기를 제거한 후, 시험면 표면에 접착제를 도포한 후 어테치먼트를 부착하여 완전히 경화되어 부착될 때까지 24시간 정도를 정치한다.

③ 접착제가 완전히 경화되면 어테치먼트의 4면을 소형의 핸드그라인더 등을 사용하여 시험할 재료의 두께까지 컷팅한다.

④ 부착력테스트기의 앵커부를 어테치먼트와 결합시킨 후, 연직방향으로 하중을 1,500~2,000N/min의 속도로 잡아당겨 긴장되지 않는 측정값을 다음의 식으로 계산한다.

$$F = \frac{P}{A}$$

여기에서, F : 부착강도 (N/min)

P : 최대 인장하중

A : 면적

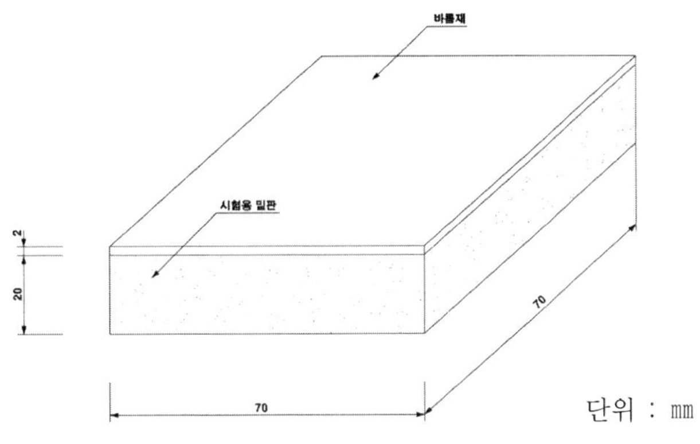

〈그림 2.4.1〉 시험체 제작

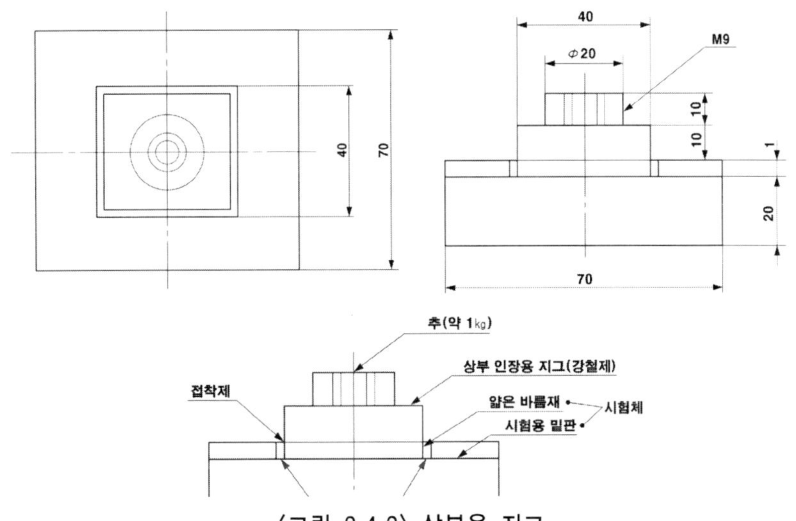

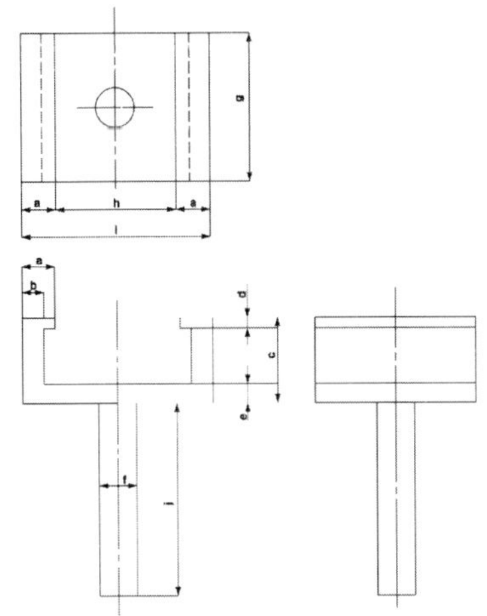

부 위	치 수	부 위	치 수
a	17	f	18
b	10	g	75
c	45	h	58
d	5	i	92
e	10	j	100

〈그림 2.4.3〉 하부용 지그

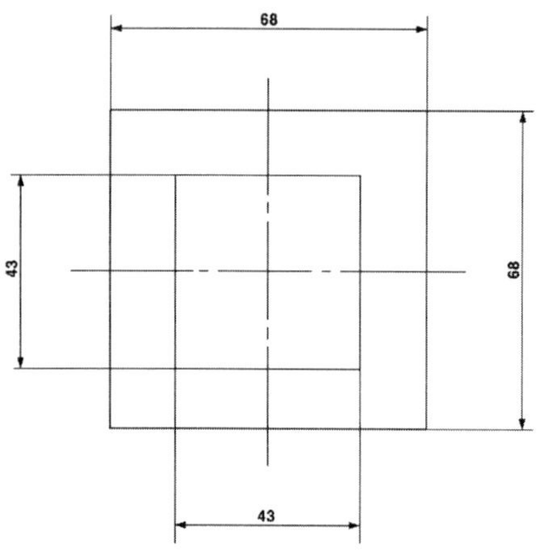

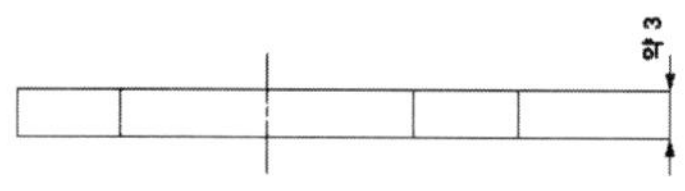

〈그림 2.4.4〉 강철 받침판

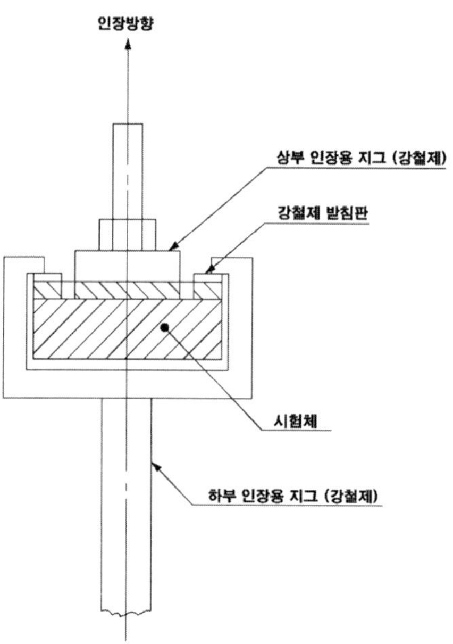

〈그림 2.4.5〉 부착강도 시험 예

4) 시험결과의 예

시멘트 모르타르의 강도특성 시험결과					
시 험 일		년 월 일			
시험일의 상태		실 온 (℃)		습 도 (%)	
시 료		시 료 명	채취장소	채취날짜	제조업체
		폴리머 시멘트모르타르			
배치 재료질량(kg)			폴리머시멘트 모르타르		물
			20 (100%)		3.2 (16%)
재령(일)			3	7	28
휨 강도	최대하중 (N)	1	1792	2859	4480
		2	1757	3072	4075
		3	1600	2944	4702
	휨강도 (N/㎟)	1	4.20	6.70	10.50
		2	4.12	7.20	9.55
		3	3.75	6.90	11.02
	휨강도 평균값 (N/㎟)		4.02	6.93	10.36
압축강도	최대하중 (N)	1	41760	55360	81920
		2	40320	56800	83200
		3	39680	51200	79680
		4	43200	53120	81280
		5	42560	55200	83200
		6	41280	56160	81760
	압축강도 (N/㎟)	1	26.1	34.6	51.2
		2	25.2	35.5	52.0
		3	24.8	32.0	49.8
		4	27.0	33.2	50.8
		5	26.6	34.5	52.0
		6	25.8	35.1	51.1
	압축강도 평균값 (N/㎟)		25.92	34.15	51.15
부착강도	최대하중 (N)	1	1408	2112	3392
		2	1472	2000	3328
		3	1360	2416	3600
	부착강도 (N/㎟)	1	0.88	1.32	2.12
		2	0.92	1.25	2.08
		3	0.85	1.51	2.25
	부착강도 평균값 (N/㎟)		0.88	1.36	2.15

2.5 건축용 보드류

2.5.1 기본 사항

건축용으로 사용되어지고 있는 보드류는 상당히 많은 종류가 있으며, 다양한 개소에 적용되어지고 있으나, 본서에서는 마감재료로서의 보드류에 대하여 설명하고 특히, 내부마감재로서 사용되는 보드류의 대부분은 석고보드가 주류를 이루고 있는 실정이다.

석고 보드(gyoaum board)는 석고($CaSO_4 \cdot 2H_2O$)를 약 200℃로 가열하여 결정수를 탈수시킨 소석고(반수석고)가 주원료로 되며, 이것에 혼화제를 넣은 물로 반죽하여 강인한 보드용 원지사이에 넣어 안정된 결정상태의 석고로 환원시켜 판상으로 제조한 것이다.

용도별로 구분한 석고 보드의 종류는 〈표 2.5.1〉와 같고, 석고 보드의 규격은 〈표 2.5.1〉과 같다.

〈표 2.5.1〉 석고 보드의 규격

너비(㎜)	길이(㎜)	두께(㎜)
600	2,420	9, 12, 15
900	2,420 2,730	
910	1,820 2,420 2,730	
1200	2,420	

1) 석고보드의 종류

(1) 내부 마감용

평판석고(regular gypsum board, KS F 3504), 보통 석고 보드로서 실내의 벽 및 천장에 설치하여 페인트칠, 벽지바름 등의 바탕이 되는 판.

(2) 내부 바탕용

① 바탕 석고 보드(backer board) : 흡음판, 합판 패널링(paneling), 치장벽 패널 등을 설치하기 위한 바탕이 되는 뒷댐판.

② 미장 바탕 석고 보드(plaster base, KS F 3505) : 미장공사용으로 일명 석고라스(lath) 보드라 한다.

③ 타일 바탕 석고 보드(tile backer board) : 타일 붙이기의 바탕이 되는 판.

(3) 외부 바탕용

외장용(sheathing) 석고 보드 외벽 등의 마감재(외단열 감, 벽돌, 비늘판벽)의 바탕이 되는 판.

(4) 지붕용

루프 보드(roof board), 비구조적 열차단재로서 피막방수(membrane water proofing)의 바탕이 되는 판.

(5) 방습용

판 뒷면에 방습용 박(箔 : Foil)을 입혀 실내의 벽, 천장에 사용하는 판.

(6) 방수용

표면에 페인트칠이 가능한 방수 석고 보드(water resistant board).

(7) 흡음용

① 흡음용 구멍 석고 보드 : 평 석고 보드에 흡음용 구멍을 뒷면까지 관통하여 뚫은 판

② 치장 석고 흡음판 : 흡음용 구멍 석고 보드의 표면을 치장 가공한 판.

③ 특수 석고 흡음판 : 흡음용 구멍 석고 보드의 뒷면에 암면 또는 유리솜 펠트를 붙인 판.

(8) 방화용

미국에서 타입 엑스(type X) 석고 보드로 부른다.

① 무기섬유강화 석고 보드(KS F 3515) : 무기섬유와 석고를 심재로 한 방화성능이 높은 판

② 불연 석고 적층판 : 불연성 보드용 원지를 표면에 붙인 판.

(9) 외부처마 반자용

직사광선을 받지 않는 처마 반자, 지붕만 있는 간이 차고 등의 천장에 사용하는 옥외에 면한 구조물의 밑면에 사용하는 판.

(10) 치장용

치장용 석고 보드(KS F 3506), 표면원지에 미리 인쇄한 보통판 또는 평석고 보드에 치장 가공한 종이나 플라스틱시트를 붙인 판.

〈표 2.5.2〉 석고 보드의 종류

종 류	기호	비 고	용도
석고 보드	GB-R	석고 보드 제품의 표준적인 것	벽 및 천장의 기초재
방수 석고 보드	GB-S	양면 보드용 원지 및 심의 석고에 방수처리를 한 것	부엌, 욕실 등 실내의 다습한 장소의 벽, 천장 및 외벽의 기초재
방화 석고 보드	GB-F	석고 보드의 심에 무기질 섬유 등을 혼입한 것.	벽 및 전장의 기초재, 방화·내화구조 등의 구성재
석고 라스 보드	GB-L	석고 보드의 표면에 직사각형의 오목부를 붙인 것.	석고 플라스터의 내부 기초재
치장 석고 보드	GB-D	석고 보드의 표면을 치장 가공한 것.	벽 및 천장의 마감재

2.5.2 함수율 시험

1) 시험의 목적

석고보드는 함수율이 적을수록 석고보드의 단열성과 결로 방지성능이 우수하므로 내부마감재로서 사용되는 석고보드의 함수율은 중요하다.

2) 시험기기 및 재료

(1) 시험 기구 : 1g의 정밀도를 가진 것
(2) 40±2℃를 유지할 수 있는 건조기
(3) 시료 : 400×300㎜ 3장

3) 시험방법

(1) 건조 전 질량(m_0)을 1g의 정밀도로 측정한다.
(2) 시험편은 온도 40±2℃로 조정한 건조기 속에서 항량이 될 때까지 건조한 후, 질량(m_1)을 측정한다.

$$\text{흡수율}(\%) = \frac{m_0 - m_1}{m_0} \times 100$$

여기에서, m_0 : 건조 전의 무게(g)
m_1 : 건조 후의 무게(g)

4) 시험결과의 예

함수율 시험결과				
시 험 일	년 월 일			
시험일의 상태	실 온 (℃)	20	습 도 (%)	
시 료	시 료 명	채취장소	채취날짜	제조업체
	일반 석고보드			
시험편의 번호	1	2	3	
건조 전(g)	572.48	592.93	594.98	
건조 후(g)	558.12	579.15	581.71	
함수율(%)	2.57	2.38	2.28	

2.5.3 휨 파괴 하중 시험

1) 시험의 목적

재료의 사용 또는 취급 중에 발생될 수 있는 휨 하중에 견디는 능력을 평가하는 시험이다.

2) 시험기기 및 재료

(1) 시료(표면을 위로하여, 시료의 거의 중앙에서 시험편에 영향을 주지 않도록 절단하여 채취하여, 시험편은 온도 40±2℃로 조정한 건조기 속에서 항량이 될 때까지 건조시킨 것)
(2) 시험기는 하중 속도를 250N/분±20%로 제어할 수 있는 UTM

〈표 2.5.3〉 시험편의 크기 및 개수

시험항목		시험편의 크기 ㎜		1장의 판에서 채취하는 시험편의 수	시험편의 개수
		길이	나비		
휨 파괴하중	길이방향	400	300	1	3
	나비방향	300	400	1	3
	건 조 시	400	300	1	3
	습 윤 시	400	300	1	3

3) 시험방법

(1) 시험편을 온도 40±2℃로 조정한 건조기 속에서 항량이 될 때까지 건조한다.
(2) 시험편을 건조한 후, 즉시 휨 강도 시험을 실시하며, 길이 방향은 시험편의 표면을 아래 방향으로, 나비 방향은 표면을 위 방향으로 하여 〈그림 2.5.1〉과 같이 스팬은 350㎜로 하고, 집중하중을 스팬 중앙의 전체 나비에 평균 하중 속도는 250N/분±20%로 가한다.
(3) 석고 라스 보드는 오목부를 붙인 면을 윗면으로 하고, 오목부면이 스펜의 중앙에 오게 한 후 시험한다.

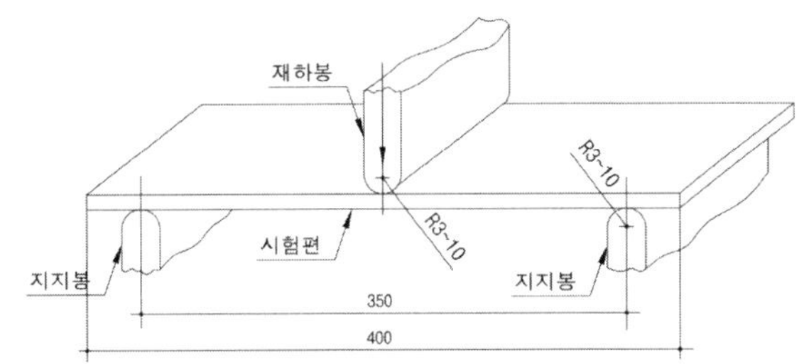

〈그림 2.5.1〉 휨 파괴 하중 시험편의 보기 (단위 : ㎜)

(4) 방수 석고 보드의 습윤 시 휨 파괴 하중 시험은 ①에 따라 항량이 될 때까지 건조시킨 시험편을 미리 온도 40±2℃, 상대 습도 85~90%로 조정한 항온 항습기에서 96시간 정치한 후 시험편을 꺼내어 시험한다.
(5) 표면에 형 눌림 가공한 치장 석고 보드는 치장면을 위로 하여 시험한다.

4) 시험결과의 예

<table>
<tr><td colspan="6">휨 파괴 하중 시험결과</td></tr>
<tr><td colspan="2">시 험 일</td><td colspan="4">년 월 일</td></tr>
<tr><td colspan="2">시험일의 상태</td><td>실 온 (℃)</td><td>20</td><td>습 도 (%)</td><td></td></tr>
<tr><td colspan="2" rowspan="2">시 료</td><td>시 료 명</td><td>채취장소</td><td>채취날짜</td><td>제조업체</td></tr>
<tr><td>일반 석고보드</td><td></td><td></td><td></td></tr>
<tr><td colspan="2">시험편의 번호</td><td>1</td><td colspan="2">2</td><td>3</td></tr>
<tr><td rowspan="2">휨 파괴 하중(N)</td><td>길이방향</td><td>42.93</td><td colspan="2">43.77</td><td>43.34</td></tr>
<tr><td>나비방향</td><td>41.86</td><td colspan="2">42.17</td><td>35.58</td></tr>
</table>

2.5.4 충격 시험

1) 시험의 목적

시료가 외부의 충격에 얼마나 견딜 수 있는지 보는 실험으로서 방화 석고 보드와 치장 석고 보드만을 시험한다.

2) 시험기기 및 재료

(1) 시료의 크기는 40×30cm로 하여 모래 위 전면 지지로 한다.
(2) 시험에 사용하는 추는 구형 추(W2-500, 530g, 지름 51㎜)를 사용하며 낙하 높이는 표에 따른다.

〈표 2.5.4〉 추의 낙하 높이

시험편의 두께(㎜)	강구의 낙하 높이(㎜)	
	방화 석고 보드	치장 석고 보드
9.5	–	500
12.5	650	600
15.0	800	700
25.0	1000	–

3) 시험방법

(1) KS L 5100에 규정하는 표준 모래 혹은 1.2㎜ 체를 통과한 건조 상태의 하천 모래 위에 시험편을 수평으로 놓는다.
(2) 추를 시험체 중앙의 연직 위에서 자연 낙하 시킨 후 파괴 상황 등을 관찰한다. 추의 낙하높이는 추의 하단에서 시험체 윗면까지의 거리로 한다.
(3) 시험을 마친 시험체의 오목부의 지름이 25㎜ 이하이고 균열이 관통하지 않아야 한다.

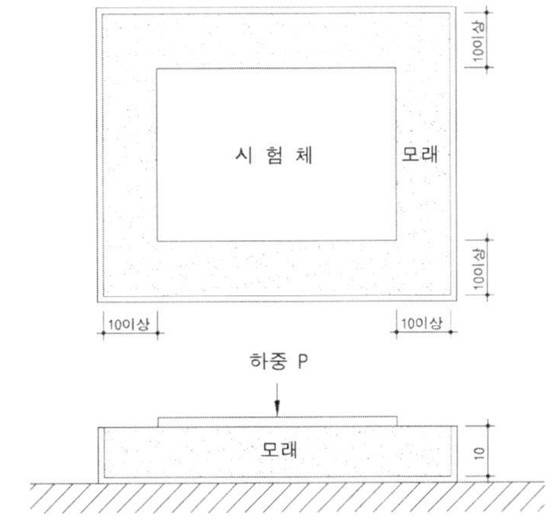

〈그림 2.5.2〉 모래 위 전면지지 장치 (단위 : ㎜)

4) 시험결과의 예

충격 시험				
시 험 일	년 월 일			
시험일의 상태	실 온 (℃)	20	습 도 (%)	
시 료	시 료 명	재취상소	재취날싸	세소업제
	방화 석고보드			
시험편의 번호	1	2	3	
낙하높이 650㎜	이상 없음	이상 없음	이상 없음	
판 정	이상 없음			

2.5.5 흡수 시험

1) 시험의 목적

본 시험은 기본물성이 되는 방수성능을 전 흡수율과 표면 흡수량으로 방수 석고 보드의 성능을 평가하는 지표가 되는 시험이다.

2) 시험기기 및 재료

(1) 0.1g의 정밀도를 가진 저울, 안지름이 60㎜인 높이 100㎜의 유리관 또는 금속관,
(2) 실링재
(3) 방수 석고 보드로 전 흡수율 시험편의 크기는 300×300㎜, 표면 흡수량 시험편은 100×100㎜으로 한다.

3) 시험방법

(1) 전 흡수율 시험
① 시험편을 40±2℃로 조정한 건조기 속에서 항량이 될 때까지 건조한다.
② 건조 직후 시험편의 질량(m_0)을 1g의 정밀도를 가진 저울로 무게를 측정한다.
③ 시험편을 20±3℃ 의 물속 수면 아래 약 3㎝ 위치에 수평으로 놓고 2시간 정치한 후 꺼내어 시험편 표면에 묻어 있는 수분을 닦아 내고 시험편의 질량(m_2)를 측정한다.

(2) 표면 흡수량
① 시험편을 40±2℃로 조정한 건조기 속에서 항량이 될 때까지 건조한다.
② 건조 직후 시험편의 질량(m_0)을 1g의 정밀도를 가진 저울로 무게를 측정한다.
③ 그 후 〈그림 2.5.3〉과 같이 표면이 위로 오도록 하여 수평으로 유지하고, 그 윗면에 안지름 약 60㎜의 유리관 또는 금속관을 놓고, 시험편과 접하는 부분의 바깥 둘레 부위를 실링재를 사용하여 물이 새지 않도록 막는다.
④ 다음에 유리관 또는 금속관에 높이 50㎜가 되도록 20±3℃의 물을 넣고 그 상태에서 그대로 3시간을 놓아둔다.
⑤ 정해진 시간 경과 후 유리관 또는 금속관 안에 물을 짠 헝겊으로 시험편 표면에 묻어 있는 수분을 가볍게 닦아 내고, 시험편의 질량(m_3)을 0.1g의 정밀도로 측정한다.

$$\text{전 흡수율(\%)} = \frac{m_2 - m_0}{m_0} \times 100$$

$$\text{표면 흡수량(g)} = m_3 - m_0$$

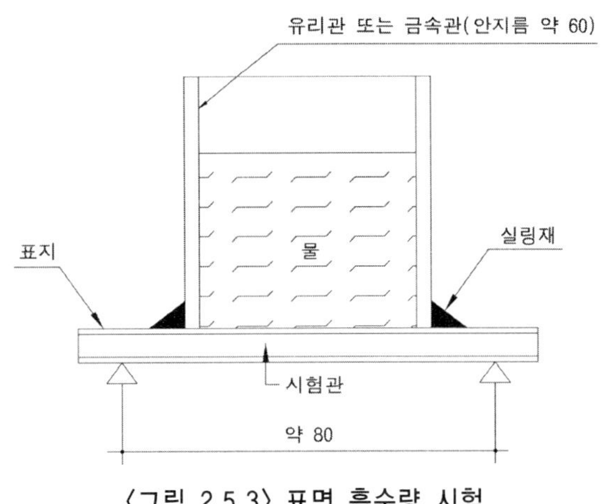

〈그림 2.5.3〉 표면 흡수량 시험

4) 시험결과의 예

(1) 전 흡수율(%)

흡수율 시험결과					
시 험 일	년 월 일				
시험일의 상태	실 온 (℃)	20		습 도	
시료	시 료 명	채취장소		채취날짜	제조업체
	방수 석고보드				
시험편의 번호	1		2		3
흡수전(g)m_0	432.71		430.24		431.31
흡수후(g)m_2	511.90		508.96		507.46
흡수율(%)	18.30		18.30		17.66

(2) 표면 흡수량(g)

표면 흡수량 시험결과					
시 험 일	년 월 일				
시험일의 상태	실 온 (℃)	20		습 도	
시 료	시 료 명	채취장소		채취날짜	제조업체
	방수 석고보드				
시험편의 번호	1		2		3
흡수전(g)m_0	141.56		135.32		140.22
흡수후(g)m_2	142.31		136.11		141.01
흡수율(%)	0.75		0.79		0.79

2.6 열경화성 수지 천장판

2.6.1 기본사항

현재까지 개발된 천장 소재 중 다양한 요구기능을 고루 충족하고 있는 것으로는 암면 천장재이지만, 석고시멘트 등에 비해 가격이 비교적 고가인 관계로 고급용 빌딩에만 적용되고 있는 실정이다.

또한, 최근 들어 경제성, 원재료 구성의 환경 조건 및 소비자의 다양한 패턴 요구 등의 장점으로 열경화성 수지 천장판 제품을 사용하고 있다.

열경화성 수지 천장재는 문양 및 디자인개발에 있어서 탁월한 성형성의 장점을 바탕으로 하여, 기존의 평판무늬 패턴에서 벗어나 홈파기, 조각, 부착, 성형 등의 다양한 무늬 개발이 지속되고 있으며 상업 건물, 주거용(APT)등 모든 건물에서 사용되고 있다.

① 습기, 물에 특히 강하다.
② 부식, 변형, 변색에 강하다.
③ 열 변형온도가 높아 200℃ 이상의 열에 견딜 수 있다.
④ 절연저항, 내 아크성이 우수하다.
⑤ 먼지 등의 오염에 대하여 세척이 용이하다.
⑥ 조립식 공법으로 보수 및 교체가 용이하다.
⑦ 제품의 색상 및 문양이 다양하다.
⑧ 기계적 강도가 우수하다.

2.6.2 인장강도

1) 시험의 목적

열경화성 수지 천장판의 기본적인 품질 성능인 인장강도 시험을 통해 천장재로서 사용되는 열경화성 수지의 휨 응력에 대한 품질을 확인할 수 있도록 한다.

2) 시험기기 및 재료

(1) 인장 시험기 : 매분 5㎜±10% 로 조절이 가능한 것.
(2) 시험편 : 〈그림 2.6.1〉 과 같은 1호형 시험편을 이용하여 시험한다.

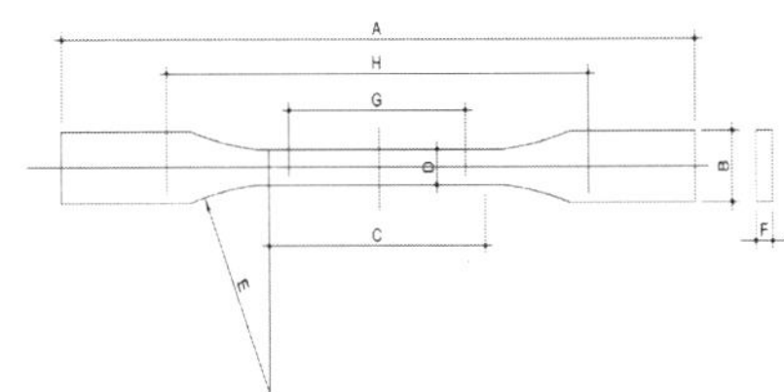

A : 전체 길이	150	E : 어깨 둥글기의 반지름(최소)	60
B : 양 끝 나비	20±0.5	F : 두께	1~10
C : 평행 부분의 길이	60±0.5	G : 눈금 간 거리	50±0.5
D : 평행 부분의 나비	10±0.5	H : 그립 간 거리	115±5

〈그림 2.6.1〉 1호형 시험편(단위 : ㎜)

3) 시험방법

(1) 시험편의 섬유 방향을 고려하여 제품의 길이 및 나비 방향별로 5개씩을 제품의 평활한 부분에서 채취한다.
(2) 시험편을 인장시험기에 부착하고 매분 5㎜±10%의 속도로 인장한다.
(3) 길이 및 나비방향 각각의 인장강도 값의 평균값을 구하여 이중 작은 값을 인장강도의 결과값으로 한다.

$$\sigma = \frac{P}{t \times b}$$

여기에서, σ : 인장강도(N/㎟)
P : 인장 최대 하중(N)
t : 시험편의 두께(㎜)
b : 시험편의 나비(㎜)

4) 시험결과의 예

<table>
<tr><td colspan="8">인장강도 시험결과</td></tr>
<tr><td colspan="2">시 험 일</td><td colspan="6">년 월 일</td></tr>
<tr><td colspan="2">시험일의 상태</td><td>실 온 (℃)</td><td colspan="2">20</td><td colspan="2">습 도 (%)</td><td></td></tr>
<tr><td colspan="2" rowspan="2">시료</td><td>시 료 명</td><td colspan="2">채취장소</td><td colspan="2">채취날짜</td><td>제조업체</td></tr>
<tr><td></td><td colspan="2"></td><td colspan="2"></td><td></td></tr>
<tr><td colspan="2">시험편의 번호</td><td colspan="2">1</td><td colspan="2">2</td><td colspan="2">3</td></tr>
<tr><td rowspan="4">길이방향</td><td>두께(㎜)</td><td colspan="2">4.05</td><td colspan="2">4.03</td><td colspan="2">4.01</td></tr>
<tr><td>나비(㎜)</td><td colspan="2">1.20</td><td colspan="2">1.20</td><td colspan="2">1.20</td></tr>
<tr><td>최대하중(N)</td><td colspan="2">154.84</td><td colspan="2">143.08</td><td colspan="2">159.74</td></tr>
<tr><td>인장강도(N/㎟)</td><td colspan="2">31.9</td><td colspan="2">29.6</td><td colspan="2">33.2</td></tr>
<tr><td rowspan="4">나비방향</td><td>두께(㎜)</td><td colspan="2">4.03</td><td colspan="2">4.01</td><td colspan="2">4.02</td></tr>
<tr><td>나비(㎜)</td><td colspan="2">1.20</td><td colspan="2">1.20</td><td colspan="2">1.20</td></tr>
<tr><td>최대하중(N)</td><td colspan="2">136.22</td><td colspan="2">152.88</td><td colspan="2">128.38</td></tr>
<tr><td>인장강도(N/㎟)</td><td colspan="2">28.2</td><td colspan="2">31.8</td><td colspan="2">26.6</td></tr>
</table>

2.6.3 내끓임성 시험

1) 시험의 목적

수영장, 사우나 등 고온다습한 환경에 사용되어지는 경우를 고려하여 내습, 내수 내열 저항성을 평가하는 실험이다.

2) 시험기기 및 재료

(1) 시험기구 : 100℃ 이상으로 유지할 수 있는 항온수조.
(2) 시료 : 1장의 시료에서 50×50㎜의 크기로 3장을 잘라내고 절단면을 A400번 연마지로 매끈하게 연마한다.

3) 시험방법

시험편 3장을 깨끗한 끓는 물 속에 서로 겹치지 않도록 완전히 잠기게 하여 2시간±5분 동안 유지한 후, 꺼내어 실온(20±5℃)으로 유지한 물 속에 15분 동안 냉각시킨다.

4) 시험결과의 예

<table>
<tr><td colspan="5">내끓임성 시험결과</td></tr>
<tr><td>시 험 일</td><td colspan="4">년 월 일</td></tr>
<tr><td rowspan="2">시험일의 상태</td><td>실 온 (℃)</td><td></td><td>습 도 (%)</td><td></td></tr>
<tr><td>20</td><td></td><td></td><td></td></tr>
<tr><td rowspan="2">시 료</td><td>시 료 명</td><td>채취장소</td><td>채취날짜</td><td>제조업체</td></tr>
<tr><td></td><td></td><td></td><td></td></tr>
<tr><td>시험편의 번호</td><td>1</td><td colspan="2">2</td><td>3</td></tr>
<tr><td>겉모양</td><td>이상없음</td><td colspan="2"></td><td></td></tr>
<tr><td>색상 변화</td><td>이상없음</td><td colspan="2"></td><td></td></tr>
</table>

2.6.4 내후성 시험

1) 시험의 목적

다양한 색조를 장점으로 하는 열경화성 수지 천장판의 시공 후, 변색에 대한 내구성 실험으로 인공 광에 의한 촉진 노출에 따른 내후성을 평가하는 시험이다.

2) 시험기기 및 재료

(1) 시험기구 : 션샤인 카본아크 내후성 시험기(WS형) 또는 자외선 카본아크 내후성 시험기(WV형)
(2) 시험편 : 150㎜×70㎜×제품의 임의 두께(㎜)

3) 시험방법

(1) 내후성 시험은 션샤인 카본아크 내후성 시험기(WS형) 또는 자외선 카본아크 내후성 시험기(WV형)으로, 〈표 2.6.1〉에 따라 시험한다.
(2) 이 경우 스프레이 사이클은 120분 중 18분으로 하고, 블랙 패널 온도는 63±3℃, 상대습도는 (45±5)%로 한다.

〈표 2.6.1〉 내후성 시험 및 평가 방법

종류	시험 시간	평가 항목	평가 방법
내장용	WV : 500시간 또는 WS : 250시간	겉모양 색상 변화	겉모양 및 색상변화를 눈으로 조사한다.
외장용	WV : 1000시간 또는 WS : 500시간		

4) 시험결과의 예

내후성 시험결과				
시 험 일	년　월　일			
시험일의 상태	실 온 (℃)	20	습 도 (%)	
시료	시 료 명	채취장소	채취날짜	제조업체
시험편의 번호	1	2	3	
겉모양	이상없음	이상없음		
색상 변화	4급	4급		

2.6.5 변온 내구성 시험

1) 시험의 목적

열경화성 수지 천장판이 차가운 외기 및 뜨거운 고온에 접하는 장소에 사용되었을 때의 기온변화에 대한 안정성을 시험이다.

2) 시험기기 및 재료

(1) 시험기 : -20±2℃에서 60±3℃까지 자동 변온 가능한 항온 항습기
(2) 인장강도 시험기
(3) 시험편 : 300×300㎜ 크기로 한다.

3) 시험방법

(1) 변온 내구성 시험은 시험편을 순환형 강제식 항온조 안에서 다음과 같은 냉열 과정을 5회 반복한다.
(2) 23±2℃로 12시간 이상 방치한 후 인장 강도 변화율, 겉모양 및 색상 변화를 조사한다.
(3) 이 때 시험편은 지름 약 50㎜의 원형봉으로 네 모서리를 바닥으로부터 100㎜이상 받쳐 놓은 상태로 시험한다.

온도 23±2℃	→	온도 -20±2℃	→	온도 23±2℃	→	온도 60±2℃
1시간		6시간		1시간		16시간

(4) 인장 강도 변화율은 변온 내구성 시험을 하지 않은 기준용 시험편과 변온 내구성 시험을 행한 시험편의 인장강도 값을 인장강도 시험에 따라 각각 구한다.
(5) 변온내구성 시험은 시험을 마친 후 겉모양 및 색상 변화를 조사하며, 인장 강도 변화율은 다음 식에 의하여 계산한다.

$$\Delta\sigma = \frac{\sigma_1 - \sigma_0}{\sigma_0} \times 100$$

여기에서, $\Delta\sigma$: 인장 강도 변화율(%)
σ_0 : 시험 전 인장 강도(N/㎟)
σ_1 : 시험 후 인장 강도(N/㎟)

4) 시험결과의 예

변온 내구성 시험결과					
시 험 일		년 월 일			
시험일의 상태		실 온 (℃)	20	습 도 (%)	
시 료		시 료 명	채취장소	채취날짜	제조업체
시험편의 번호		1		2	3
길이방향	두께(㎜)	4.04		4.03	4.01
	나비(㎜)	1.20		1.20	1.20
	최대하중(N)	147.98		145.04	134.26
	인장강도(N/㎟)	30.5		30.0	27.9
나비방향	두께(㎜)	4.02		4.03	4.02
	나비(㎜)	1.20		1.20	1.20
	최대하중(N)	135.24		144.06	164.64
	인장강도(N/㎟)	28.0		29.8	34.1
겉모양		이상 없음			
색상변화		2급			

2.7 실링재

2.7.1 기본 사항

실(seal)재란 퍼티, 코킹, 실링재, 실런트 등의 총칭으로서, 건축물의 프리패브(prefab)공법, 커튼월 공법 등의 공장 생산화가 추진되면서 더욱 주목받기 시작한 재료이다. 사용 시에는 페이스트 상태의 유동성이 있는 재료이나 공기 중에서 경화하여 탄성이 풍부하고 고무상의 고화체가 되며, 접착력이 크고, 수밀성과 기밀성이 풍부하여 창호, 조인트의 충전재로서 가장 적당한 재료이다.

〈표 2.7.1〉 건축용 실링재 분류

건축용 실링재 분류			
부정형		정형	
2성분형	1성분형	비탄성형	탄성형
반응 경화 - 실리콘계 - 변성실리콘계 - 폴리 설파이드계 - 아크릴 우레탄계 - 풀리 우레탄계	습기경화 - 실리콘계 - 변성 실리콘계 - 폴리 설파이드계 - 폴리 우레탄계 산소경화 - 변성 폴리설파이드계 건조경화 - 에멀전형 (아크릴계, SBR계) - 용제형 (부틸고무계) 비경화 - 실리콘계 유황수지 - 유성 코킹재	- 폴리 프로필렌계 - 브틸계 - 고무첨가 아스팔트계	- 폴리 염화비닐계 - 클로로 프렌고무 - 클로로슬폰화폴리에틸렌 - 에틸렌 프로필렌고무계 - 아스팔트함침우레탄계

1) 퍼티(putty)

퍼티는 탄산칼슘, 연백(鉛白), 아연화 등의 충전재를 각종 건성유로 반죽한 것으로 과거에는 건성유로 아마인유, 동백유 등의 식물이나 어유(魚油) 등을 사용했으나, 가공을 잘못하면 끈적거리고 냄새가 나므로 최근에는 합성수지를 이용하고 있다. 종류로는 유리공사의 방수와 부착에 사용되는 유리퍼티, 도장 공사 시 바탕의 구멍, 옹이, 균열 등을 메우는데 사용하는 도장퍼티, 각종 배관 접합부에 사용되는 붉은 퍼티(red putty)가 있다.

2) 코킹재(caulking)

코킹재는 실링재와 같은 의미로 사용되기도 하나 일반적으로 코킹재는 창호 주위의 빗물막이, 각

종 재료의 접합부, 줄눈, 익스팬션 조인트 등에 사용되는 좁은 의미로 구분된다. 이에 비해 실링재는 커튼월이나 프리페브재의 접합부, 새시부착 등의 충전재(充塡材)의 의미로 사용된다.

석면, 탄산칼슘 등의 충전재와 천연유지 또는 부틸고무, 실리콘 고무, 폴리 우레탄 수지 등의 전색재(展色材)를 혼합한 것을 유성 코킹재라 하며 접착성, 가소성, 유연성이 풍부하다. 반면에 전색재로서 유지나 수지 대신에 블로운 아스팔트를 사용한 것을 아스팔트성 코킹재라 하며 비교적 경제적이지만 색이 까맣고 고온에서 녹아내리기 쉬우므로 주로 평지붕의 비막이 공사 등에 사용된다.

3) 실링재

실링재는 금속용, 콘크리트용, 유리용 등의 피착재 종유에 따른 용도 구분과 하계용, 춘추용, 동절기용 등과 같이 사용 시의 온도에 따라 여러 종류의 제품이 있으므로 사용 전, 충분한 검토가 필요하다.

(1) 2액형 실링재

주성분을 포함하고 있는 기제(基劑)와 경화제를 시공 직전에 배합하여 사용하는 것으로 보통 폴리설파이드(Polysulphide) 액상 폴리머에 카본 블랙(carbon black)으로 기제를 만든다. 이는 휘발성분이 거의 없어 충전 후의 체적변화가 적고 온도변화에 따른 안정성도 우수하나 고온 다습할 때는 경화가 촉진되나, 저온저습한 경우는 경화가 지연된다.

(2) 1액형 실링재

시공 전, 혼연 조작이 필요 없으며 건(gun)에 넣어 압출, 충전시키는 사용이 간단하여 보통 실리콘 수지가 널리 사용되고 여기에 실리카 분말과 탄산칼슘 등이 안료로 사용된다. 내후성, 내구성은 유성코킹재, 2액형 실링재보다 우수하며, 특히 −40~160℃의 광범위한 온도범위에서도 탄력성을 유지하는 우수한 실링재이다.

4) 성형(成形) 실링재

성형 실링재는 천연고무, 합성고무 혹은 합성수지를 특수한 단면으로 추출 성형한 것으로, 피 접합체에 붙여 누르는 상태로 밀착 사용하고 성형 실링재에는 끈 모양의 실링재인 줄퍼티(rope putty)와 H, Y, U 형의 단면을 갖는 가스켓(gasket)이 있다.

줄퍼티는 칸막이용 판넬이나 유리 설치 시의 탄성 실런트의 받침재로서 사용한다. 또, 가스켓은 프리페브 공법, 커튼월의 발전에 따라 점차 그 사용이 증가하고 있으며, 특히 대형 후판(厚板) 창유리 등의 새시 설치에는 가장 적당한 실링재이다.

2.7.2 사용 가능 시간(가사 시간) 시험

1) 시험의 목적

다성분형 실링재를 배합 후 또는 1성분형의 실링재의 밀폐 용기를 개방한 후 정해진 온도로 충분히 줄눈에 시공하는 것이 가능한 시간을 알아보는 시험이다.

2) 시험기기 및 재료

(1) 카트리지 : 〈그림 2.7.1〉과 같은 모양·치수의 고밀도 폴리에틸렌제 카트리지로 플렌지가 붙어 있는 것으로 플렌지의 외주부에 글리세린을 발라 카트리지에 삽입하고, 카트리지의 앞 끝을 위로 향하게 하여, 앞 끝으로부터 글리세린을 약 5㎖ 흘려 부어 넣는다. 에어건에 장착한 가압 장치에 접속시켜 40±5KPa의 압력을 가해, 플런저가 쉽게 앞 끝까지 도달하는 카트리지와 플런저를 조합하여 선택한다. 이 때 사용한 글리세린은 시험 전에 물로 세척하여 제거한다.

(2) 에어건 : 카트리지를 장착할 수 있는 것.

(3) 가압 장치 : 소요 압력을 가진 공기 압축기 또는 소요의 내용적과 최초압을 가지는 질소통과 같은 압력원 및 필요에 따라서 공기탱크, 감압 밸브 등을 가지는 것.

(4) 스톱 워치 : 최소 단위 1/10초까지 측정할 수 있는 것

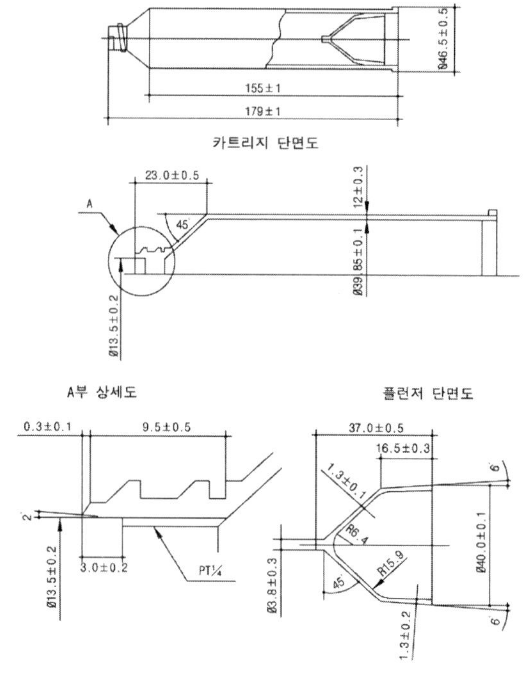

〈그림 2.7.1〉 폴리에틸렌제 카트리지 및 플런저(단위 : ㎜)

3) 시험방법

(1) 시험은 각 온도 별 로 3개의 시험체에 대하여 실시하며 5±2℃, 23±2℃, 및 35±2℃ 혹은 그 중 어느 온도에서 실시한다. 시험 전에 시료에 접하는 기구를 시험온도에 24시간 이상 놓아둔다.
(2) 시료를 미리 수동 건(gun)에 충전하고 카트리지 안쪽 끝부분부터 충전시킨다. 다만 고유의 카트리지에 충전하여 시판되는 시료에 대하여는 시료용 카트리지의 앞부분까지 플런저를 밀어 넣어 그 앞부분에서 플런저를 눌러 빼면서 시료를 충전하면 좋다.
(3) 혼합 개시 시부터의 경과 시간을 적어도 3회 바꾸어, 압출한 시간을 측정하고 경과 시간과 압출한 시간과의 관계를 나타낸 그래프를 그리고, 압출한 시간이 20초가 되는 경과 시간을 읽어 사용 가능 시간으로 한다.
(4) 사용 가능 시간이 30분 이내인 경우에는 5분 단위로, 30분을 넘어 1시간 이내인 경우에는 10분 단위로, 1시간을 넘는 경우에는 30분 단위로 하여 나타낸다.

4) 시험결과의 예

가사시간 시험결과				
시 험 일	년 월 일			
시험일의 상태	실 온 (℃)	23	습 도 (%)	
시 료	시 료 명	채취장소	채취날짜	제조업체
	다성분형 실링재			
혼합경과시간	압출시간			
15분	15초			
20분	18초			
25분	20초			

2.7.3 슬럼프 시험

1) 시험의 목적

건축용 실링재의 슬럼프 시험을 통해 일정시간 동안에 실링재가 줄눈에 시공되었을 때 얼마나 흘러내리는지를 측정하는 시험이다.

2) 시험기기 및 재료

(1) 홈모양 용기 : 알루미늄 합금 또는 내식성 금속으로 만들어진 〈그림 2.7.2〉, 〈그림 2.7.3〉과

같은 홈모양 용기로, 길이는 150±0.2mm로 하고, 양 끝이 열려 있으며, 아랫면의 한쪽이 50±0.5mm정도로 길이가 길고, 다음에 나타낸 내측 단면 치수의 어느 것을 만족하는 것으로 한다. (나비 10±0.2mm · 깊이 10±0.2mm, 나비 20±0.2mm · 깊이 10±0.2mm)

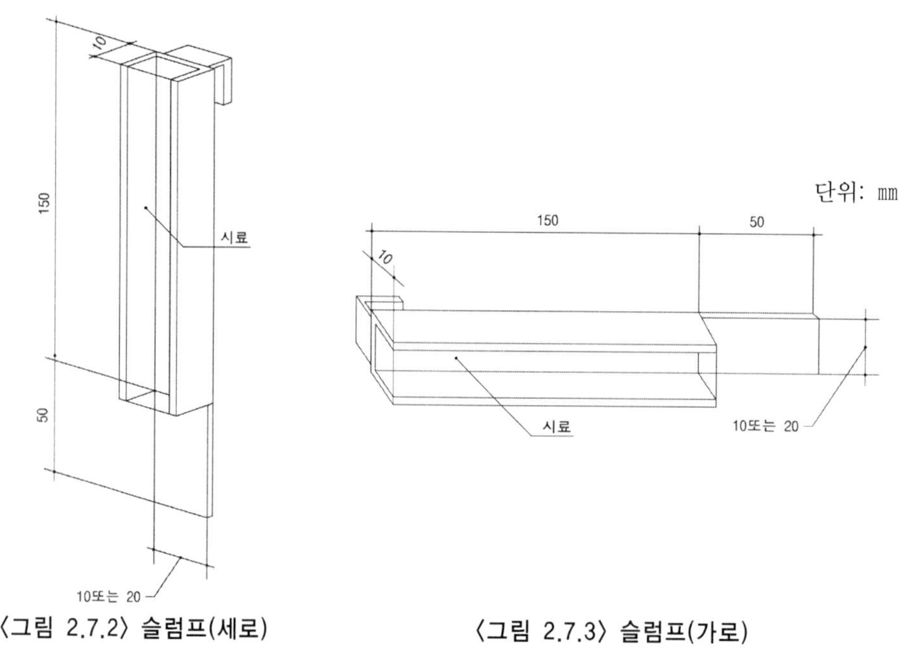

〈그림 2.7.2〉 슬럼프(세로) 〈그림 2.7.3〉 슬럼프(가로)

(2) 폴리에틸렌제시트 : 두께 0.5mm 이하로 홈 모양 용기의 안쪽 바닥을 덮을 수 있는 나비를 갖는 것.

(3) 공기 순환식 항온기 : 온도를 50±2℃ 및 70±2℃로 조절 가능한 것.

(4) 항온기 : 온도를 5±2℃로 조절 가능한 것.

(5) 자 : mm단위의 눈금을 가지고 있는 것.

(6) 각 시험 온도별로 3개의 시험체를 준비한다. 각각의 홈모양 용기의 안쪽 바닥에 폴리에틸렌제시트 1편을 깔고 꺾어서 바깥쪽에서 고정한다. 홈모양 용기의 안쪽에 미리 23±2℃로 24시간 이상 둔 시료를 채워 넣는다. 시료를 넣을 때에는 다음과 같은 점에 주의한다.

① 공기가 섞여 들어가는 것을 막는다.

② 시료를 홈모양 용기의 안쪽 면에 밀어 넣듯이 충전한다.

③ 시료의 표면을 홈 모양 용기의 윗면 및 양 끝과 동일하게 되도록 평활하게 한다.

3) 시험방법

(1) 시험은 5±2℃, 50±2℃ 각각에서 슬럼프(세로) 및 슬럼프(가로)를 시험하며, 홈모양 용기는 나비 20mm, 깊이10mm의 것을 사용한다.

(2) 슬럼프(세로) :시험체 제작 즉시, 시험체를 〈그림 2.7.2〉에 나타낸 것처럼 수직으로 매달아, 시험 온도에 24시간 놓아둔다. 각 시험체의 시료가 홈모양 용기의 홈부분 하단부터 흘러내린 앞 끝까지의 거리를 자로 측정한다.

(3) 슬럼프(가로) : 시험체 제작 후 즉시, 시험체를 〈그림 2.7.3〉에 나타낸 것처럼 수평으로 하여 시험 온도에 24시간 놓아둔다. 각 시험체의 시료가 홈모양 용기의 끝으로부터 수평 방향으로 흘러나온 거리를 자로 측정한다.

(4) 슬럼프(㎜)를 정수 값으로 끝맺음한 평균값으로 표시한다.

(5) 슬럼프(가로), 슬럼프(세로)를 24시간 후 시험에 용기 끝부터 흘러내린 앞끝까지의 거리를 자로 측정하여 정수 값으로 측정한다. 3개 시험체의 측정값을 평균값으로 표시한다.

4) 시험결과의 예

<table>
<tr><td colspan="13">슬럼프 시험결과</td></tr>
<tr><td>시 험 일</td><td colspan="12">년 월 일</td></tr>
<tr><td>시험일의 상태</td><td colspan="3">실 온 (℃)</td><td colspan="3"></td><td colspan="3">습 도 (%)</td><td colspan="3"></td></tr>
<tr><td rowspan="2">시 료</td><td colspan="3">시 료 명</td><td colspan="3">채취장소</td><td colspan="3">채취날짜</td><td colspan="3">제조업체</td></tr>
<tr><td colspan="3">일반 실링재</td><td colspan="3"></td><td colspan="3"></td><td colspan="3"></td></tr>
<tr><td>측정 번호</td><td colspan="4">1</td><td colspan="4">2</td><td colspan="4">3</td></tr>
<tr><td>가 로(㎜)</td><td colspan="4">0</td><td colspan="4">0</td><td colspan="4">0</td></tr>
<tr><td>세 로(㎜)</td><td colspan="4">0</td><td colspan="4">0</td><td colspan="4">0</td></tr>
<tr><td>평 균</td><td colspan="4">0</td><td colspan="4">0</td><td colspan="4">0</td></tr>
</table>

2.7.4 일정 신장 하에서 인장 접착성 시험

1) 시험의 목적

일정한 신장하에서 실링재의 인장 응력을 평가하는 시험방법이다.

2) 시험기기 및 재료

(1) 피착체(알루미늄판, 모르타르판, 유리판), 시험체 제작용 스페이서 (12×12×12.5㎜), 변형 유지용 스페이서, 신장용 스페이서, 전단 변형용 스페이서

(2) 인장 시험기 : 인장 속도를 5~6㎜/min으로 조절할 수 있고 온도를 -20±2℃포 조절할 수 있는 인장 시험용 항온기를 갖춘 것.

(3) 저온 항온기 : -20±2℃로 조절할 수 있는 것.

(4) 공기 순환식 항온기 : 온도를 70±2℃로 조절할 수 있는 것.

(5) 시험체는 〈그림 2.7.4〉또는 〈그림 2.7.5〉의 모양으로 시험용 피착체 2개와 2개의 스페이서를

조합하여 12±0.3×12±0.3×50±0.6㎜ 의 공간을 만들어 그 사이에 시료를 충전한다. 기포가 들어가지 않도록 주의하여 수작업으로 충전하여 만든다. 시험체는 각 온도 별로 3개의 시험체를 준비한다.

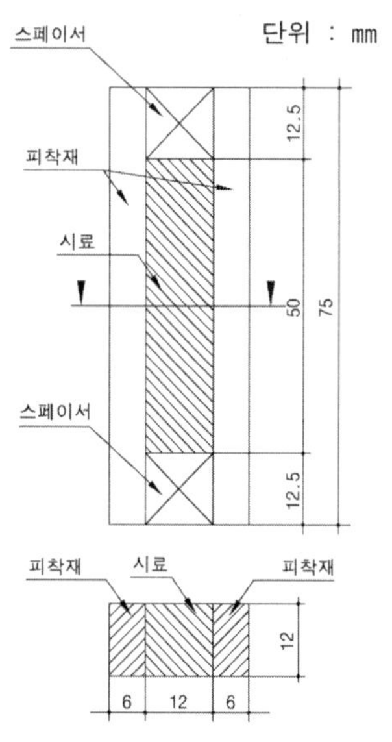

〈그림 2.7.4〉 알루미늄 및 유리 시험체

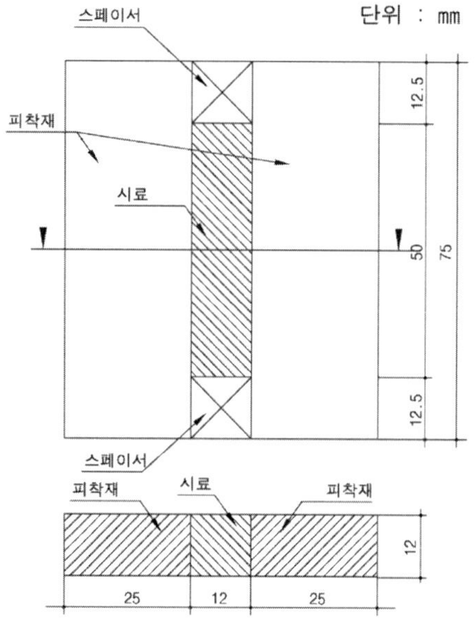

〈그림 2.7.5〉 모르타르 시험체

(6) 시험체 양생 : 두 방법 중 요구에 따라 양생한다.

A양생 : 23±2℃ 50±5%RH에서 28일

B양생 : A양생에 따라 양생한 다음 아래의 순서로 나타내는 사이클로 3회 반복한다.

① 70±2℃에 3일간 놓아둔다.

② 23±2℃의 청정한 물 속에 1일간 놓아둔다.

③ 70±2℃에 2일간 놓아둔다.

④ 23±2℃의 청정한 물 속에 1일간 놓아둔다.

3) 시험방법

(1) 시험은 23±2℃, 및 -20±2℃에서 실시하고, -20℃에서 시험하는 경우에는 시험 전에 시험체를 -20±2℃에서 4시간 이상 놓아둔다.

(2) 시험체로부터 시험체 제작용 스페이서를 떼고, 시험체를 인장 시험기에 부착하여, 5~6㎜/min의 속도로 줄눈 나비가 초기 줄눈 나비의 125%, 160% 또는 200%가 될 때까지 신장한다. 신장용 스페이서를 이용하여 규정의 신장 나비에서 24시간 유지한다. 전단 변형의 경우에는 줄눈 나비를 변화시키지 않은 채로 시험체를 시료의 길이 방향으로 줄눈 나비의 30% 어긋나게 한다. 전단 변형용 스페이서를 이용하여, 규정의 전단 변형량에 24시간 유지한다.

(3) 시험 종료 후 신장용 또는 전단 변형용 스페이서를 부착한 채로 시료의 파괴 상황(접착 파괴 또는 응집 파괴)을 조사한다. -20℃의 시험에서는 시험체를 저온 항온기에서 꺼내어 서리가 녹은 다음 조사한다.

4) 시험결과의 예

일정 신장 하에서 인장 접착성 시험결과					
시 험 일		년 월 일			
시험일의 상태		실 온 (℃)		습 도 (%)	
시 료		시 료 명	채취장소	채취날짜	제조업체
		일반 실링재			
측정온도	23±2℃	파괴 안됨 (응집파괴)			
	-20±2℃	파괴 안됨 (응집파괴)			

2.8 얇은 마무리용 벽 바름재

2.8.1 기본사항

얇은 마무리용 벽 바름재는 합성수지 등의 결합재, 골재, 무기질계 분체 및 섬유 재료를 주원료로 하여, 주로 건축물의 내외벽을 스프레이, 롤러, 흙손 등으로 시공하는 두께 1~3㎜ 정도로 마무리 하는 마감 재료이다.

1) 결합재 : 합성수지 에멀젼으로 한다. 합성수지 에멀젼은 아크릴계, 초산 비닐계 등의 합성수지 에멀젼을 이용한다.
2) 골재 : 골재(규사, 한수석(한수사), 모래, 도자기질 미립자, 색사, 경량 잔골재 등)는 내구성이 있고, 결합재와 혼합하여 사용했을 때, 경화불량 등의 악영향을 주지 않는 재료를 사용한다.
3) 무기질계 분체 : 탄산칼슘, 점토, 활석, 마이카, 규조토, 규석분 등으로 수용물이나 불순물이 적고, 결합재와 혼합하여 사용했을 때 경화 불량 및 기타 품질에 나쁜 영향을 주지 않는 것으로 한다.
4) 착색제 : 착색제는 변색·퇴색이 적고, 또한 얇은 마무리용 벽 바름재의 품질이 시간 경과에 따른 변화가 적은 것이어야 한다.
5) 혼화제 : 방수제, 증점제, 분산제, 안정제, 소포제, 부착 보강제, 조습제 등을 사용할 때는, 얇은 마무리용 벽 바름재의 품질이 시간 경과에 따른 변화가 적은 것이어야 한다.
6) 섬유재료 : 섬유재료는 무기질 및 유기질의 재료로서 품질이 시간 경과에 따른 변화가 적고, 결합재, 골재 등과 혼합사용 했을 때 경화불량 등이 없는 것으로 한다.

2.8.2 접착강도 시험

1) 시험의 목적

얇은 마무리용 벽 바름재와 벽(콘크리트, 모르타르 등)과의 부착성을 보는 시험으로 얇은 마무리용 벽 바름재 벽에 시공하였을 때의 안정성을 접착강도로 시험한다.

2) 시험기기 및 재료

(1) 인장할 수 있는 건연식 부착력 시험기　　(2) 상부 인장용 지그(강철제)
(3) 시험용 밑판 : 70×70×20㎜의 모르타르판　　(4) 접착제

3) 시험방법

벽 바름재에 대한 부착강도 시험은 2.4 시멘트 모르타르의 3) 시험방법 중 부착강도 시험방법에 준하여 시험한다.

4) 시험결과의 예

접착강도 시험결과				
시 험 일	년 월 일			
시험일의 상태	실 온 (℃)	21	습 도 (%)	
시 료	시 료 명	채취장소	채취날짜	제조업체
	합성섬유 바름재			
시험편의 번호	1	2	3	
최대하중 (N)	2078.78	2216.37	2266.15	
부착강도 (N/㎟)	1.30	1.39	1.42	
평균부착강도 (N/㎟)	1.37			

2.8.3 온 · 냉 반복 작용에 대한 저항성 시험

1) 시험의 목적

온·냉 반복 작용에 대한 저항성 시험은 제품의 온·냉 반복작용에 대한 내구성을 확인하는 시험으로 온·냉 반복 작용 후 부착강도를 시험하여 실제적인 내구성을 평가하기 위한 시험이다.

2) 시험기기 및 재료

(1) −20±3℃ , 20±2℃(물) 및 50±3℃를 유시할 수 있는 항온 수조 및 항온 챔버
(2) 2.10.2의 부착상노 시험기

3) 시험방법

(1) 2.8.2의 부착강도 시험의 시험체와 동일하게 시험체를 제작 양생한다.
(2) 양생이 끝난 시험체를 20±2℃의 물 속에 18시간 담가 둔 후, 즉시 −20±3℃의 항온 챔버 속에서 3시간 냉각시키고, 이어서 50±3℃의 다른 항온 챔버 속에서 3시간 가열한다. 이 24시간을 1사이클로 하는 조작을 10회 반복한다.
(3) 10회 반복 후 시험체를 시험실에 2시간 가만히 놓고, 얇은 바름재의 표면에 벗겨짐, 잔갈림, 부풂이 있는 가 여부를 육안으로 관찰하는 동시에, 변색 및 광택 저하의 정도를 기준의 시험

체와 비교한다. 또한 시험 후 2.6.2에 따라 부착 강도를 실시하고 그 결과값을 초기 부착 강도와 비교한다.

$$\text{부착 강도(N/㎟)} = \frac{T}{1600}$$

여기에서, T : 최대 인장 하중(N)

4) 시험결과의 예

온·냉 반복 작용에 대한 저항성 시험결과				
시 험 일	년 월 일			
시험일의 상태	실 온 (℃)	21	습 도 (%)	
시 료	시 료 명	채취장소	채취날짜	제조업체
	합성섬유 바름재			
시험편의 번호	1	2	3	
시험체의 겉모양	이상 없음			
최대하중 (N)	1864.35	1759.69	1766.65	
부착강도 (N/㎟)	1.17	1.10	1.10	
평균부착강도 (N/㎟)	1.12			

2.8.4 내 알칼리성 시험

1) 시험의 목적

알칼리성인 콘크리트 표면에 도포하여 사용하는 벽 바름재로서 알칼리에 화학적 안전성이 요구된다. 본시험은 얇은 마무리용 벽 바름재의 화학적 안정성을 평가하는 시험이다.

2) 시험기기 및 재료

(1) 비커(300㎖), (2) 수산화칼슘

(3) 150×50×4㎜ 의 섬유강화 시멘트 플렉시블 판에 얇은 마무리용 벽 바름재를 2㎜ 두께로 흙손으로 바른다. 이것을 양생실에 7일 동안 양생한 후 뒷면 및 옆면을 에폭시 수지 도료로 칠하고, 그 뒤 3일 동안 양생한 것을 시험체로 한다.

3) 시험방법

(1) 비커(300㎖)에 20±2℃의 수산화칼륨 포화 용액을 약 90㎜ 높이까지 넣는다.

(2) 다음에 이 용액 속에 시험체를 거의 수직이 되도록 담가 둔다. 24시간 경과 후, 시험체를 꺼

내어 즉시 물을 끼얹어 표면에 묻어 있는 시험액을 씻어 내고, 묻어 있는 물기를 닦아 낸다.

(3) 그 뒤 이 시험체를 3시간 동안 시험실(20±15℃, 습도(65±20%))에 정치한 후 잔갈림, 부풂, 벗겨짐, 녹아나옴의 유무를 육안으로 관찰하는 동시에, 흐림 및 변색의 정도를 시험 용액에 잠기지 않은 부분과 비교한다.

4) 시험결과의 예

내 알칼리성 시험결과				
시 험 일	년 월 일			
시험일의 상태	실 온 (℃)	21	습 도 (%)	
시 료	시 료 명	채취장소	채취날짜	제조업체
	합성섬유 바름재			
시험편의 번호	1	2	3	
갈라짐	이상없음			
부풀음	이상없음			
녹 발생	이상없음			
변색 유무	이상없음			

2.8.5 습기 투과성 시험

1) 시험의 목적

재료의 습기투과정도를 알아보는 시험으로 일정한 습기투과성을 확보하지 못하면 콘크리트면과 벽 바름재 사이의 접착면에 습기가 집중하게 되며 물방울이 맺히게 되고, 동해를 입게 되는 경우에는 접착면에 박리가 생기게 되거나 마감재에 균열이 발생하게 된다. 이에 본 시험에서는 얇은 마무리용 벽 바름재의 습기투과성시험을 실시하여 습기투과정도를 알아본다.

2) 시험기기 및 재료

(1) 투수컵 : 수증기에 대해 비투과성이며 측정조건에 대해 부식 등이 생기지 않는 〈그림 2.8.1〉과 같은 투수컵을 이용한다.

(2) 온도 23±0.5℃, 습도 50±2% 및 0.5~2.5m/s로 공기순환이 가능한 항온 항습기

(3) 시험편 : φ100×10㎜의 모르타르 밑판에 얇은 마무리용 벽 바름재를 두께 2㎜로 바르고 온도 23℃, 습도 50%에서 28일 동안 경화시킨 것.

(4) 흡습재 : 무수염화칼슘으로 입자 지름이 3㎜이하인 과립형

(5) 밀봉재 : 파라핀 90%, 폴리에틸렌 10% 또는 밀납 60%, 파라핀 40%를 사용한다.

(6) 저울 : 1㎎단위로 측정 가능한 저울

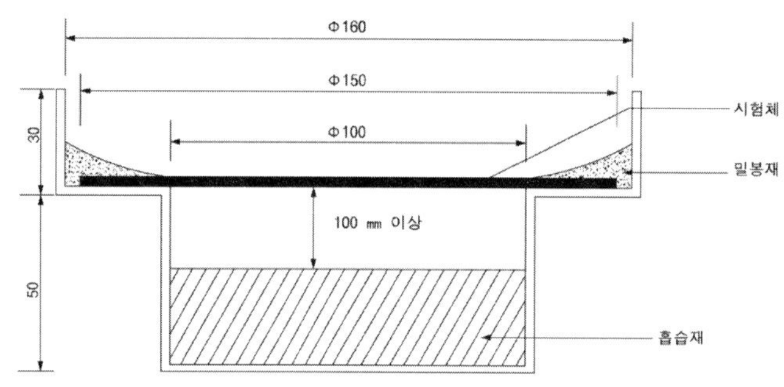

〈그림 2.8.1〉 투수컵 및 시험체의 설치 상태

3) 시험방법

(1) 시험체를 설치하여 밀봉한 컵을 온도 23℃, 습도 50%로 설정한 항온 항습조 내에 두고 일정한 시간 간격으로 컵을 꺼내어 컵의 질량 증가를 측정하고 시험체의 투습량을 구한다.
(2) 모든 시험은 블랭크 컵의 질량 증감을 측정하고 (1)에서 구한 투수량에서 가감하여 보정한다.
(3) (1) 및 (2)의 측정은 규칙적인 간격으로 하며, 측정 간격은 시험체 투습량의 증가가 0.1~10g의 범위가 되는 시간으로 한다. 이 측정한 컵의 질량과 이 직전에 측정한 컵 질량의 차에서 1시간당 환산한 질량의 증가량을 구한다. 이 증가량을 연속하여 5회 이상 측정하고 연속한 5포인트 이상의 증가량 측정값이 5% 이내에서 일정하게 될 때까지 측정을 계속한다.
(4) 컵에 투입된 흡수재가 초기 질량에 대해 약 10%의 흡습을 한 시점에서 측정을 종료하거나, 또는 컵의 질량 증가가 240시간에서 0.2g 이하인 경우 측정을 종료한다.

단일 재료의 경우,

$$sd(m) = u \times t = \frac{1}{1.5 \times 10^6} \times \frac{\Delta P}{M}$$

복합 재료의 경우,

$$sd_1 + sd_2 \cdots + sd_n(m) = \frac{1}{1.5 \times 10^6} \times \frac{\Delta P}{M}$$

여기에서, sd : 측정 재료의 습기 투과성(m)
u : 측정 재료의 습기 투과 저항 계수
t : 측정 재료의 두께(m)
$\delta(\frac{1}{1.5 \times 10^6})$: 공기 5℃에서의 습기 투과 계수$(\frac{kg}{m \cdot Pa \cdot h})$
M : 측정 재료의 단위 시간당 중량의 변화(kg/m^2·h)
ΔP: 습기압차(Pa), 단, 포화 습기 P_s는 온도 20℃일 경우는 2340(Pa)이다.

4) 시험결과의 예

습기 투과성 시험결과				
시 험 일	년 월 일			
시험일의 상태	실 온 (℃)	21	습 도 (%)	
시 료	시 료 명	채취장소	채취날짜	제조업체
	합성섬유 바름재			
시험편의 번호	1	2	3	
무게변화(g) - 24시간 간격	0.28, 0.29 0.29, 0.31, 0.32			
시간당 무게변화(kg)	0.000298			
재료의 두께(m)	0.01031			
시료의 지름(m)	0.0986			
시료의 면적(m²)	0.007635			
$\triangle P$ (Pa)	1170			
M(kg/m² · h) : M(kg/m² · h)	0.039030779			

Ⅲ. 채광 재료 시험

3.1 기본사항

채광 재료로서의 유리는 가시광선에 대해서 투명할 뿐만 아니라 태양광선 전체에 대하여 투명하고 내구성이 있는 반영구적 불연재료로서 품질이 균일하고 대량생산이 가능한 것이 장점일 수 있다. 그러나 충격강도가 약해 깨지기 쉽고 깨진 파편은 날카로워 위험하며, 두께가 얇아 단열, 차음효과가 작은 결점을 가지고 있다.

이러한, 유리의 종류 또는 제품으로는 〈표 3.1.1〉과 같으며, 구조재료로서는 이용되지 못하고 있으나 결점을 보완하여 보통유리의 강도보다 3~5배 강한 강화유리, 단열 및 차음효과를 높인 복층유리 등이 많이 사용되어지고 있다.

〈표 3.1.1〉 유리의 용도에 의한 분류

일반적인 용도	보통 판유리, 무늬유리, 연마판유리, 플로트 유리, 망입유리
특수 용도	자외선 투과유리, 자외선 흡수유리, 자외선 차단유리, 열선흡수유리, 열선반사유리, 착색강화유리, 방호용 납유리
성형품	안전유리, 합판유리, 강화유리, 방탄유리, 복층유리, 접합유리

1) 채광재료의 종류

건축공사에 쓰이는 유리는 소다석회유리, 판유리, 성형유리로 구분할 수 있으며, 주로 건축용 유리로서 사용하고 있는 유리를 용도에 따라 구분하면 〈표 3.1.2〉와 같다.

〈표 3.1.2〉 건축용도로 주로 사용되는 유리의 종류

건축용 유리의 종류		성 질	용 도
일반 판유리	보통판 유리	가시광선의 투과율이 크고 자외선 영역을 강하게 흡수한다.	채광투시용의 창 문짝용
	연마판 유리		
	망입판 유리		
특수 유리	열선흡수 유리	적외선을 잘 흡수하며 가시광선의 투과율은 보통유리보다 10~20% 낮다.	열복사의 차단 눈부심 방지
	열선반사 유리	유리 표면의 반사막으로 태양 에너지의 입사를 40~50%로 감소시킨다.	눈부심 방지 시선의 차단
열처리 유리	강화 유리	강도가 보통유리의 3~5배 정도이며, 파괴될 때도 안전하다.	고층건물의 창 프레임문
복합 유리	복층 유리	열관류율이 작다.	단열창
성형 유리	유리블록	투과광에 저항성을 갖으며, 단열, 차음 효과가 크다.	채광, 차음이 필요한 외벽 칸막이
	유리벽돌	유리블록보다 성능은 떨어지며, 각종 형상이 있다.	채광, 조명용의 장식벽
	프리즘 유리	투과광에 저항성을 갖으며, 하중강도가 크다.	통로면

〈표 3.1.3〉 강화유리의 파편상태 및 쇼트백 충격 특성에 따른 종류

종 류	기 호	특 성
Ⅰ 류	TⅠ	평면 강화유리 및 곡면 강화유리로 쇼트백 충격에 의한 파편상태가 적합
Ⅲ 류	TⅢ	평면 강화 유리로 쇼트백 충격에 의한 파편상태가 적합

〈표 3.1.4〉 강화유리의 종류에 따른 명칭

모양에 따른 종류	재료 판유리의 종류에 따른 명칭	
평면 강화유리	무늬 강화 유리	4㎜
		5㎜
		6㎜
	플로트 강화유리	4㎜
		5㎜
		6㎜
		8㎜
		10㎜
		12㎜
		15㎜
		19㎜
	열선 반사 강화유리	6㎜
		8㎜
		10㎜
		12㎜
곡면 강화유리	플로트 강화유리	5㎜
		6㎜
		8㎜

〈표 3.1.5〉 복층유리의 단열성, 태양열 차폐성에 의한 구분

종류		기호	열관류저항 $\frac{1}{U}$ 1) K · ㎡/W	태양열 제거율(1- η)
단열복층유리	1종	U1	0.25이상	
	2종	U2	0.31이상	
	3종	U3-1	0.37이상	
		U3-2	0.43이상	
태양열 차폐복층유리	4종	E4	0.25이상	0.35이상
	5종	E5		0.50이상

주(1) 여기에서 말하는 열관류 저항 $\frac{1}{U}$은 수직 사용의 값으로 한다.

〈표 3.1.6〉 복층유리 봉착의 가속 내구성에 의한 구분

종류	기호	적용하는 시험 항목과 그 시험에 의한 종류
Ⅰ 류	Ⅰ	KS F 2003 복층유리 봉착 가속 내구성시험 규정에 적합한 것
Ⅱ 류	Ⅱ	
Ⅲ 류	Ⅲ	

〈표 3.1.7〉 접합유리의 내충격 박리특성 및 쇼트백 특성에 따른 종류

종 류	기 호	특 성
Ⅰ류	LⅠ	평면 접합 유리 및 곡면 접합 유리로 KS L 2004의 낙구충격 시험에 적합한 것.
Ⅱ-1류	LⅡ-1	평면 접합 유리 중 4.5 및 낙하높이 120cm에서 쇼트백 시험에 적합한 것.
Ⅱ-2류	LⅡ-2	평면 접합 유리 중 4.5 및 낙하높이 75cm에서 쇼트백 시험에 적합한 것
Ⅲ류	LⅢ	재료 판유리 2장으로 구성되며, 재료 판유리의 합계 두께[2]가 16mm 이하인 평면 접합 유리로 4.5 및 4.6.2의 규정에 적합한 것.

주2) 재료 판유리의 합계 두께는 재료 판유리 두께에 따른 종류와 명칭의 숫자의 합계값(mm)으로 한다.

2) 채광재료의 품질

본 시에서 언급하고 있는 건축용 채광재료로서 사용되는 강화유리, 복층유리, 접합유리의 품질은 〈표 3.1.8〉, 〈표 3.1.9〉, 〈표 3.1.10〉과 같다.

〈표 3.1.8〉 강화유리의 품질

항 목		품질 기준
겉모양	잔금	이상없을 것
	이빠짐	나비 또는 길이가 재료 판유리의 두께 이상인 것이 없을 것.
	긁힌홈	사용상 지장이 없을 것
만 곡		활 모양인 경우는 0.5% 파형인 경우는 0.3%를 넘어서는 안 된다.
낙구 충격 파괴 강도		6매를 시험하여 파괴가 1매 이하인 경우는 합격으로 하고, 3매 이상인 경우는 불합격으로 한다. 파괴가 2매인 경우는 별도로 6매 모두 파괴되지 않아야 한다.
파편의 상태		두께가 4mm인 경우는 시료 5매에 대하여 시험을 하여 5매 모두 최대 파편 1개의 무게가 15g 이하여야 한다.
쇼트백 충격		4매에 대하여 시험을 하여 다음에 합격하여야 한다. a) 유리가 파괴된 경우 각 시효에 대하여 가장 큰 10개 파편의 무게 합계가 시료의 65㎠ 면적에 상당하는 무게를 넘지 않을 것. b) 낙하 높이 120cm에서 유리가 파괴되지 않을 것.
열선 반사 강화유리		겉모양, 내광성, 내미모성, 내산성 및 내알칼리성에 대하여 KS L 2014의 규정에 적합하여야 한다.

〈표 3.1.9〉 복층유리의 품질

항 목	품질 기준
겉모양	유리의 안쪽 면의 투시에 장애가 되는 오염물, 접착제 등의 비산이 있어서는 안 된다.
이슬점	입 공기의 이슬점1)은 -35˚C 이하이어야 한다.
가속 내구성	6매의 시료에 대하여 이슬점이 -30˚C이상의 것이 없어야 한다. a. 전시험 기간을 통하여 유리의 파손은 시료 2매까지 허용하고 파손된 시료는 예비품과 교환하여 재시험할 수 있다. b. 광학 박막 성능의 가속 내구성은 방사율의 차가 0.02이하이어야 한다.

주1) 이슬점이란 복층 유리의 안쪽 면에 눈으로 확인되는 이슬 또는 서리가 생기는 최고 온도를 말한다.

〈표 3.1.10〉 접합유리의 품질

항 목		내 용
겉모양	기포3)	중간막의 기포는 식별할 수 있는 것이 없을 것. 다만 사용상 지장이 없는 부분은 제외한다.
	이물질	중간막의 이물질은 사용상 지장이 있는 것이 없을 것.
	판 어긋남	사용상 지장이 있는 것이 없을 것
	잔금	없을 것
	이빠짐	나비 또는 길이가 재료 판유리의 두께 이상인 것이 없을 것
	흐림 및 긁힌 홈	사용상 지장이 있는 것이 없을 것.
만곡		접합 유리의 경우는 0.3%, 그리고 재료 판유리로서 무늬 유리를 가한 접합 유리에서는 0.5%를 각각 초과하여서는 안 된다.
내광성		현저한 변색 및 사용상 지장이 있는 기포, 흐림이 없어야 한다. 또한, 무색투명한 중간막을 사용한 접합 유리에 대하여는 가시광선 투과율을 측정하고, 그 감소율은 10%이하이어야 한다.
내열성		유리 부분에 균열이 생기는 것은 허용하나, 시료의 가장자리 또는 균열된 곳으로부터 13㎜를 초과하는 곳에 사용상 지장이 있는 기포 또는 그 밖의 결점이 없어야 한다.
낙구 충격 박리		5매 이상의 시료의 중간막에 절단 또는 유리의 결락에 따른 노출 부분이 없는 경우를 합격으로 한다.
쇼트백 충격 특성 쇼트백 충격		a. Ⅱ-1류 및 Ⅱ-2류의 접합 유리의 쇼트백 충격 특성은 KS L 2004에 따라 시료 4매에 대하여 시험하고, 4매 모두 다음 a), b)의 어느 것에 적합하여야 한다. b. 유리가 파괴되지 않을 것, c. Ⅲ류 접합 유리의 쇼트백 충격 특성은 KS L 2004에 따라 시료 4매에 대하여 시험하고, 접합 유리를 구성하는 유리판을 2장 모두 파괴한 다음 파괴 부분에 지름 75㎜의 공이 자유로이 통과하는 구멍이 생겨서는 안 된다.

주3) 재료 판유리의 기포 및 이물질은 재료 판유리 KS L 2005, KS L 2006 및 KS L 2012의 허용 수의 합계 이하로 한다.

3.2 강화유리

1) 시험의 목적

강화유리는 600℃ 이상의 연화점 근처까지 가열하여 표면에 냉기를 내뿜어 급랭시켜 제조하는 것으로 강도는 일반 판유리와 비교하여 약 3~5배 정도로 크며, 파괴 시 작은 조각으로 되는 것이 특징이다. 또한, 제조 시 뒤틀림이 생기기 때문에 성형 후에 절단이나 가공이 안 된다는 특징을 갖고 있어 성형후의 제품의 치수 및 겉모양과 함께 주로 충격에 의한 강화유리의 파쇄 형태 및 정도를 파악하여 사용 가능여부를 확인해야 한다.

2) 시험기기 및 재료

(1) 낙구 충격 시험 : 약 610×640㎜각의 평면 강화 유리, 철제 틀, 강구(호칭 $2^{\frac{1}{2}}$의 강구 중에서 무게 1040±10g의 것), 줄자

(2) 쇼트백 시험

① 시료: 두께가 동일한 종류인 재료를 판유리를 사용하고 같은 방법으로 제조한 약 1930×864㎜의 각의 평면 강화유리를 사용한다. 다만 재료의 최대 치수가 1930×864㎜ 미만인 경우 제조 가능한 최대 치수를 사용할 수 있다.

② 시험기기: 시험틀(높이 100㎜이상인 ㄷ형강), 볼트, 지지봉, 목제 조임틀, 고무판, 줄자, 가격체

비 고 : 가격체는 가죽 주머니[1]의 중앙에 볼트(길이 330±13㎜)를 삽입하고, 납산탄[2]을 충전한 후 주머니의 위아래를 볼트로 조이고, 다시 가죽 주머니 표면을 나비 12㎜인 유리섬유로 보강한 점착테이프[3]로 비스듬히 겹치도록 감아 표면을 완전히 덮어씌운 것으로서 무게는 45±0.1kg으로 한다.

주1) 두께 1.5㎜의 인공 가죽으로 A편 2매와 B편 4매를 꿰매어 맞춘다. 땀 간격(파선부분)은 약 4㎜
주2) 지름 2.5±0.1㎜의 틸드 납산탄
주3) 나비 12㎜, 두께 0.15인 폴리에틸렌제 유리 섬유 보강 감압형 접착 테이프

(3) 만곡의 측정 : 시료를 세울 수 있는 지지틀, 줄자

(4) 파쇄시험 : 철제 틀, 줄자, 강구(호칭 $2^{\frac{1}{2}}$의 강구 중에서 무게 1040±10g의 것), 해머 또는 펀치

3) 시험방법

(1) 겉모양 시험

겉모양 시험은 제품을 시료로 하여, 시료 정면의 적절한 조명 아래에서 육안으로 확인한다. 이 빠짐의 치수는 최소 눈금 0.5㎜의 금속제 곧은 자를 사용하여 측정한다.

(2) 치수의 측정

① 변의 길이 측정 : 사각형의 평면 강화 유리의 변의 길이는 최소 눈금 1㎜의 강제 줄자를 사용하여, 변 가장자리에서 약 15㎜떨어진 위치에서 변에 평행하게 측정한다.

② 두께의 측정 : 평면 강화 유리의 두께의 측정은 변 가장자리에서 15㎜ 이상 떨어진 부분에 대하여 최소 눈금 0.01㎜의 마이크로미터 또는 이것과 동등 이상의 정밀도를 가진 측정기를 사용하여 실시한다.

(3) 낙구 충격 시험

① 시료는 제품과 같은 두께의 종류인 재료 판유리를 사용하고, 비슷한 방법으로 제조한 치수 약 610×640㎜각의 평면 강화 유리로 한다.

② 시료는 〈그림 3.2.1〉의 철제틀로 시료가 수평이 되도록 지지하며, 무늬 강화 유리에서 충격면은 무늬가 없는 면으로 한다.

③ 지름 호칭 $2^{\frac{1}{2}}$의 강구 중에서 무게 1040±10g의 것을 고르고, 이것을 시료 표면에서 100㎝ 높이에 놓고 정지 상태에서 힘을 가하지 은 자유낙하로 시료면의 중심부로 향하여 낙하시켜 파괴 유무를 관찰한다. 충격점은 시료면의 중심점에서 25㎜ 이하의 범위에 들어가도록 하며, 1매의 시료에 대한 충격은 1회만 하고 시험은 상온에서 실시한다.

④ 평면 강화유리는 시료 6매를 시험하여 파괴가 1매 이하인 경우를 합격으로 하고, 3매 이상인 경우에는 불합격으로 한다. 파괴가 2매인 경우 별도로 6매의 시료를 이용하여 모두 파괴되지 않았을 경우 합격으로 한다.

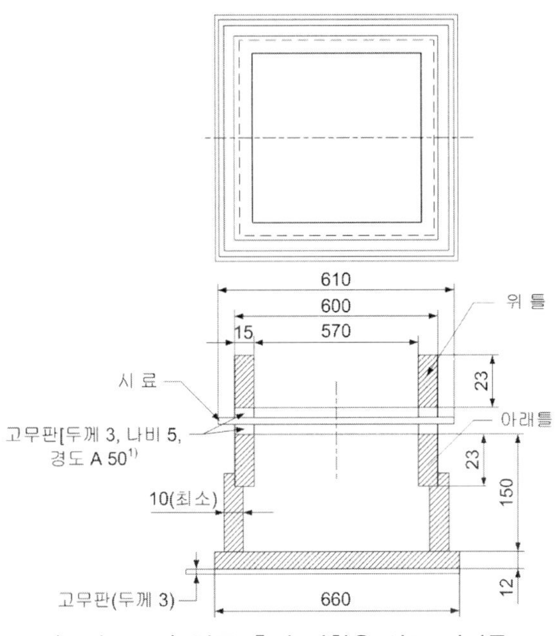

〈그림 3.2.1〉 낙구 충격 시험용 시료 지지틀

(4) 쇼트백 시험

① 시험틀은 〈그림 3.2.2〉와 같은 주요 부분의 높이 100㎜이상인 ㄷ형강을 사용하고 바닥면을 볼트로 고정하며, 또 충격 때의 흔들림 또는 비틀어짐을 방지하기 위하여 배후에 지지봉을 붙인다.

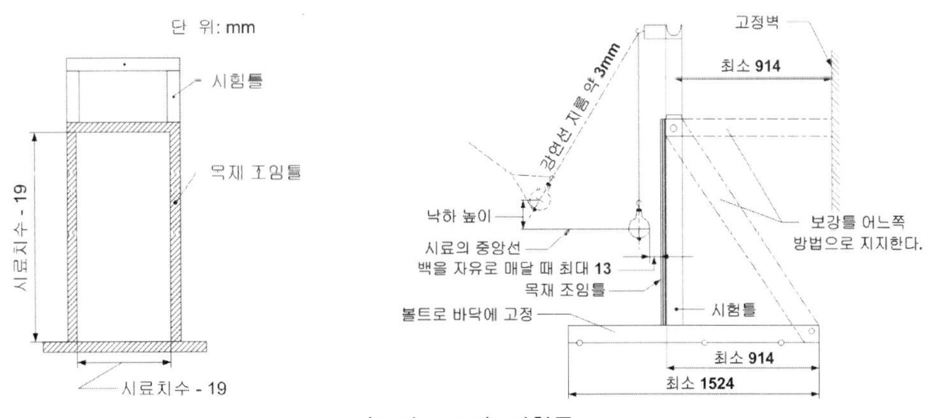

〈그림 3.2.2〉 시험틀

② 시료는 목제 조임틀을 사용하여 〈그림 3.2.3〉과 같은 시험틀을 사용하여 장치한다. 시료의 네 둘레와 조임틀의 접촉부는 KS M 6518의 스피링 경도 A50의 띠 모양 고무판을 사용한다.

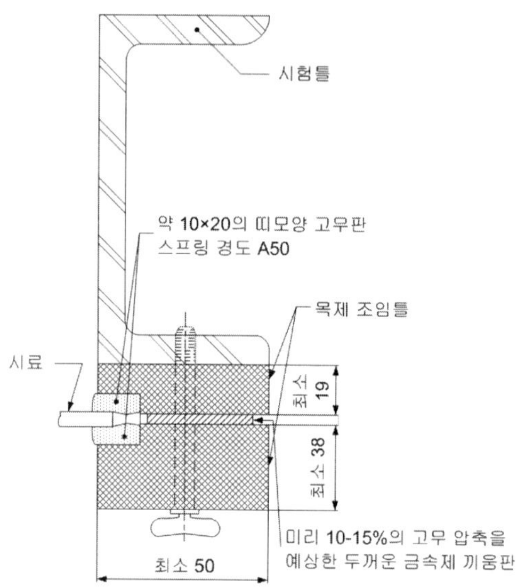

〈그림 3.2.3〉 시료의 고정 방법

③ 시료를 장착했을 때 고무판의 압축 여유는 원래 두께의 10~15%가 되도록 한다. 또한 조임틀의 안쪽 치수는 시료 치수보다 약 19㎜ 작게 한다.

④ 가격체는 〈그림 3.2.4〉와 같이 가죽 주머니[1]의 중앙에 볼트(길이 330±13㎜)를 삽입하고, 납산탄[2]을 충전한 후 주머니의 위 아래 볼트로 조이고, 다시 가죽 주머니 표면을 나비 12㎜인 유리섬유로 보강한 점착테이프[3]로 비스듬히 겹치도록 감아 표면을 완전히 덮어씌운 것으로서 무게는 45±0.1kg으로 한다.

주1) 두께 1.5㎜의 인공 가죽으로 A편 2매와 B편 4매를 꿰매어 맞춘다. 땀 간격(파선부분)은 약 4㎜
주2) 지름 2.5±0.1㎜의 틸드 납산탄
주3) 나비 12㎜, 두께 0.15인 폴리에틸렌제 유리 섬유 보강 감압형 접착 테이프

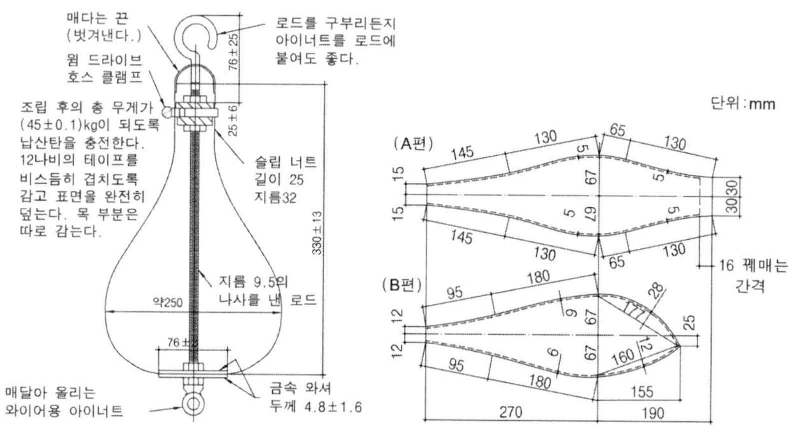

〈그림 3.2.4〉 가격체

⑤ 〈그림 3.2.2〉와 같이 가격체를 그 횡단면 최대 지름부의 바깥 둘레가 시료 표면에서 13㎜ 이하이며 시료의 중심에서 50㎜ 이내인 위치에 지름 약 3㎜의 강연선으로 달아맨다. 이어서 가격체의 최대 지름 중심을 정지 상태 위치로부터 300㎜ 높이로 유지한 후, 진자식으로 자유 낙하시켜 중심점 부근에 1회 충격을 가한다.

⑥ 파괴되지 않은 경우는 낙하 높이를 750㎜로 하여 다시 1회 충격을 가한다. 그래도 시료가 파괴되지 않은 경우에는 낙하 높이를 1200㎜로 하여 시료의 중심점 부근에 1회 충격을 더 가한다.

⑦ 낙하 높이를 300, 750, 1200㎜까지 올려서 시료가 파괴된 경우, 파괴 후 5분 이내에 유리 파편 중 가장 큰 것으로 10개를 채취 하여 무게를 측정한다. 또한 선택할 파편의 주변은 충격으로 생긴 균열로 둘러싸여 있어야 한다. 또 65㎠ 면적에 상당하는 무게를 구하는 경우의 밀도는 2.5g/㎤로 한다.

(5) 만곡의 측정

① 시료를 수직으로 세우고 그것에 자를 수평으로 대고 측정한다.

② 활 모양인 경우에는 현의 길이에 대한 호의 높이비의 백분율로 나타낸다.

(6) 파쇄시험

① 두께 4㎜ 평면 강화유리

a. 낙구 충격 시험에 사용한 것과 같은 모양의 시료를 사용하여 〈그림 3.2.1〉과 같이 동일한 철제 틀로 지지한다.

b. 낙구 충격 시험에 사용한 강구와 동일한 것을 사용하여 1500㎜ 높이의 정지 상태에서 힘을 가하지 않고 자유낙하 시켜 시료의 중심에 낙하시킨다. 시료가 파괴되지 않을 때는 높이 500㎜ 씩 높여 파괴 될 때까지 시험을 한다.

c. 파쇄한 시료의 최대 파편의 무게를 측정한다.

② 두께 5㎜ 이상의 강화유리

a. 시료를 파괴할 때에 파편이 비산되지 않도록 필름 등을 입히고, 〈그림 3.2.5〉와 같이 시료의 가장 긴 변의 중심점을 지나고, 그 변에 직교하는 직선 위의 변과 교차하는 점에서 약 20㎜ 위치에 끝부분 곡률 반지름이 0.2±0.05㎜인 해머 또는 펀치로 충격을 가하여 시료를 파쇄한다.

b. 충격점 위치로부터 80㎜ 이내 부분을 제외하고, 파쇄한 시료에서 파편의 크기가 가장 거친 부분을 선택하여 이 부분에서 50 50의 계수틀을 사용하여 틀 안의 파편 수를 센다.

c. 이 계수를 변위의 것은 1/2개로 센다. 또한 선택할 파편의 주변은 충격으로 생긴 균열로 둘러싸여 있어야 한다.

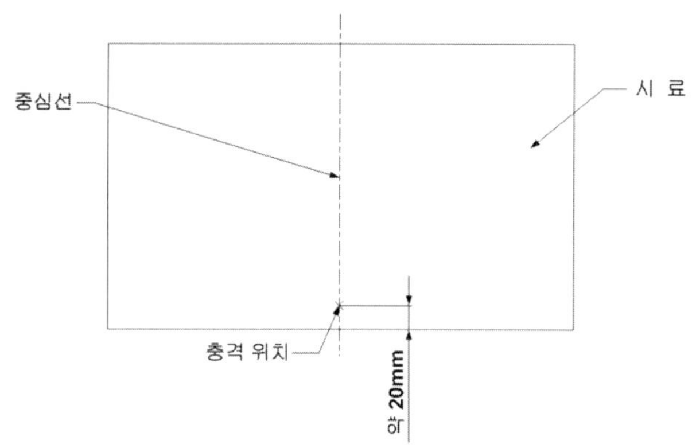

〈그림 3.2.5〉 파쇄 시험 충격 위치

4) 시험결과의 예

<table>
<tr><td colspan="10">강화유리 시험결과</td></tr>
<tr><td>시 험 일</td><td colspan="9">년 월 일</td></tr>
<tr><td rowspan="2">시험일의 상태</td><td colspan="3">실온(℃)</td><td colspan="2">습도(%)</td><td colspan="2">수온(℃)</td><td colspan="2">건조온도(℃)</td></tr>
<tr><td colspan="3"></td><td colspan="2"></td><td colspan="2"></td><td colspan="2"></td></tr>
<tr><td rowspan="2">시 료</td><td colspan="3">시 료 명</td><td colspan="2">채취장소</td><td colspan="2">채취날짜</td><td colspan="2">제조업체</td></tr>
<tr><td colspan="3">강화유리</td><td colspan="2"></td><td colspan="2"></td><td colspan="2"></td></tr>
<tr><td rowspan="2">시험체 번호</td><td colspan="3">겉모양 시험</td><td colspan="3">치수의 측정(㎜)</td><td rowspan="2">낙구 충격 파괴 강도</td><td rowspan="2" colspan="2">쇼트백 충격</td></tr>
<tr><td>잔금</td><td>이빠짐</td><td>긁힌흠</td><td>길이</td><td>나비</td><td>두께</td></tr>
<tr><td>1</td><td>이상무</td><td>이상무</td><td>이상무</td><td>610</td><td>610</td><td>7.8</td><td rowspan="5">5매 모두 파괴되지 않음</td><td colspan="2">104</td></tr>
<tr><td>2</td><td>이상무</td><td>이상무</td><td>이상무</td><td>610</td><td>610</td><td>7.8</td><td colspan="2">95</td></tr>
<tr><td>3</td><td>이상무</td><td>이상무</td><td>이상무</td><td>610</td><td>610</td><td>7.8</td><td colspan="2">89</td></tr>
<tr><td>4</td><td>이상무</td><td>이상무</td><td>이상무</td><td>610</td><td>610</td><td>7.8</td><td colspan="2">88</td></tr>
<tr><td>5</td><td>이상무</td><td>이상무</td><td>이상무</td><td>610</td><td>610</td><td>7.8</td><td colspan="2">94</td></tr>
<tr><td>시험체 번호</td><td colspan="5">만곡(%)</td><td colspan="4">파쇄시험(파편개수)</td></tr>
<tr><td>1</td><td colspan="5">0.07</td><td colspan="4">37</td></tr>
<tr><td>2</td><td colspan="5">0.07</td><td colspan="4">38</td></tr>
<tr><td>3</td><td colspan="5">0.07</td><td colspan="4">36</td></tr>
<tr><td>4</td><td colspan="5">0.07</td><td colspan="4">37</td></tr>
<tr><td>5</td><td colspan="5">0.07</td><td colspan="4">38</td></tr>
<tr><td>비 고</td><td colspan="9">- 쇼트백 충격에서 시료의 65㎠ 면적에 해당하는 무게 = 127(g)임.
쇼트백 충격 특성 판단기준: 65㎠×1.01×2.5g/㎠</td></tr>
</table>

3.3 복층유리

1) 시험의 목적

복층유리는 2매의 유리 사이에 스페이셔를 사용하여 일정간격을 유지하고, 건조공기를 밀봉한 것으로 공기층에 의한 열을 차단하여 온도 차이에 따른 열의 이동을 방지할 목적으로 사용한다.

단열효과가 좋기 때문에 결로가 없으며, 제조 후 가공할 수 없으므로 주문품으로 사용하기에 성형후의 치수가 매우 중요하나, 복층유리에 대한 품질은 〈표 3.1.9〉와 같다.

2) 시험기기 및 재료

(1) 단열성 시험 : 열관류 저항 시험기, 스페이셔

(2) 이슬점 시험 : 막대 온도계(최소 눈금 1℃ 측정 범위 30~-70℃ 또는 이와 동등 이상의 성능을 갖는 것), 천, 유리면의 상단의 높이가 충분히 물에 잠길 수 있는 양의 용기, 아세톤 또는 에틸알코올, 드라이아이스, 스포트라이트

(3) 봉착의 가속 내구성 시험 : 제작 후 2주 이상 경과한 시료에 대해서 이슬점 시험을 측정한 시험체

(4) 내습 내광 시험 : 항온 항습, 자외선 형광등 FL 40 BL10 또는 FL 40S BL10, 줄자

(5) 냉열 반복 시험 : 항온항습기

3) 시험방법

(1) 겉모양 시험

복층유리의 정면 약 1m의 거리에서 적절한 조명 아래에서 육안으로 유리면을 투시한다.

(2) 치수의 측정

① 변의 길이의 측정 : 변의 길이의 측정은 최소 눈금 1㎜의 강제 줄자를 사용하여 변 끝에서 약 15㎜안쪽의 위치에서 변에 평행하게 측정한다. 또한 측정은 원칙적으로 서로 접하는 2변에 대하여 한다.

② 두께의 측정 : 두께의 측정은 0.01㎜까지 읽을 수 있는 마이크로미터 또는 이것과 동등 이상의 정밀도를 갖는 측정기를 사용하여 실시하고, 그 값을 소수점 이하 1자리로 끝맺음한다. 또한 측정 위치는 각 변의 중앙부 부근 1점에서 변 끝에서 약 10㎜안쪽의 부분으로 한다.

(3) 단열성 시험

단열 복층 유리의 단열 성능은 봉착부[1]를 제외하고, KS L 2515에 준한 방법에 따라 구한 열관류 저항 1/U에 대하여 각 종류마다 〈표 3.1.5〉과 같다.

주1): 봉착부란 복층 유리의 주위 부분으로서 봉착재, 스페이서 등에 의한 정해진 공기층이 없는부분을 말한다.

비고: 열관류저항은 복층 유리 자체의 특성값인 열저항 R에 실제의 사용 상태를 고려하여 실외·실내의 표면 열전달 저항의 표준 값을 더한 것이다. 그리고 열관류 저항은 열관류율 U의 역수이다.

① 복층 유리의 열저항 R(K·㎡/W)을 복층 유리 두께의 측정값과 재료 판유리 방수율의 측정값으로부터 다음 식에 따라 구한다.

a. 중공층의 호칭 두께가 12㎜ 이하인 경우

$$R = \frac{1}{\dfrac{25.0}{s} + 5.14\varepsilon_s} + \frac{d}{1000}$$

$$\varepsilon_s = \frac{1}{\dfrac{1}{\varepsilon_1} + \dfrac{1}{\varepsilon_2} - 1}$$

여기에서, s : 중공층의 두께(㎜)

ε_1, ε_2: 중공층에 접하는 유리판 표면의 수정 방사율

d : 재료 판유리의 호칭 두께의 합계(㎜)

b. 중공층의 호칭 두께가 12㎜를 넘는 경우에는, 앞의 R식의 분모의 제1항을 KS L 2525의 기체 열 컨덕턴스 계산에서 사용하는 값에 따르는 기체 열 컨덕턴스로 바꾼다.

계산에 사용하는 중공층의 두께 s의 수치는 평균값에서 재료 판유리의 호칭 두께의 합계를 뺀 값으로 한다. 중공층에 접하는 유리판 표면의 수정 방사율 ε_1, ε_2은 제품에 사용하는 재료 판유리에 대하여 KS L 2514에 규정한 상온의 열방사의 방사율 산정에 따르는 수직 방사율의 값에서 KS L 2545의 방사율의 값에 따라 구한 수정 방수율의 값으로 한다. 그리고, 플로트 판유리 및 마판유리, 무늬 유리 및 열선 흡수 판유리에서는 $\varepsilon_1=\varepsilon_2=0.837$, $\varepsilon_s=0.72$로 한다.

비고: 중공층이 2층인 복층 유리의 열저항 R(K·㎡/W)은 다음 식에 따라 구한다.

계산에 사용하는 중공층의 수치는 위 (2) 치수의 측정법에 따라 측정한 복층 유리 제품의 평균 두께에서, 재료 판유리의 호칭 두께의 합계를 뺀 값을 중공층의 호칭 두께 비에 따라 s_e, s_i로 배분한 것으로 한다.

$$R = \frac{1}{\dfrac{24.6}{s_e} + 4.90\varepsilon_{se}} + \frac{1}{\dfrac{2.51}{s_i} + 5.22\varepsilon_{si}} + \frac{d}{1000}$$

$$\varepsilon_{se} = \frac{1}{\dfrac{1}{\varepsilon_{e1}} + \dfrac{1}{\varepsilon_{e2}} - 1}, \quad \varepsilon_{si} = \frac{1}{\dfrac{1}{\varepsilon_{i1}} + \dfrac{1}{\varepsilon_{i2}} - 1}$$

여기에서, s_e, s_i: 실외 쪽, 실내 쪽의 중공층의 두께(㎜)

ε_{e1}, ε_{e2}, ε_{i1}, ε_{i2}: 실외 쪽, 실내 쪽의 중공층에 접하는 유리판 표면의 수정 방수율(구하는 방법은 중공층이 1층인 경우에 준한다.)

② 열관류 저항 1/U(K·㎡/W)은 a)에 따라 구한 열저항 R(K·㎡/W)에서 다음 식에 따라 계산하여 소수점 이하 2자리로 끝맺음한 수치로 나타낸다.

$$\frac{1}{U} = R_e + R + R_i$$

$$R_e = \frac{1}{4.9\varepsilon_e + 16.3}$$

$$R_i = \frac{1}{5.4\varepsilon_i + 4.1}$$

여기에서, ε_e, ε_e: 복층 유리의 실외 쪽, 실내 쪽 표면의 수정 방사율

특히 반사막 가공을 하지 않은 표면에서는

$$R_e = \frac{1}{20.4} K \cdot \ m^2/W,$$

$$R_i = \frac{1}{8.6} K \cdot \ m^2/W$$ 로 한다.

(4) 이슬점 시험

① 〈그림 3.3.1〉과 같은 동판제의 용기 및 막대 온도계(최소 눈금 1℃ 측정 범위 30~-70℃) 또는 이와 동등 이상의 성능을 갖는 온도 지시계를 사용한다.

주의사항: 두께 3㎜의 동판을 부착하여 제작한 용기(약 100×50×150㎜)의 큰 옆면의 중심에 약 50×60㎜의 두께 3㎜의 동판을 부착한다. 이 때 용기의 표면과 동판의 뒷면이 전면에 걸쳐 부착되도록 주의한다. 동판의 표면 A는 시험체의 유리면이 밀착하도록 평활하게 연마한다.

② 시험체를 상온의 실내에 24시간 이상 유지한 후에 한다.

③ 시험체를 거의 수직으로 유지하고 임의의 측정 위치를 정하여 천으로 깨끗하게 한다.

④ 용기에 A면의 상단의 높이가 충분히 물에 잠길 수 있는 양의 유기 용제[1]를 섞고 흔들어, 드라이아이스 조각을 가하여 서서

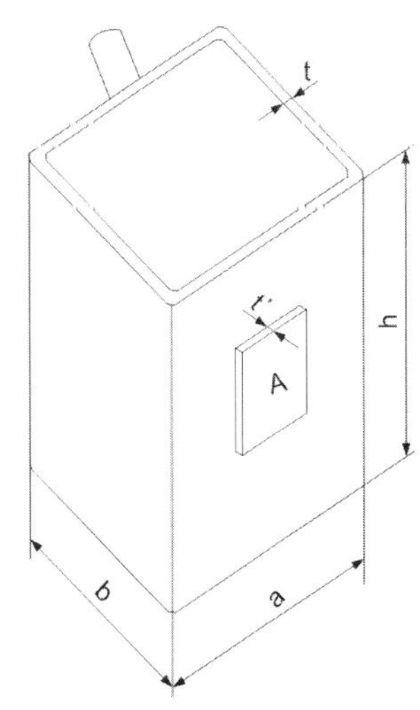

〈그림 3.3.1〉 이슬점 시험 기구

히 냉각하고 액 온도를 정해진 온도로 한다.

주1) 유기 용제는 아세톤 또는 에틸알코올 등 응고점이 -35℃보다 낮은 것으로서 복층 유리의 봉착재에 나쁜 영향을 주지 않는 것을 사용한다.

⑤ 용기의 A면을 유기 용재로 적셔서 그 면에 시험체를 〈표 3.3.1〉의 시간 동안 밀착시켜서, 그 사이의 용기에 드라이아이스 조각을 가하여 액 온도를 정해진 온도의 상·하 2℃ 이내의 범위로 유지한다.

〈표 3.3.1〉 밀착시간

재료 판유리의 두께(㎜)	밀착 시간(min)
3	3
5	4
6	5
8	7
10 이상	10

⑥ 다음에 시험체를 용기에서 떼어 놓고 유리 표면에 붙어 있는 서리를 빨리 닦고, 시험체 내면의 이슬 또는 서리의 유무를 스포트라이트를 사용하여 관찰한다. 또한 이 작업의 소요 시간은 30초 이내로 한다.

(5) 봉착의 가속 내구성 시험

① 6매의 시료에 대하여 (6)의 내습 내광 및 (7)의 냉열 반복 시험을 하여 이슬점이 -30℃ 이상의 것이 없어야 한다. 다만 전시험 기간을 통하여 유리의 파손은 시료 2매까지 허용하고 파손된 시료는 예비품과 교환하여 재시험할 수 있다.

② 봉착의 가속 내구성 시험은 제작 후 2주 이상 경과한 시료에 대해서 (4)의 이슬점 시험방법으로 이슬점을 측정한 후에 시작한다.

a. 〈표 3.1.6〉에서 정하는 Ⅰ류의 시험 방법은 (6)의 내습 내광 시험을 7일간 실시하고, 계속 (7)의 냉열 반복 시험을 12사이클 실시한 후 (4)의 이슬점 시험 방법으로 이슬점을 측정한다.

b. 〈표 3.1.6〉에서 정하는 Ⅱ류의 시험 방법 a.의 시험 과정에 이어, (6)의 내습 내광 시험을 7일간 실시하고, 계속 (7)의 냉열 반복 시험을 12사이클 실시한 후, (4)의 이슬점 시험 방법으로 이슬점을 측정한다.

c. 〈표 3.1.6〉에서 정하는 Ⅲ류의 시험 방법 b.의 시험 과정에 이어, (6)의 내습 내광 시험을 28일간 실시하고, 계속 (7)의 냉열 반복 시험을 48사이클 실시한 후, (4)의 이슬점 시험 방법으로 이슬점을 측정한다.

(6) 내습 내광 시험

시료를 55±3℃, 상대습도 95% 이상의 성능을 갖는 항온 항습조 내에서 〈그림 3.3.2〉와 같이 자외선 형광등 FL 40 BL[10] 또는 FL 40S BL[10]에 따라 유리와 봉착재의 접착면을 조사한다. 형광등의 축심과 유리 표면의 거리는 50±3㎜로 한다.

주10) 형광등의 형식 및 종별의 기호의 의미는 다음과 같다.
FL: 직관형-40 또는 40S: 40은 정격 램프 전력이 40W인 것이고, S가 붙은 것은 유리관이 가는 것
BL: 주로 자외선(파장 범위 315-400nm)을 방사하는 것.
비고: 1. 조 내의 평균 온도를 대표하는 위치의 온도와 습도를 연속 기록계로 기록한다.
2. 형광등 관의 교환은 통산 점등 시간 5150시간을 기준으로 하여 실시한다.

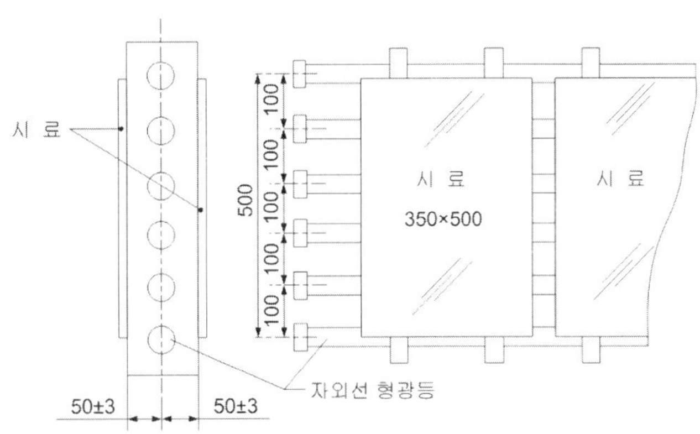

〈그림 3.3.2〉 형광등의 배치

(7) 냉열 반복 시험

시료를 항온조 내에 놓고 〈그림 3.3.3〉과 같이 -20±3℃로 1시간 유지한 후, 50±3℃로 1시간 유지하여 이것을 1사이클로 하여 반복한다.

비고: 조 내의 평균 온도를 대표하는 위치의 온도를 연속 기록계로 기록한다.

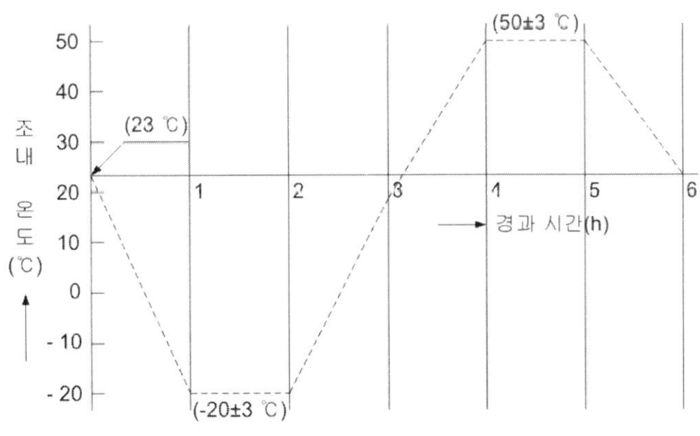

〈그림 3.3.3〉 냉열 반복 사이클

4) 시험결과의 예

<table>
<tr><td colspan="9">복층유리 시험결과</td></tr>
<tr><td>시 험 일</td><td colspan="8">년 월 일</td></tr>
<tr><td rowspan="2">시험일의 상태</td><td colspan="3">실온(℃)</td><td colspan="2">습도(%)</td><td colspan="2">수온(℃)</td><td>건조온도(℃)</td></tr>
<tr><td colspan="3"></td><td colspan="2"></td><td colspan="2"></td><td></td></tr>
<tr><td rowspan="2">시 료</td><td colspan="3">시 료 명</td><td colspan="2">채취장소</td><td colspan="2">채취날짜</td><td>제조업체</td></tr>
<tr><td colspan="3">단열 복층유리</td><td colspan="2"></td><td colspan="2"></td><td></td></tr>
<tr><td rowspan="2">시험체 번호</td><td colspan="3">겉모양 시험</td><td colspan="3">치수의 측정(㎜)</td><td rowspan="2">이슬점
(℃)</td><td rowspan="2">봉착의
가속내구성</td></tr>
<tr><td>잔금</td><td>이빠짐</td><td>긁힌흠</td><td>길이</td><td>나비</td><td>두께</td></tr>
<tr><td>1
2
3
4
5</td><td>이상무
이상무
이상무
이상무
이상무</td><td>이상무
이상무
이상무
이상무
이상무</td><td>이상무
이상무
이상무
이상무
이상무</td><td>500</td><td>350</td><td>22.0</td><td>-60 이하</td><td>5매 모두
파괴되지
않음</td></tr>
<tr><td>시험체 번호</td><td colspan="8">열관류저항 1/U (K·㎡/W)</td></tr>
<tr><td>1
2
3
4
5</td><td colspan="8">0.35
$R = \frac{1}{(25.0/12.0)+(5.14\times 0.72)} + \frac{10}{1000} = 0.1829$
- 1/U = 0.1829 + (1/20.4) + (1/8.6) = 0.35</td></tr>
</table>

3.4 접합 유리

1) 시험의 목적

접합유리는 2장 또는 그 이상의 판유리 사이에 투명한 플라스틱 필름을 넣고 고열로 접착시켜 만든 제품으로 유리가 파손되더라도 유리사이의 접착제에 의하여 파편이 접착제로부터 떨어져 나가지 않도록 하는 안전유리로서 자동차, 기차, 건축물의 안전유리로서 사용되고 있으며, 이에 대한 안전도를 평가할 필요가 있다.

2) 시험기기 및 재료

(1) 낙구충격시험 : 약 610×610㎜각의 치수로 평면 및 평면에 가까운 접합 유리, 항온항습조, 철제 틀, 강구(호칭 $2\frac{1}{2}$의 강구 중에서 무게 1040±10g인 것, 호칭 $3\frac{1}{4}$의 강구), 줄자
(2) 쇼트백 시험 : 볼트, 지지봉, 목재 조임틀, 고무판, 줄자, 가격체
(3) 만곡의 측정 : 시료를 수직으로 세울 수 있는 틀, 줄자
(4) 내광성 시험 : 약 300×300㎜ 각의 평면 접합 유리, 내광성 시험기
(5) 내열성 시험 : 약 300×300㎜각의 접합유리, 수조, 초시계

3) 시험방법

(1) 겉모양 시험
겉모양 시험은 제품을 시료로 하여 정면에서 육안으로 실시하며. 이빠짐의 치수는 최소 눈금 0.5㎜의 금속제 곧은 자를 사용하여 측정한다.

(2) 치수의 측정
① 변의 길이의 측정 : 사각형의 평면 접합 유리 변의 길이는 최소 눈금 1㎜의 강제 줄자를 사용하여 변 가장자리에서 15㎜ 안쪽의 위치에서 변에 평행하게 측정한다.
② 두께의 측정 : 평면 접합 유리 두께의 측정은 변 가장자리에서 15㎜이상 떨어진 부분에 대하여 0.01㎜까지 읽을 수 있는 마이크로미터 또는 이것과 동등 이상의 정밀도를 갖는 측정기를 사용하여 측정하여 소수점 이하 첫째 자리로 끝맺음 한다.
③ 만곡의 측정 : 평면 접합 유리 제품을 시료로 한다. 시료를 수직으로 세워 이것에 자를 수평으로 대고 측정한다. 활 모양인 경우는 현의 길이에 대한 호의 높이비의 백분율로, 파형인 경우는 산에서 산까지(또는 골에서 골까지)의 거리에 대한 골의 밑에서 산의 꼭대기까지의 높이비의 백분율로 나타낸다.

(3) 낙구충격시험

① 시료는 제품과 같은 재료 판유리 및 같은 중간 막을 사용하여 비슷한 방법으로 제조하거나 제품에서 잘라 낸 약 610×610㎜각의 치수로 평면 및 평면에 가까운 접합 유리로서 시험 직전까지 적어도 4시간 동안 23±2℃의 실내에서 유지한 것을 사용한다.

② 시료는 〈그림 3.2.1〉의 철제 틀을 이용, 시료가 수평이 되도록 한다. 다른 두께 종류의 재료 판유리를 사용한 접합 유리는 얇은 쪽 재료 판유리를 충격면으로 한다. 다만 무늬 접합 유리, 망 무늬 판유리 및 선 무늬 판유리를 사용하는 접합 유리에서는 원칙적으로 충격면은 무늬 모양이 없는 면으로 한다.

③ 호칭 $2^{\frac{1}{2}}$의 강구 중에서 무게 1040±10g인 것을 골라서, 이것을 시료 표면에서 120㎜높이에 놓고 정지 상태에서 힘을 가하지 않고 시료면의 중심점을 향해서 1회 낙하시켜서, 구성하는 유리가 1장 이상 파괴되었을 때의 파괴 상태를 본다. 파괴되지 않는 경우에는 〈표 3.4.1〉의 낙하 높이의 순서에 따라 높이를 점차 올려서 1회 낙하하여, 구성하는 유리판이 1매 이상 파괴되었을 때의 파괴 상태를 본다.

④ 그래도 파괴되지 않는 경우에는 호칭 $3^{\frac{1}{4}}$의 강구를 사용하여, 앞의 조작을 통하여 구성하는 유리판이 1장 이상 파괴되었을 때 파괴의 상태를 본다. 또한 파괴되지 않는 경우에는 강구 중 적당히 무게가 많이 나가는 것을 사용하여 같은 조작에 의해 충격을 가하고, 구성하는 유리판이 1장 이상 파괴되었을 때 파괴의 상태를 본다. 그리고 충격점은 시료면의 중심점에서 25㎜ 이하의 범위에 들어가도록 한다. 또한 시험은 상온에서 한다.

〈표 3.4.1〉 낙구 충격 시험 낙하 높이 단위 : ㎝

낙하 높이	120	150	190	240	300	380	480

(4) 쇼트백 시험

접합유리의 쇼트백 시험은 3.1 강화유리 (4) 쇼트백 시험의 ①, ②, ③, ④까지는 동일하며 이후의 시험 방법은 다음과 같다.

⑤ 시료는 시험 직전까지 적어도 4시간 동안 23±5℃의 실내에 유지한 후 시험틀에 장치한다. 이 때 다른 두께의 종류인 재료 판유리를 사용한 접합 유리는 얇은 쪽의 재료 판유리를 충격면으로 한다. 이 때 무늬 접합 유리, 망 무늬 유리 및 선 접합 유리를 사용하는 접합 유리에서는 원칙적으로 충격면은 무늬 모양이 없는 면으로 한다.

⑥ 〈그림 3.2.2〉와 같이 가격체를 그 횡단면의 최대 지름 부분의 바깥 둘레가 시료 표면에서 1.3㎝ 이하이고, 또한 시료의 중심에서 5㎝ 이내의 위치에 지름 약 3㎜의 강연선으로 달아맨다. 계속해서 가격체 최대 지름의 중심을 정지 상태의 위치로부터 〈표 3.1.7〉의 분류된 Ⅱ-1류는 120㎝, Ⅱ-2류는 75㎝, Ⅲ류는 30㎝의 높이로 유지한 후, 진자식으로 자유 낙하시켜 중심점 부근에 1회 충격을 가하고 유리가 파괴된 경우, 파괴 부분에 지름 75㎜의 공이 자유로이 통과하는 구멍이 생기지 않았거나, 유리가 파괴되지 않아야 한다.

⑦ Ⅲ류에서는 ⑥의 충격으로 시료가 파괴되지 않을 때는 〈표 3.4.2〉의 순서에 따라 높이를 변경하여, ⑥와 같은 충격을 가해 접합 유리를 구성하는 유리판이 2장 모두 파괴되었을 때 파괴 부분에 지름 75㎜의 공이 자유로이 통과하는 구멍이 생기지 않아야 한다.

앞의 ⑥과 ⑦의 충격에 있어서 접합 유리를 구성하는 2장의 유리판 중 1장만이 파괴되었을 때는 그 때의 낙하 높이와 같은 높이로 다시 1회만 충격을 가한다. 그래도 파괴되지 않을 때는 〈표 3.4.1〉의 순서에 따라 높이를 올려서 ⑥과 같은 충격을 주고, 남아 있는 1장의 유리판이 파괴되었을 때에는 파괴 부분에 지름 75㎜의 공이 자유로이 통과하는 구멍이 생기지 않아야 한다.

〈표 3.4.2〉 Ⅲ류의 가격체 높이 단위 : ㎝

낙하높이	30	38	48	61	77	95	120	150	190	230

(5) 만곡의 측정

① 시료를 수직으로 세워 이것에 자를 수평으로 댄다.

② 활 모양인 경우는 현의 길이에 대한 호의 높이비의 백분율로 계산하고, 파형인 경우는 골에서 골까지의 거리에 대한 골의 밑에서 산의 꼭대기까지의 높이비의 백분율로 나타낸다.

(6) 내광성 시험

① 3㎜ 플로트 판유리 2장 및 제품과 동일한 중간막을 사용하여 비슷한 방법으로 제조한 치수 약 300×300㎜ 각의 평면 접합 유리를 사용한다.

② KS L 2007의 내광성 시험에 규정하는 내광성 시험에 따라 자외선을 조사하고, 시료의 변화를 육안으로 관찰한다.

③ 또한 무색 투명한 중간막을 사용한 접합 유리는 가시광선 투과율을 측정하고, 다음 식에 따라 감소율(l)을 산출한다.

$$l = \frac{a-b}{a} \times 100$$

여기에서, l : 감소율(%)

a : 자외선 조사 전의 가시 광선 투과율(%)

b : 자외선 조사 후의 가시 광선 투과율(%)

(7) 내열성 시험

① 시험체는 제품에서 잘라 낸 것 또는 제품과 같은 재료 판유리 및 같은 중간막을 사용하여 비슷한 방법으로 제조한 접합 유리로 하고, 그 치수는 약 300×300㎜각으로 한다.

② 시료를 약 65℃의 따뜻한 물 속에 수직으로 세워서 3분간 경과 후, 재빨리 끓는 물 속에 2시간 담갔다 꺼내어 중간막 및 중간막과 유리 경계면의 상태를 눈으로 검사한다.

4) 시험결과의 예

<table>
<tr><td colspan="10">접합유리 시험결과</td></tr>
<tr><td colspan="2">시 험 일</td><td colspan="8">년 월 일</td></tr>
<tr><td colspan="2" rowspan="2">시험일의 상태</td><td colspan="2">실온(℃)</td><td colspan="2">습도(%)</td><td colspan="2">수온(℃)</td><td colspan="2">건조온도(℃)</td></tr>
<tr><td colspan="2"></td><td colspan="2"></td><td colspan="2"></td><td colspan="2"></td></tr>
<tr><td colspan="2" rowspan="2">시 료</td><td colspan="2">시 료 명</td><td colspan="2">채취장소</td><td colspan="2">채취날짜</td><td colspan="2">제조업체</td></tr>
<tr><td colspan="2">접합유리</td><td colspan="2"></td><td colspan="2"></td><td colspan="2"></td></tr>
<tr><td rowspan="2">시험체 번호</td><td colspan="6">겉모양 시험</td><td colspan="3">치수의 측정(㎜)</td></tr>
<tr><td>기포</td><td>이물질</td><td>판 어긋남</td><td>잔금</td><td>흐림 긁힌 흠</td><td>이빠짐 돌기</td><td>길이</td><td>나비</td><td>두께</td></tr>
<tr><td>1
2
3
4
5</td><td>이상무</td><td>이상무</td><td>이상무</td><td>이상무</td><td>이상무</td><td>이상무</td><td>610</td><td>610</td><td>6.25
6.26
6.25
6.26
6.27</td></tr>
</table>

<table>
<tr><td rowspan="2">시험체 번호</td><td rowspan="2">만곡(%)</td><td rowspan="2">낙구충격 박리</td><td rowspan="2">내열성</td><td rowspan="2">쇼트백 충격</td><td colspan="2">내광성</td></tr>
<tr><td>현저한 변색 기포 흐림</td><td>감소율</td></tr>
<tr><td>1
2
3
4
5</td><td>0.07
0.07
0.07
0.07
0.07</td><td>이상무</td><td>이상무</td><td>이상무</td><td>이상무</td><td>0.8
0.8
0.79
0.8
0.79</td></tr>
</table>

Ⅳ. 방수재료의 시험

4.1 기본사항

건축공사 표준 시방서에서는 방수공사에 사용하는 재료를 크게, 멤브레인 방수, 시멘트 모르타르 방수, 규산질 침투성 방수, 금속판 방수, 벤토나이트 방수 및 실링방수로 구분하고 있으며, 이중 멤브레인 방수를 사용하는 재료의 형상이나 사용방법에 따라 다음의 〈표 4.1〉과 같이 아스팔트, 개량아스팔트 시트, 합성고분자 시트 및 도막 방수재로 다시 세분하고 있다.

본 장에서는 건축공사 표준 시방서에서 정하는 방수재의 분류에 준하여 현재 가장 많이 사용하고 있는 시트 방수재, 도막 방수재, 아스팔트 방수재, 시멘트 모르타르 방수재에 대한 재료시험을 정리하였다.

〈표 4.1〉 멤브레인 방수재의 종류와 특성

종 류		특 성
아스팔트 방수	적층형 아스팔트	용융상태에서 루핑의 적층에 사용. KS F 4052의 3종 및 4종은 촉매 블로잉 기술에 의해 제조되어져, 저온에서도 취성이 없는 특성이 있어 방수공사용으로 주로 사용함
	아스팔트 루핑	심지(원반)로 합성섬유를 사용한 것은 기계적강도가 뛰어나고, 유리섬유를 사용한 것은 치수안정성이 뛰어남
시트방수	개량아스팔트 시트	아스팔트에 합성고무나 합성수지를 첨가하여 성질을 개량한 아스팔트를 단독 또는 폴리에스터나 폴리플로피렌 등과 같은 합성섬유를 심지(원반)로 조합하여 사용함.
	가황고무 시트	주로 부틸고무와 EPDM(EPT라고도 함)고무를 혼합한 것을 사용함. 내후성, 내피로성이 뛰어나지만, 시트간 이음매(랩 죠인트)의 확실한 처리에 주의하여야 함.
	비 가황고무 시트	주로 재생 부틸고무를 사용하며, 시트간 이음매(랩 죠인트)의 밀착성이 뛰어나다고 알려져 있음
	연질 염화비닐 시트	시트간 이음매(랩 죠인트)의 용접이 가능한 특징이 있음.
	기 타	에틸렌 초산비닐공중합체, 염소화 폴리에틸렌, 폴리이소부틸렌, 클로로술폰화 폴리에틸렌, 아크릴 수지 등 열가소성의 시트가 사용되고 있음.
도막방수	우레탄고무	일반적으로 2성분 반응경화형을 많이 사용하나, 습기 경화형(1액형)도 있으며, 타르 우레탄, 카본 우레탄, 칼라 우레탄의 3종류가 있음.
	클로로프렌, 클로로술폰화 폴리에틸렌	클로로프렌의 용제형 도막재로 어두운색 배합이 되기 때문에 마감은 클로로술폰화 폴리에틸렌의 용제형 도막재를 사용함.
	아크릴	아크릴고무, 또는 아크릴 수지의 에멀션으로 전자는 안료를 혼합하고, 후자는 무안료(건조후 투명화)로 사용함.
	고무아스팔트	아스팔트 유제와 고무라텍스의 혼합물로 건조후 아스팔트와 고무의 중간적인 물성을 나타냄.

4.2 시트방수재 시험

4.2.1 기본사항

방수용 시트의 제조설계는 주로 다른 합성고분자 소재들과 같이 외기온도나 하중에 따른 구조물의 신축거동에 대응할 수 있도록 하는 탄성설계를 기본으로 하고 있다. 따라서 재료시험도 주로 시트의 신장 시 인장강도와 신장률 측정이 가장 주요한 포인트가 되며 온도 등과 같은 외적 환경 요인의 영향을 많이 받으므로 온도 변화나 기타 환경 변화에 따른 물성변화도 같이 확인할 필요가 있다.

1) 시험의 일반조건

시험편의 제작 및 시험을 하는 환경조건은 다른 건설자재 시험방법과 같이 특별한 규정이 없는 한 표준상태(여기서 표준상태란 KS A 0006에 규정하는 온도 20℃ 2급, 습도 65% 20급[20±2℃, 65±20%]을 말한다)로 하고, 기타 내구성을 확인하기 위한 시험에서는 저온(주로 -20℃)과 고온(주로 60℃) 상태를 추가하기도 한다.

2) 치수의 측정

(1) 두께는 KS M 6518의 5.2.5(a)에 규정하는 측정기로 측정하며, 두께 측정 위치는 〈그림 4.2.1〉에 표시한 것과 같이 끝부분에서 300㎜를 잘라내고, 다시 그 끝부분에서 20㎜ 안쪽에서 측정한다.
또한, 나비방향의 양끝에서 각각 나비의 10% 안쪽으로 들어간 2곳(a, b)과, 그 사이를 4등분한 위치(c, d 및 e)의 합계 5곳으로 한다. 두께는 0.01㎜까지 측정하고, 그 측정치의 평균치로 나타낸다. 다만, 나비가 500㎜ 미만의 것은 c 및 d 위치의 측정은 생략할 수 있다.

(2) 나비는 길이방향의 양끝부근 및 중앙부근의 3곳에서 1㎜까지 측정하고, 그 측정치의 평균치로 나타낸다.

(3) 길이는 평면으로 펼친 전체 길이의 최단부를 10㎜까지 측정한다.

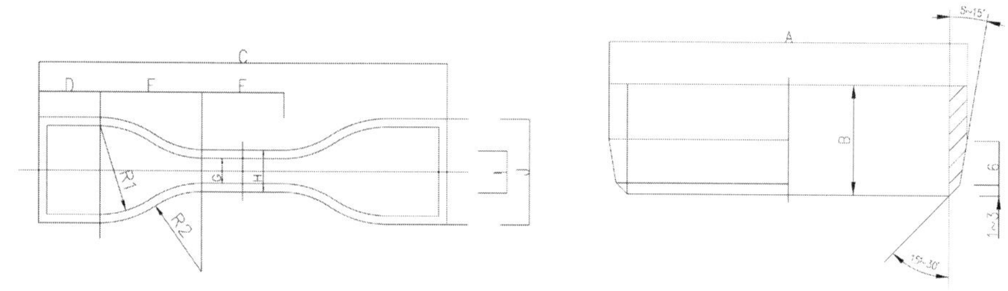

〈그림 4.2.1〉 시험체의 절단 및 두께 측정

3) 시험편의 제작

치수를 측정한 제품으로부터 시험에 필요한 길이를 잘라내고, 평면으로 펼쳐서 표준상태에 24시간 이상 놓아둔 후 〈그림 4.2.2〉, 〈그림 4.2.3〉, 〈그림 4.2.4〉 및 〈표 4.2.1〉에 따라 시험편을 채취한다.

〈표 4.2.1〉 시험체의 치수

모 양	형 별	주요 부분의 치수			
		평행 부분의 너비	평행 부분의 길이	평행 부분의 두께	눈금 거리
아 령 형	1호형	10	40	3이하	40
	2호형	10	20	3이하	20
	3호형	5	20	3이하	20
	4호형	5	20	3이하	20
모 양	형 별	바깥지름	안지름	두 께	눈금 거리에 해당하는 길이
고 리 형	5호형	52.6	44.6	4~6	70
	6호형	44.6	36.6	4~6	57.5

또한, 제품의 나비가 350㎜ 미만인 것에 대해서는 같은 조건으로 제조한 나비 350㎜ 이상인 것에서 시험편을 채취한다. 제품의 점착성에 있어 시험에 지장이 있는 항목에 대해서는 점착부에 KS M 6555에 규정하는 1종(경질 탄산칼슘)을 발라 점착성을 제거한 후 시험한다.

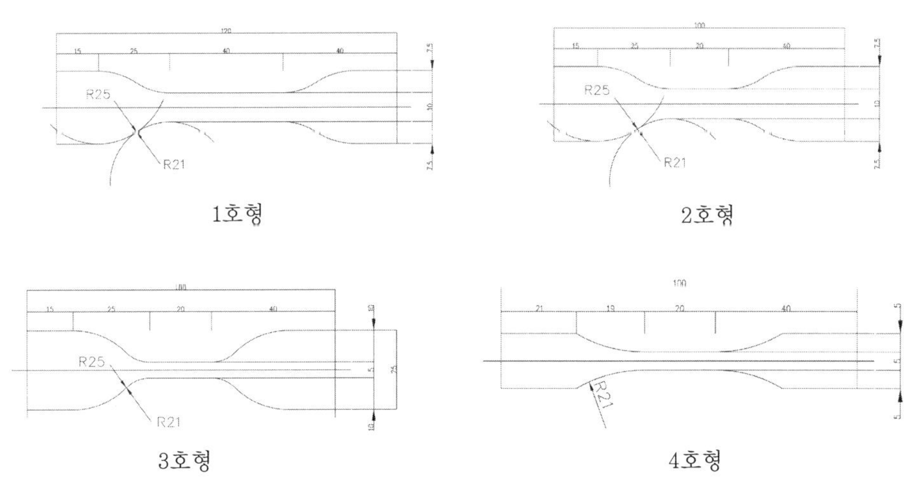

〈그림 4.2.2〉 아령형 인장 시험체의 제작 치수

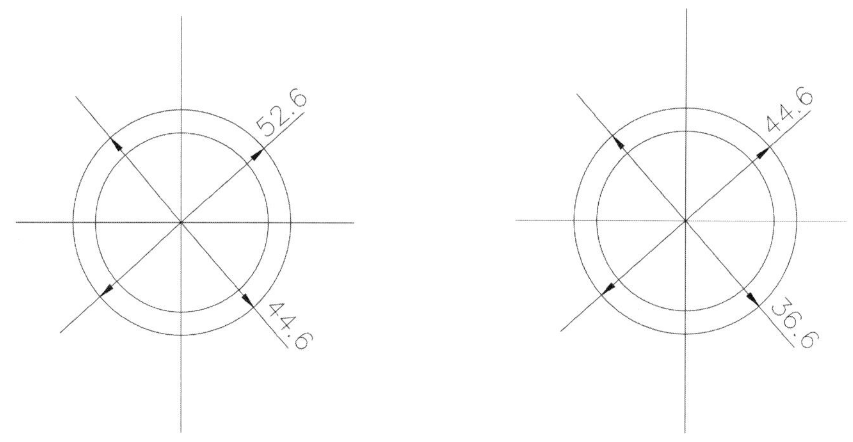

〈그림 4.2.3〉 고리형 인장 시험체의 제작 치수

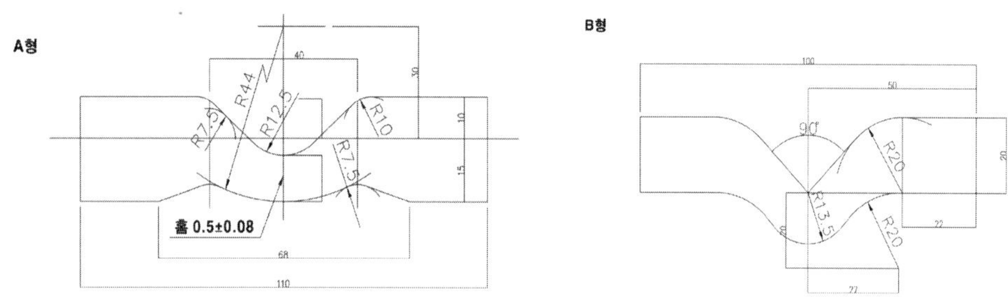

〈그림 4.2.4〉 인열 시험체의 제작 치수

4) 제품의 단위면적 무게의 측정

시험편의 무게를 1g까지 달고 이것을 시험편의 면적으로 나누어 제품의 단위면적 무게를 산출하여 g/㎡의 단위로 나타낸다. 시험편의 면적은 시험편의 나비 및 길이를 각각 3곳에서 1㎜까지 측정하여 이들의 평균치로부터 산출한다.

또한, 제품의 단위면적 무게는 시험편 3개의 평균치로 나타내며 시험편에 박리지 등이 붙어 있을 경우에는 그 상태로 무게를 달고, 그 후에 박리지 등의 무게를 뺀다.

4.2.2 인장성능 시험

1) 시험의 목적

인장시험을 통해 재료에 주어지는 응력과 변형율 사이의 관계를 확인하고 인장강도, 탄성한계, 탄성율, 파괴강도, 신장율 등 여러 가지 기계적 특성들에 대한 정보를 얻을 수 있으며, 이러한 정보를 토대로 재료의 적정한 안전율을 측정하고, 적용 환경에 대한 효용성을 파악하는데 있다.

2) 시험기기 및 재료

(1) U.T.M　　(2) 성형틀(300×300㎜)
(3) 버니어켈리퍼스　　(4) 인장형 몰드 성형기
(5) OHP 필름　　(6) 시트 방수재

3) 시험방법

(1) 시험편을 표준상태에서 1시간 이상 정치한 다음, 정해진 인장속도 및 시험편의 물림간 거리에서 시험편이 파단될 때까지 인장한다.
일반적으로는 아령형 3호의 시험편(표점간 거리 60㎜)을 사용하여, 200 또는 500㎜/min의 속도로 인장하여 얻은 하중-변위 곡선으로부터 100%와 300% 인장하였을 때의 인장응력(T)를 다음 식에 의하여 구한다.

$$T = \frac{P}{A}$$

여기에서, T : 인장응력 (MPa)
P : 특정한 신장율에서의 하중 (N)
t : 시험편 단면적 (㎟)

(2) 인장강도 및 파단시 신장률의 측정과 산출은 다음의 식에 따르고 인장강도 및 파단시의 신장률은 길이방향 및 나비방향에 대해 각각 시험편 3개의 평균치로 나타낸다.

$$T = \frac{P}{A}$$

여기에서, T : 인장강도 (MPa)
P : 최대 하중 (N)
t : 시험편 단면적 (㎟)

$$E = 100\frac{L1 - L0}{LO}$$

여기에서, E : 신장율 (%)
$L0$: 눈금거리 (㎜)
$L1$: 절단될 때의 눈금사이의 길이 (㎜)

4.2.3 인열성능 시험

1) 시험의 목적

방수재료가 실제 구조물 및 환경조건에서 작용하는 축하중 및 편심에 의한 이력이 방수재에 작용할 수 있으며, 이에 대하여 방수재를 찢으려는 힘에 대한 저항능력을 확인하기 위한 실험으로 인장성능이 좋은 재료라도 인열성능에는 상대적으로 취약할 수 있으므로 방수재료의 성능 검증을 위한 중요한 항목이다.

2) 시험기기 및 재료

인열성능 시험용 기기 및 재료는 전기한 4.2.2의 인장성능 시험과 동일하나 시험편은 4.2.1의 3) 시험편 제작에서 인열 시험체를 대상으로 한다.

3) 시험방법

(1) 전기 인장성능 시험과 같이 시험편을 표준상태에 1시간 이상 정치한 후, 인장 시험기에 시험편을 부착하고 적정한 인장속도로 시험편이 파단될 때까지 인장한다.
(2) 인열강도(T)는 길이방향 및 나비방향에 대하여 다음의 식에 의하여 구하고, 각각 시험편 3개의 평균치로 나타낸다.

$$T = 10\frac{P}{t}$$

여기에서, P : 하중(N)
t : 시험편 두께(㎜)

4.2.4 시트 간 이음매 접합성능 시험

1) 시험의 목적

공장에서 제조한 시트를 현장에서 연속 이음하여 방수층으로 하는 공법의 특성상, 시트 간 이음매(랩 죠인트)의 불량 시공 및 재료상의 접착성은 방수층으로서의 기능에 직접적인 영향을 미치므로 추가하여 확인할 필요가 있다.

2) 시험기기 및 재료

시험용 기기 및 재료는 전기한 4.2.2의 인장성능 시험과 동일하나며 시험편은 시트간 이음매를 채취하여 사용한다.

3) 시험방법

(1) 시험체는 접합부를 접착제로 접합하여 사용할 경우, 2개의 시험편을 길이방향으로 100㎜ 겹치고 열융착 또는 용제로 접합하여 사용할 경우에는 40㎜ 겹쳐서 제조자가 지정하는 방법으로 붙인다.

(2) 시편에 기준선을 표시하여 표준상태에 24시간 놓아두고, 시험 전, 시험체를 가열처리(80℃, 168시간)와 알칼리 처리(168시간)하여 둔다.

(3) 유지구에 표선간이 물림간격으로 되도록 시험체를 부착하고, 겹침 길이 100㎜인 시험체에 대하여 표선간 140㎜가 될 때까지, 겹침 길이 40㎜인 시험체 대하여는 표선간 70㎜가 될 때까지 신장하여 24시간 표준상태에 놓아둔다.

(4) 시험편을 떼어내고 표준상태에 4시간 정치한 후, 기준선으로부터의 어긋남 및 박리된 길이를 측정한다.

(5) 2장의 시험편을 40㎜ 겹쳐 접합시킨 시험체를 제작하여 표준상태에 24시간 이상 정치한 다음, 양끝의 25㎜를 제외하고 나비 100㎜의 시험체 3개를 잘라낸다. 또한, 시험체는 무처리, 가열처리, 알칼리 처리용으로 각각 3개씩 모두 9개를 제작한다.

(6) 이렇게 만든 시험체를 표준상태에서 24시간 방치한 후, 시험체의 겹침부가 거의 중앙이 되도록 물림간격 75㎜로 하여 인장 시험기에 부착하고 인장속도 300㎜/min에서 시험체가 파단될 때까지 인상하여 최대하중(N)을 읽고 각각 시험편 3개의 평균치로 나타낸다.

4) 시험결과의 예

시트방수재 시험결과													
시 험 일			년 월 일										
시험일의 상태			실온 (℃)			습도 (%)			수 온(℃)			건조온도 (℃)	
시 료			시 료 명			채취장소			채취날짜			제조업체	
			합성고분자계 방수시트(균질)										
시험항목		시험체 번호	길이방향				평균 (N/㎠)	나비방향				평균 (N/㎠)	
			두께 (㎜)	폭 (㎜)	하중 (kgf)	인장강도 (kgf/㎠)		두께 (㎜)	폭 (㎜)	하중 (kgf)	인장강도 (kgf/㎠)		
인장 성능	인장강도 (N/㎠)	1	2.08	5.0	24.54	235.94	2260	2.13	5.0	17.96	168.65	1757	
		2	2.06	5.0	22.12	214.78		2.10	5.0	18.56	176.79		
		3	2.10	5.0	25.31	241.07		2.12	5.0	20.39	192.33		
	신장율 (%)	1	752.76				769	790.04				778	
		2	764.96					772.16					
		3	788.56					772.88					
인열 성능	인열강도 (N/㎝)	시험체 번호	두께 (㎜)	하중 (kgf)	인열강도 (kgf/㎝)		평균 (N/㎝)	두께 (㎜)	하중 (kgf)	인열강도 (kgf/㎝)		평균 (N/㎝)	
		1	2.11	22.59	107.08		1060	2.09	20.56	98.35		1029	
		2	2.12	22.79	107.48			2.15	24.00	111.62			
		3	2.11	23.23	110.07			2.11	22.19	105.16			
접합성상		시험체 번호	무처리				가열처리			알칼리처리			
		1	이상없음				이상없음			이상 없음			
		2	이상없음				이상없음			이상 없음			
		3	이상없음				이상없음			이상 없음			

4.3 도막방수재 시험

4.3.1 기본사항

폴리우레탄, 아크릴, 고무 아스팔트나 클로로프렌 고무 등을 사용하여 현장에서 피막을 형성하는 도막 방수재료에 대한 시험방법은, 기본적으로는 전기 4.1의 시트 방수재와 동일하다. 다만, 공장에서 생산하는 시트 방수재와는 달리, 현장에서 피막을 형성하므로, 본서에서는 시험체의 제작방법, 내구성 시험, 고형분 시험 및 흐름 저항성능 시험만을 정리하여 본다.

시험편의 제작 및 시험 환경조건은 전기 4.1의 시트 방수재 시험과 동일하게 KS A 0006(시험장소의 표준 상태)의 표준상태로 하고, 재료, 용기, 형틀 및 바탕판은 시험 전에 24시간 이상 표준상태에 방치한 것을 사용하여야 한다.

(1) 시료는 방수재를 잘 혼합하여 균질하게 하고, 회석액을 첨가(첨가량에 범위가 정해져 있을 경우에는 그 범위의 중앙치로 한다)하여 다시 균일하게 혼합한 것으로 한다. 다만, 고형분을 측정하기 위한 시료는 희석액을 첨가하지 않은 것으로 하고, 2성분형 방수재인 경우는 제조자가 지정하는 혼합비가 되도록 정확히 계량하여 균일하게 혼합한 것을 시료로 한다.
(2) 시험편의 제작 조건 및 시료의 도포 방법은 특별한 지정이 없는 한, 도막두께가 우레탄 고무계, 아크릴 고무계 및 클로로프렌 고무계는 약 1㎜, 고무 아스팔트계는 약 2㎜가 되도록 한다.
(3) 시험편은 휨이 없고 또한 평활한 면으로 도막을 성형한 후에는 도막을 쉽게 탈형할 수 있도록 처리된 형틀에 기포가 없도록 균일하게 충전 또는 도포하고, 〈표 4.3.1〉의 양생조건에 따라 도막을 성형한 다음 시험편을 채취하나, 탈형 후에는 도막을 뒤집어서 양생한다.

〈표 4.3.1〉 시험편 제작시 양생 조건

구 분		탈형까지의 양생조건	탈형 후의 양생조건
1성분형	에멀젼 타입	표준 상태에서 24시간 후 40±2℃에서 24시간[1)]	40±2℃에서 48시간 후, 표준상태에서 4시간 이상
	용액타입	표준상태에서 96시간[2)]	표준상태에서 72시간 이상[3)]
2성분형		표준상태에서 96시간	표준상태에서 72시간 이상

주1) 고무아스팔트계는 표준상태에서 120시간으로 한다.
주2) 클로로프렌 고무계는 표준상태에서 168시간으로 한다.
주3) 클로로프렌 고무계는 70±2℃에서 24시간, 표준상태에서 4시간 이상으로 한다.

4.3.2 내구성능 시험

1) 시험의 목적

방수용 도막재로 주로 사용하는 소재는 고분자소재가 대부분인 관계로 온도에 따른 물성치 변화가 현저하며, 이러한 온도 의존성은 향후의 방수성능과 밀접하게 관계하므로 이에 대한 확인이 필요하다. 또한, 외기 환경중의 기상인자(주로, 자외선이나 오존 등, 방수바탕재의 재질, 기타 방수대상이 되는 물이나 가스의 종류 등에 대한 내구성도 미리 시험을 통하여 확인해 둘 필요가 있다.

2) 시험기기 및 재료

(1) 온도의존성 : 시험기기는 인장시험용 U.T.M을 사용하며, 재료는 전기 4.2.1의 기본사항에서 기술한 내용과 같이 제작된 시험체를 사용한다.

(2) 가열신축성상 : 길이측정기(정밀도 0.5㎜ 이상인 것.), 가열 항온기(KS M 6518에 규정하는 기어식 노화시험기 또는 이에 준하는 장치)

(3) 열화처리후의 인장성능 : 인장시험기, 가열신축성상 시험에 사용하는 가열항온기, 촉진노출 시험장치(KS F 2274에서 규정하는 WS형 장치), 오존열화시험기(오존 농도 75±7.5pphm, 온도 40±2℃로 조정 가능한 것), 유지구(신장률을 유지할 수 있는 물림구를 가지며, 시험할 때에 부식되지 않는 것으로 한다.)

3) 시험방법

(1) 온도 의존성 시험방법

① 시험편을 60℃ 및 -20℃의 시험온도에서 1시간 이상 정치한 후, 시험편을 물림간격이 60㎜가 되도록 부착한다.

② 우레탄 고무계, 클로로프렌 고무계 및 고무아스팔트계는 500㎜/min, 아크릴 고무계는 200㎜/min의 인장 속도록 각 온도에서 시험편이 파단될 때까지 인장한다.

② 인장강도비(60℃), 인장강도(60℃)는 전기 4.1.3과 같이 계산하고, 신장률(-20℃)은 다음식에 의하여 계산한다.

③ 또한, 60℃에서 인장강도비 및 인장강도, -20℃에서 신장률은 길이방향 및 나비방향에 대하여 인장강도비는 각각 시험편 3개의 평균치로 나타낸다.

$$E = \frac{L}{60} \times 100$$

여기에서, E : 파단 시 물림부 사이의 신장율 (%)

L : 물림부 사이의 거리 60㎜에 대한 파단 시 신장량(㎜)

(2) 가열신축 성상 시험방법

① 정밀도 0.5㎜ 이상의 길이 측정기와, KS M 6518의 공기가열식 노화 시험기를 준비하고, 시험편을 표준상태에서 24시간 이상 정치한다.

② 시험편의 길이를 중앙부에서 길이 측정기로 측정한 후 우레탄 고무계 및 클로로프렌 고무계는 80±2℃, 우레탄고무계 2류 및 고무아스팔트계는 700±2℃에 조절한 가열 항온기에 168시간 수평으로 놓아둔다.

③ 시험편을 꺼내어 표준상태에 4시간 이상 정치한 후, 다시 시험편의 길이를 같은 위치에서 측정하여, 최초의 길이에 대한 신축량(㎜)을 계산한다.

④ 신축량은 길이방향 및 나비방향에 대하여 각각 시험편 3개의 평균치로 나타내고, 시험편이 휘어 있을 때는 길이 측정기로 눌러서 측정한다.

$$S = \frac{L^1 - L^O}{L^O} \times 100$$

여기에서, S : 신축율(%)

L^1 : 가열 처리 후의 길이(㎜)

L^O : 가열 처리 전의 길이(㎜)

(3) 열화 처리 후의 인장성능 시험방법

① 가열처리는 KS M 6518의 7.3에 따라, 시험편을 박리지 등의 위에 수평으로 놓고 가열온도 우레탄 고무계 및 클로로프렌 고무계는 80±2℃, 우레탄고무계 2류 및 고무아스팔트계는 700±2℃, 가열시간 168시간으로 가열한 다음, 표준상태에 4시간 이상 정치한 것을 시험편으로 하여 인장성능을 측정한다.

② 촉진노출처리는 〈KS F 2274의 5〉에 의하며, 시험편에 영향을 주지 않는 비점착 처리된 길이 약 150㎜, 나비 70㎜, 두께 약 1㎜의 알루미늄 합금제의 지지판에 시험편의 상, 하단을 끈 등으로 묶어 고정시킨다. 시험편의 중앙이 될 수 있는 한 지지판 중앙부에 위치하도록 하여 노출시킨 후 표준상태에서 4시간 이상을 정치하여[1] 인장성능을 측정한다.

주1) 촉진폭로 처리는 KS F 2274의 4.에 규정하는 WS형 촉진폭로 시험장치를 사용하여, 블랙 패널 온도계의 지시온도는 63±3℃, 스프레이 사이클은 120분 중 18분, 시험시간은 250시간으로 한다.

③ 알칼리 처리는 20±2℃의 수산화칼슘의 포화 수용액 400㎖에 시험편을 168시간 침지한다. 침지 후의 시험편은 충분히 세척하고 마른 헝겁으로 닦은 후, 아크릴고무계는 50~60℃에서 6시간 이상 건조 후 우레탄 고무계와 클로로프렌 고무계는 즉시 표준상태에서 4시간 이상 정치하여 인장성능을 측정한다.

④ 산처리는 KS M 8103에서 규정하는 수용액 400㎖에 168시간을 침지시킨 후 충분히 씻어 헝겊으로 닦아 알칼리처리와 동일한 방법으로 정치하여 인장성능을 측정한다.

4) 시험결과의 예

도막방수재 시험결과				
시 험 일	년 월 일			
시험일의 상태	실온(℃)	습도(%)	수온(℃)	건조온도(℃)
시 료	시 료 명	채취장소	채취날짜	제조업체
	지붕용 고무아스팔트계			

	온도	시번	두께 (mm)	폭 (mm)	하중 (kgf)	인장강도 (kgf/cm²)	신장률 (%)	인장강도비(%)
온도 의존성	-20℃	1	2.95	10.00	7.77	26.32	244.42	745
		2	2.86	10.00	7.73	27.03	236.22	
		3	2.96	10.00	7.78	26.29	238.50	
	60℃	1	3.21	10.00	0.26	0.82	700이상	24
		2	3.03	10.00	0.26	0.86	700이상	
		3	2.98	10.00	0.26	0.86	700이상	
	20℃	1	-	-	-	-	700이상	-
		2					700이상	
		3					700이상	

가열 신축 성상	시번	l_1(mm)	l_2(mm)	신축률 (%)
	1	300.1	301.2	0.367
	2	300.6	301.7	0.366
	3	300.8	302.0	0.399
	평균 (%)	0.4		

		시번	가열처리					알칼리처리				
			두께 (mm)	폭 (mm)	하중 (kgf)	인장강도 (kgf/cm²)	인장강도비(%)	두께 (mm)	폭 (mm)	하중 (kgf)	인장강도 (kgf/cm²)	인장강도비(%)
열화처리 후의 인장성능	인장강도 (N/cm²)	1	1.89	10.00	0.68	3.60	97	2.33	10.00	0.81	3.46	95
		2	2.35	10.00	0.81	3.46		2.43	10.00	0.82	3.39	
		3	2.54	10.00	0.84	3.32		2.63	10.00	0.88	3.36	
	신장율 (%)	1	3000 이상					3000 이상				
		2	3000 이상					3000 이상				
		3	3000 이상					3000 이상				
신장시 열화	가열 철리	1	이상없음									
		2	이상없음									
		3	이상없음									

4.3.3 흘러내림 저항성 및 고형분 시험

1) 시험의 목적

도막방수재는 평활하지 않은 방수면에 도포하는 형태로서 원활한 방수층의 도막을 확보하기 위하여 방수재의 흘러내림 성능을 파악할 필요가 있으며, 특히, 도포 후 도막층으로 남는 필러량을 확인할 수 있는 고형분 실험을 통하여 효과적인 방수층의 확보가능여부를 확인할 필요가 있다.

2) 시험기기 및 재료

(1) 흘러내림 저항성 : 플렉시블판(두께 5㎜, 길이 400㎜, 나비 200㎜)

(2) 1액형 또는 2액형의 방수재

(3) 버니어켈리퍼스

(4) 시험판의 형틀

(5) 고형분 : 눈금병(평형의 60㎜), 저울, 건조기, 데시케이터, 실리카겔 및 염화칼슘, 유리막대(지름 3㎜, 길이 약 110㎜), 방수재

3) 시험방법

(1) 흘러내림 저항성

① 시험을 위한 바탕판은 KS L 5115(석면 시멘트판)에 규정하는 두께5의 플렉시블 판을 길이 400㎜, 나비 200㎜로 절단하여 그 평활면의 주위에 다음의 〈그림 4.3.1의 a〉와 같이, 나비 10㎜, 두께 2㎜의 형틀 A 및 B를 붙여 만든다.

② 시료를 수평으로 놓은 바탕판 위에 기포가 들어가지 않도록 흘려 넣고, 재빨리 형틀의 면을 따라 둥근 봉으로 전체 면이 고르게 되도록 한다.

③ 그 다음에 형틀 B를 제거하고 그 부분이 아래로 되도록 시험체를 수직으로 유지하여 표준상태에서 24시간 가만히 놓아둔 다음, 〈그림 4.3.1의 b〉에 표시한 흐름 길이를 길이 측정기를 사용하여 측정하고, 도막에 주름의 발생 유무를 관찰한다.

(2) 고형분

① 시료(안료를 포함한 것은 약 2g, 포함하지 않은 것은 약 1.5g)를 눈금병(KS L 2302의 이화학용 유리 기구의 모양 및 치수에서 규정하고 있는 평형 눈금병 60㎜를 사용)에 넣고 최초의 무게를 계량하여 둔다.

② 유리막대(지름 약 3㎜, 길이 약 110㎜)로 시료를 바닥면에 펼친 다음, 온도 105～110℃로 유지한 건조기에 넣어 3시간 가열하여 증발 성분을 제거하고, 남아 있는 물질을 데시케이터(흡습성 실리카 겔 또는 염화칼슘을 넣어 둔다)속에서 실온까지 냉각시킨다.

③ 무게를 측정하여 눈금병 속의 잔량(증발 감량)을 구하여 다음과 같은 방법으로 고형분을 백분율로서 산출한다.

$$A = \frac{B}{S} \times 100$$

여기에서, A : 고형분

S : 시료의 무게 (g)

B : 눈금병 속의 잔량(g)

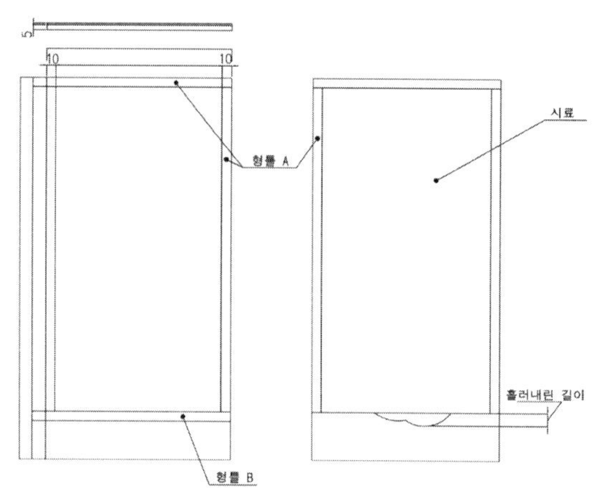

(a) 흐름 저항성 시험판　　(b) 흐름 길이의 측정

〈그림 4.3.1〉 흘러내림 저항성의 시험판의 제작 및 측정

4) 시험결과의 예

<table>
<tr><td colspan="10">도막방수재 시험결과</td></tr>
<tr><td colspan="2">시 험 일</td><td colspan="8">년　　월　　일</td></tr>
<tr><td colspan="2" rowspan="2">시험일의 상태</td><td colspan="2">실온(℃)</td><td colspan="2">습도(%)</td><td colspan="2">수온(℃)</td><td colspan="2">건조온도(℃)</td></tr>
<tr><td colspan="2"></td><td colspan="2"></td><td colspan="2"></td><td colspan="2"></td></tr>
<tr><td colspan="2" rowspan="2">시　　료</td><td colspan="2">시 료 명</td><td colspan="2">채취장소</td><td colspan="2">채취날짜</td><td colspan="2">제조업체</td></tr>
<tr><td colspan="2"></td><td colspan="2"></td><td colspan="2"></td><td colspan="2"></td></tr>
<tr><td rowspan="4">고형분
(%)</td><td>시번</td><td colspan="2">M0</td><td colspan="2">M1</td><td colspan="2">고형분(%)</td><td colspan="2">평균값(%)</td></tr>
<tr><td>1</td><td colspan="2">1.362</td><td colspan="2">1.159</td><td colspan="2">85.10</td><td colspan="2" rowspan="3">85</td></tr>
<tr><td>2</td><td colspan="2">1.740</td><td colspan="2">1.481</td><td colspan="2">85.11</td></tr>
<tr><td>3</td><td colspan="2">1.757</td><td colspan="2">1.488</td><td colspan="2">84.69</td></tr>
<tr><td rowspan="4">흘러내림저항성
(㎜)</td><td colspan="2" rowspan="3">흘러내림 길이(㎜)</td><td colspan="3">시번</td><td rowspan="3">주름발생</td><td colspan="3"></td></tr>
<tr><td>1</td><td>2</td><td>3</td><td>1</td><td>2</td><td>3</td></tr>
<tr><td>1.00</td><td>0.98</td><td>0.96</td><td>없음</td><td>없음</td><td>없음</td></tr>
<tr><td colspan="2">평균값</td><td colspan="3">1.0</td><td>평 가</td><td colspan="3">주름발생 없음</td></tr>
</table>

4.4 아스팔트 방수재 시험

4.4.1 기본사항

아스팔트 방수재란, 기본적으로는 260℃ 정도의 고열로 가열 용융시킨 아스팔트(주로 방수공사용 아스팔트, KS F 4052)를 사용하고 있다.

이러한, 아스팔트를 사용한 방수재료로는 시트 형상의 아스팔트 펠트와 아스팔트 루핑을 적층시킨 도막 방수재와 시트 방수 복합 방수재로 구분하여, 주로 건축용 방수재와 도로포장용 등으로 사용되고 있으며, 각각 아스팔트와 아스팔트 펠트, 아스팔트 루핑으로 각각 나누어 시험하고 있다.

아스팔트는 방수 공사용으로 주로 사용하는 블로운 아스팔트와 아스팔트 콤파운드 등을 말하며, 종류로는 다음의 〈표 4.4.1〉과 같은 것들이 있고, 균등한 품질로서 거의 수분을 함유하지 않으며, 175℃로 가열하였을 때 거품이 심하게 발생하지 않는 것을 사용한다.

〈표 4.4.1〉 아스팔트의 종류

종류	특징 및 용도
1 종	보통의 감온성(감온성이라 함은 아스팔트의 경도 또는 점도 등이 온도의 변화에 따라 변화하는 성질을 말하며, 감온성을 정확히 나타내는 수치로는 침입도 지수가 있다)을 가지고 있으며, 비교적 연질로 실내 및 지하 구조부에 사용하며 공사 기간 중이나 그 후에도 적정한 온도범위에 노출되어져야 한다.
2 종	비교적 적은 감온성을 갖고 있으며, 일반지역의 경사가 완만한 실내 구조부에 사용한다.
3 종	감온성이 적은 것으로서, 일반지역의 노출 지붕 또는 기온이 비교적 높은 지역의 지붕에 사용한다.
4 종	감온성이 아주 적으며, 비교적 연질의 것으로 일반지역 외에 주로 한랭 지역의 지붕, 기타 부분에 사용한다.

KS에서 정하고 있는 방수공사용 아스팔트에 대한 시험의 종류로는, 연화점, 침입도, 증발량, 인화점, 트리클로로에탄 가용분, 취화점, 흘러내림 길이, 가열안정성 시험 등이 있으며, 본 장에서는 이중 품질관련 중요도가 비교적 높은 침입도, 연화점, 신도, 인화점 시험에 대한 개요를 정리한다.

4.4.2 침입도 시험

1) 시험의 목적

침입도 시험은 아스팔트의 굳기 정도를 측정하여 아스팔트를 분류함으로써 사용 목적 또는 기상조건 등에 알맞은 침입도의 아스팔트를 선정하기 위함이며, 온도가 높을수록 또는 아스팔트의 종류에 따라 요구되는 굳기가 틀려지므로 이에 대한 확인이 필요하다.

2) 시험기기 및 재료

(1) 아스팔트 시료
(2) 사염화탄소
(3) 침입도 시험기
(4) 시료용기(안지름 약 55㎜, 높이 약 35㎜인 바닥이 편평한 원통형 금속제)
(5) 유리용기(안지름 약 110㎜, 높이 60~90㎜인 것.)
(6) 삼각금속대
(7) 항온수조
(8) 초시계
(9) 온도계
(10) 가열기

3) 시험방법

(1) 침입도 시험은 다음의 〈표 4.4.2〉와 같으며, 시험은 다음의 〈그림 4.4.1〉과 같은 침입도 시험 장치를 사용한다.
(2) 시료를 연화점보다 90℃ 이상 높지 않은 온도에서 용해시켜 시료용기(금속제의 원통형으로 55㎜×35㎜, 또는 70φ㎜×250㎜)에 흘려 붓는다.
(3) 그 다음으로 실온에서 1~1.5시간 방치한 다음, 시험온도를 ±1℃로 유지할 수 있는 항온수조에 넣어 1~1.5시간 더 방치한다.
(4) 유리접시에 시료 용기를 옮겨 항온수조 중에 물을 채운채로 유리접시를 시험대 위에 올려놓고 침의 끝 부분을 시료에 접촉시키고, 눈금판의 지침을 0에 맞춘 다음, 자중에 의하여 침을 시료 중에 관입시킨다.
(5) 소정의 시간 후, 고정철물을 다시 유지구 상단에 눌러 맞추고 눈금판의 지시값을 읽는다. 측정은 동일 시료에 대하여 3회 이상 실시하여 정수값으로 나타내고, 측정점은 용기의 주위 벽으로부터 10㎜ 이상, 2회 이후는 관입위치로부터 10㎜ 이상 떨어진 점을 선정한다.

〈표 4.4.2〉 침입도 시험조건

조 건	온도(℃)	하중(gf)	시간(sec)
1	0	200	60
2	4	200	60
표 준	25	100	5
3	25	50	5
4	46.1	50	5

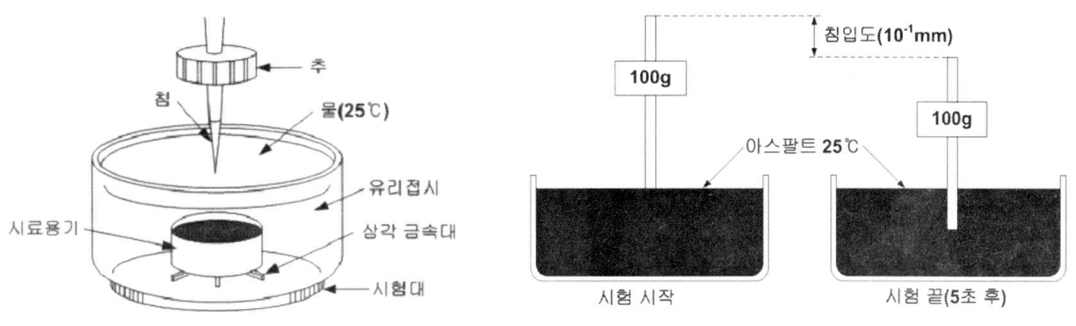

〈그림 4.4.1〉 침입도 시험

4) 시험결과의 예

건축용 블론 아스팔트 방수재 침입도 시험결과				
시 험 일	년 월 일			
시험일의 상태	실 온 (℃)		습 도 (%)	
시 료	시 료 명	채취장소	채취날짜	제조업체
	블론 아스팔트 (10~20)			
시험항목	시험체 번호			
	1	2	3	평균값(℃)
침입도(1/10㎜) (25℃, 100g, 5초)	13.5	13	12.5	13
침입도 지수(PI)	PI = 30 / (1 + 50 A) - 10			2.8

도로 포장용 아스팔트의 침입도 시험결과				
시 험 일	년 월 일			
시험일의 상태	실 온 (℃)		습 도 (%)	
시료	시료명	채취장소	채취날짜	제주업체
	도로 포장용			
시험조건	침입도: 100g, 5초	신도: 5㎝/분	연화점: 증류수 사용	
시헌항목	시험체 번호			
	1	2	3	평균
침입도	93	92	92	

4.4.3 연화점 시험

1) 시험의 목적

아스팔트는 온도가 높아지면 연화되어 반고체상태에서 액체로 변하고 일정한 녹는점이 없는 관계로, 외기온 변화에 대한 물성이 변화될 수 있으므로 이에 대한 충분한 검증을 필요로 한다.

2) 시험기기 및 재료

(1) 아스팔트 시료
(2) 증류수
(3) 그리스
(4) 글리세린
(5) 연화점시험기
(6) 환 받침대(시료대와 밑판과의 거리 25.4㎜)
(7) 환(안지름 15.9㎜±0.1㎜, 높이 6.4±0.1㎜)
(8) 초시계
(9) 온도계
(10) 가열기
(11) 강구(지름 9.525㎜, 무게 3.5±0.05g)
(12) 강구 집게
(13) 평판
(14) 유리용기(바깥지름 100±2㎜, 높이 140~150㎜)

3) 시험방법

(1) 아스팔트를 예상되어지는 연화점보다 55℃ 이상이 되지 않도록 가열하여, 내벽직경 15.9㎜, 높이 6.4㎜의 환구에 부어 넣는다.
(2) 연화점 80℃ 이하의 시료는 20분, 그 이상의 것은 40분 실온까지 냉각시키고, 과다한 시료는 고온의 열로 데운 칼로 환구의 상단에 맞추어 잘라낸다.
(3) 전자의 경우에는 약 5℃로 냉각한 증류수를, 후자의 경우에는 32℃의 글리세린으로 가열조의 100~110㎜의 높이까지 채워 넣는다.
(4) 환구의 가인드를 설치하여 규정 질량의 강구(3.5g)을 재하하고, 틀에 설치한다.
(5) 그 다음으로, 매분 5±0.5℃의 속도로 온도를 높이면, 시료 아스팔트가 용융되어 환구가 아래로 쳐지게 되며, 재하한 강구가 바닥판에 접촉할 때의 온도를 측정하면 이때의 온도가 연화점이 된다. 허용오차 범위는 연화점 30℃ 이하 또는 80℃ 이상의 경우, 4.0℃, 30~80℃의 범위는 2.0℃로 한다.

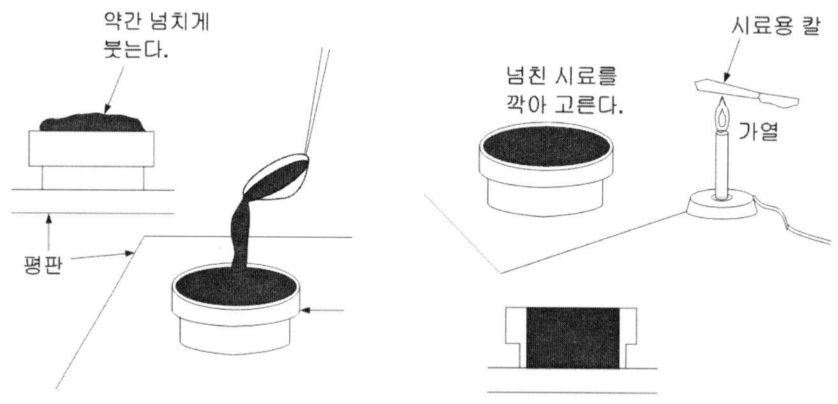

〈그림 4.4.2〉 연화점 시험의 시료

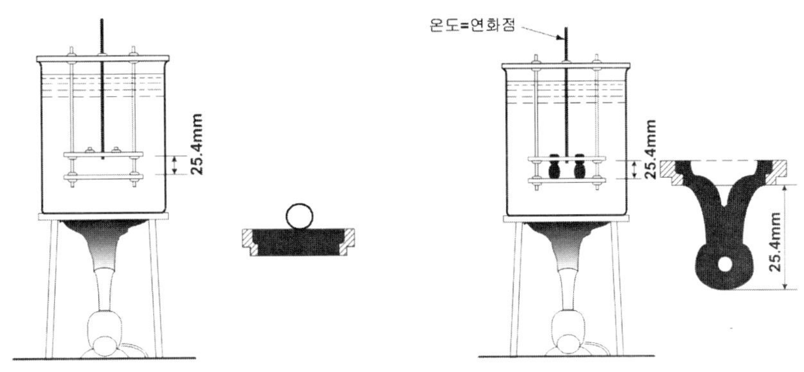

〈그림 4.4.3〉 연화점 시험

4) 시험결과의 예

건축용 블론 아스팔트의 연화점 시험결과				
시 험 일	년 월 일			
시험일의 상태	실 온 (℃)		습 도 (%)	
시 료	시 료 명	채취장소	채취날짜	제조업체
	블론 아스팔트(10~20)			
시험항목	시험체 번호			
	1	2	3	평균값(℃)
연화점 (℃)	91.4	91.5	91.6	91.5

도로 포장용 아스팔트의 연화점 시험결과				
시 험 일	년 월 일 날씨			
시험일의 상태	실온	(℃)	습도	(%)
시료	시료명	채취장소	채취날짜	제조업체
	도로 포장용			
시험소건	침입도: 100g, 5초	신도: 5cm/분	연화전: 증류수 사용	
시험항목	시험체 번호			
	1	2	3	평균값
연화점 (℃)	70	69.5		70

4.4.4 신도 시험

1) 시험의 목적

신도는 아스팔트의 연성의 기준이 되는 늘어나는 능력을 나타내는 것으로 외기온 변화에 따라 발생되는 방수층의 수축팽창에 대한 저항성능을 확인할 수 있는 실험으로서 안정성을 확보를 위한 필수적인 실험이다.

2) 시험기기 및 재료

(1) 아스팔트 시료 (2) 그리스
(3) 글리세린 (4) 사염화탄소
(5) 신도시험기 (6) 이동장치(시험편을 매분 5±0.25㎝의 속도로 늘일 수 있는 장치)
(7) 눈금판(길이 150㎝, 눈금 0.5㎝의 것)
(8) 몰드(두께 2㎜ 이상, 크기 약 150×170㎜)
(9) 항온수조 (10) 온도계
(11) 표준체(0.3㎜) (12) 가열기 및 용기
(13) 칼

3) 시험방법

용융시킨 아스팔트를 다음의 〈그림 4.4.4〉와 같은 형틀에 흘려 넣고, 이것을 항온수조 중에서 소정의 온도(10℃, 15℃, 20℃)를 유지하면서 5±0.3㎝/min의 속도로 인장하여 시료가 파단 하였을 때의 늘어난 길이(㎝)를 측정한다.

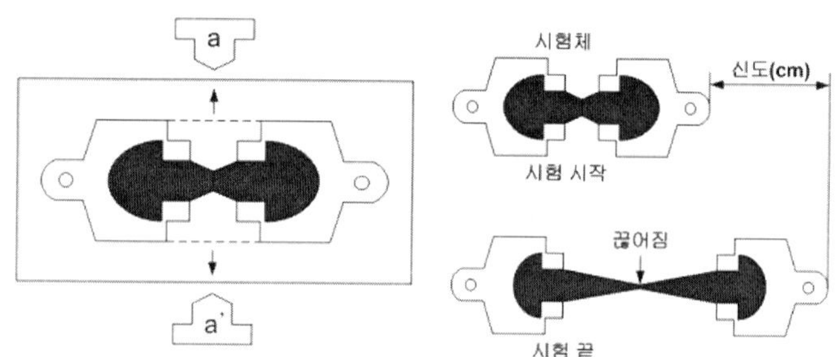

〈그림 4.4.4〉 시료의 몰드 채우기 및 신도 시험

4) 시험결과의 예

건축용 블론 아스팔트 방수재 신도 시험결과				
시 험 일	년 월 일			
시험일의 상태	실 온 (℃)		습 도 (%)	
시 료	시 료 명	채취장소	채취날짜	제조업체
	블론 아스팔트(10~20)			
시험항목	시험체 번호			
	1	2	3	평균값
신 도 (㎝)	2	2	2.5	2.17

도포 포장용 아스팔트의 신도 시험결과				
시 험 일	년 월 일			
시험일의 상태	실 온 (℃)		습 도 (%)	
시료	시료명	채취장소	채취날짜	제조업체
	도로 포장용			
시험조건	침입도: 100g, 5초	신도: 5cm/분	연화점: 증류수 사용	
시험항목	시험체 번호			
	1	2	3	평균값
신 도 (cm)	148.5	146.5	147	147

4.4.5 인화점 시험

1) 시험의 목적

인화점은 시료를 가열하면서 시험 불꽃을 대었을 때, 시료의 증기에 불이 붙는 최저 온도를 말하는 것으로 아스팔트를 가열할 때 표면에서 인화성 가스가 발생하여 불이 붙기 쉬우므로 아스팔트의 인화점을 확인해야 한다.

2) 시험기기 및 재료

(1) 아스팔트 시료
(2) 벤젠
(3) 이황화탄소
(4) 사염화탄소
(5) 클리블랜드 개방식 인화점 시험기
(6) 시료컵(안지름 63.5±0.5mm, 깊이 33.6±0.5mm의 구리합금으로 된 것)
(7) 가열판
(8) 시험 불꽃관(앞끝의 바깥 반지름이 1.6mm, 안지름이 0.7~0.8mm인 가는 금속관)
(9) 초시계
(10) 온도계
(11) 가열기 및 용기,

3) 시험방법

(1) 시료를 가능한 한 저온에서 가열 용융시키고, 이것을 다음의 〈그림 4.4.6〉과 같은 인화점 시험장치(클리블랜드 개방식)의 시료용기에 흘려 부운 다음, 온도계(눈금범위 -6~400℃)를 설치하여, 가스버너 또는 알콜 버너에 불을 붙인다.

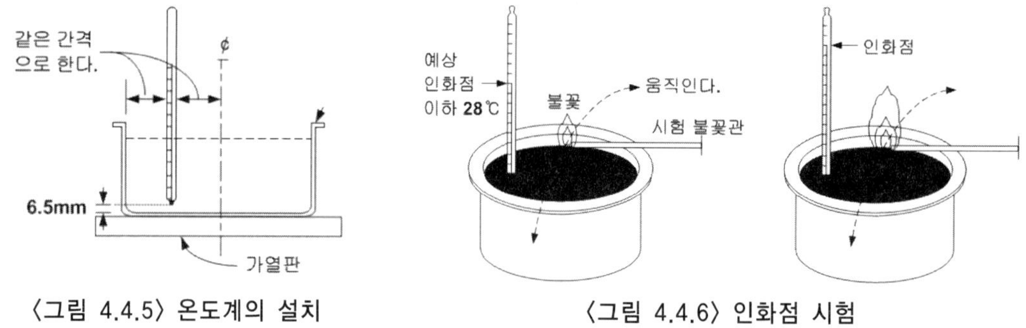

〈그림 4.4.5〉 온도계의 설치

〈그림 4.4.6〉 인화점 시험

(2) 시료를 소정의 속도(초기 14~17℃/min, 다음으로 5.5℃/min)로 가열하여 예상 인화점의 28℃ 이하에 도달하면, 2℃ 상승할 때마다 시험 불꽃을 시료의 표면에 근접시키고, 아스팔트의 표면에 푸른 불꽃이 생겼을 때의 시료온도를 인화점으로 한다. 연소점은 시료가 5초간 이상 연소를 계속하였을 때의 온도로 나타낸다. 일반적인 아스팔트의 인화점은 250℃~320℃정도이다.

4) 시험결과의 예

건축용 블론 아스팔트 방수재 인화점 시험결과				
시 험 일	년 월 일			
시험일의 상태	실 온 (℃)		습 도 (%)	
시 료	시 료 명	채취장소	채취날짜	제조업체
	블론 아스팔트(10~20)			
시험항목	시험체 번호			
	1	2	3	평균값(℃)
인화점(℃) (COC)	322	323	324	323

도포 포장용 아스팔트의 인화점 시험결과						
시 험 일	년		월	일	날씨	
시험일의 상태	실온	(℃)		습도	(%)	
시료	시료명	채취장소		채취날짜	제조업체	
	도로 포장용					
시험조건	침입도: 100g, 5초		신도: 5㎝/분		연화점: 증류수 사용	
시험항목	시험체 번호					
	1	2		3	평균값	
인화점(℃)	248	252			250	

4.5 시멘트 모르타르계 방수 시험

건물의 지하실, 실내 등과 같이 상시 습윤한 곳에서는 합성고분자 소재의 방수재를 사용하기에는 접착이나 경화 등 많은 어려움이 따른다. 따라서 이러한 곳에서는 주로 시멘트 등과 같은 수경성의 소재를 사용하며, 수밀성(방수성)을 향상시키기 위하여 발수성의 지방산, 파라핀 또는 합성고분자 유제 등을 혼합하여 사용하며, 이러한 소재를 시멘트 모르타르계 방수재라 부르고 있다.

품질과 관련한 시험의 종류로는 KS에서는 응결시험, 안정성시험, 강도시험, 흡수성시험, 투수시험을 규정해두고 있으나, 응결시험, 안정성시험, 강도시험은 일반적인 모르타르 시험방법을 준용하여 실시할 수 있으며, 여기서는 주로 흡수성 시험과 투수 시험을 중심으로 정리한다.

4.5.1 흡수성 시험

1) 시험의 목적

방수재가 도포된 시험체를 대상으로 도포된 면을 물 속에 침지 또는 일정한 압력을 가했을 경우 흡수되는 물의 양을 측정하는 것으로 흡수비가 클수록 물 속에 함유된 각종의 화학성분의 흡수량이 커지기 때문에 방수층의 내구성이 약해져 방수효과가 감소하게 되므로 이에 대한 검토를 필요로 한다.

2) 시험기기 및 재료

(1) 몰드(안지름 100㎜, 높이 30㎜)
(2) 방수재
(3) 방수재 도포를 위한 모르타르 시험체
(4) 흡수시험판
(5) 서울
(6) 시계
(7) 실링재
(8) 습기함

3) 시험방법

(1) 시험체는 KS L 5105에서 정하는 방법에 따라, 방수제를 혼합한 것과 혼합하지 않은 것 각각 3개를 만든 다음, 성형 후 48시간 후 탈형하여, 그 후 19일간 온도 20+3℃, 습도 80% 이상의 습기함 속에서 양생시킨다.

(2) 전기 시험체를 건조기에서 약 80℃로 항량이 될 때까지 건조시킨 다음, 데시케이터 속에서 실온으로 항량시킨 후, 그 무게를 건조 시의 무게로 한다.

(3) 그 다음에 〈그림 4.5.1〉과 같이 시험체의 한 면을 밑면으로 하고, 아랫부분 20㎜를 항상 침수시키면서 온도 20+3℃, 습도 80% 이상의 항온실 속에 넣고, 1시간, 5시간 및 24시간 경과할

때마다 꺼내어 재빨리 침수시킨 면의 수분을 닦아내고, 즉시 칭량한 무게를 흡수하였을 때의 무게로 한다.

흡수량(g) = 흡수하였을 때의 무게(g) - 건조 시의 무게(g)

$$흡수비 = \frac{방수제를도포한것의흡수량}{방수제를도포하지않은것의흡수량}$$

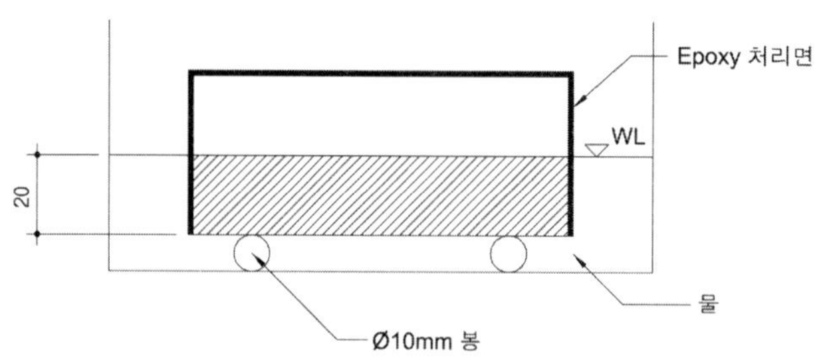

〈그림 4.5.1〉 흡수시험 방법의 예

4) 시험결과의 예

<table>
<tr><td colspan="6">시멘트 액체형 방수재의 흡수시험 결과</td></tr>
<tr><td colspan="2">시 험 일</td><td colspan="4">년 월 일</td></tr>
<tr><td colspan="2">시험일의 상태</td><td>실 온 (℃)</td><td></td><td>습 도 (%)</td><td></td></tr>
<tr><td colspan="2" rowspan="2">시 료</td><td>시 료 명</td><td>채취장소</td><td>채취날짜</td><td>제조업체</td></tr>
<tr><td>시멘트 액체형 방수재 몰탈</td><td></td><td></td><td></td></tr>
<tr><td colspan="2">배 합 비</td><td>방수재 : 물</td><td colspan="3">1 : 1</td></tr>
<tr><td>시험항목</td><td>시험체번호</td><td colspan="2">물흡수 계수(kg/m²h0.5)</td><td colspan="2">물흡수 계수(kg/m²h0.5)</td></tr>
<tr><td rowspan="6">물흡수 계수비</td><td>1</td><td>0.583</td><td rowspan="2">최대값 제외
최소값 제외</td><td>0.302</td><td rowspan="2">최대값 제외
최소값 제외</td></tr>
<tr><td>2</td><td>0.568</td><td>0.268</td></tr>
<tr><td>3</td><td>0.582</td><td rowspan="3">0.577</td><td>0.232</td><td rowspan="3">0.237</td></tr>
<tr><td>4</td><td>0.574</td><td>0.244</td></tr>
<tr><td>5</td><td>0.576</td><td>0.236</td></tr>
<tr><td>물흡수비</td><td colspan="4">0.41</td></tr>
</table>

4.5.2 투수성 시험

1) 시험의 목적

방수재를 도포한 시험체에 일정한 수압을 가하여 투수 또는 투습되는 시험체의 상태를 확인하여, 사용환경에 따른 적정성을 파악하기 위한 실험으로서 모르타르와 콘크리트의 투수시험으로 구분하고 있으며, In-put 방식과 Out-put 방식으로 구분하고 있다. 여기에서는 각종 투수시험에 대한 방법을 기술하고 In-put 방식에 의한 모르타르 시험체의 결과를 제시한다.

2) 시험기기 및 재료

(1) 투수시험체
(2) 방수재
(3) 몰드(안지름 100㎜, 높이 30㎜)
(4) 습기함
(5) 실링재
(6) 저울

3) 시험방법

(1) 원판, 또는 정방형판 공시체의 중앙에 두께 방향으로 압력수를 작용시켜 시간과 침입량과의 관계, 또는 투수량을 구한다(DIN 1048).
(2) 공시체의 한 단면에 축방향으로 압력수를 작용시켜 그 확산계수, 또는 투수계수를 구하는 방법(미국 개발국의 방법).
(3) 중공 원통형의 외측면, 또는 내부의 작은 구멍으로 력수를 작용시켜 투수량을 구하는 방법.
(4) 입방체 공시체의 중심부 한 점에 압력수를 작용시켜 그 침투도를 파단하여 구하는 방법 등이 있다. 투수계수의 계산은 다음과 같은 투수계수 계산법과, Darcy의 법칙을 적용할 수 있다.

$$\text{투수량(g)} = W_1 - W_0$$

여기에서, W_1 : 시험 후의 시험체 중량(g)
W_0 : 시험 진의 시험체 중량(g)

$$\text{투수비} = \frac{\text{방수재를도포한시험체의투수량}}{\text{방수재를도포하지않은시험체의투수량}}$$

$$\text{투수계수 } K = \frac{\mu}{\mu_4}\frac{\rho\log_e}{2\pi h}\left(\frac{\gamma_i}{\gamma_0}\right)\frac{Q}{P_0 - P_i}$$

$$\text{내투수지수 } pK = -\log_{10}K$$

여기에서, K : 투수계수(㎝/sec),
P_i : 공시체 내측의 수압(kgf/㎠),
P_0 : 공시체 외측의 수압(kgf/㎠),
Q : 투수량(cc/sec),
ρ : 물의 단위용적 질량(kg/㎤),
γ_0 : 공시체의 반경(㎝),
γ_i : 공시체의 중심 구멍의 반경(㎝),

pK: 내투수지수,

μ : 시험시 온도에서의 물의 점성계수(gf/㎝·sec),

μ_4 : 4℃에서의 물의 점성계수(gf/㎝·sec)

Darcy의 법칙 $Q = K_c \cdot A \cdot \Delta H / L$

여기에서, Q : 유량(㎤/sec),

K_c : 투수계수(㎝/sec),

A : 흐름의 단면적(㎠),

ΔH: 유입, 유출 양측의 수두차(㎝),

L : 흐름방향의 공시체 길이(㎝)

4) 시험결과의 예

<table>
<tr><td colspan="10">시멘트 액체형 방수재 시험결과</td></tr>
<tr><td colspan="2">시 험 일</td><td colspan="8">년 월 일</td></tr>
<tr><td colspan="2">시험일의 상태</td><td colspan="2">실 온 ℃)</td><td colspan="2"></td><td colspan="2">습 도 (%)</td><td colspan="2"></td></tr>
<tr><td colspan="2" rowspan="2">시 료</td><td colspan="2">시 료 명</td><td colspan="2">채취장소</td><td colspan="2">채취날짜</td><td colspan="2">제조업체</td></tr>
<tr><td colspan="2">시멘트 액체형
방수재 몰탈</td><td colspan="2"></td><td colspan="2"></td><td colspan="2"></td></tr>
<tr><td colspan="2">배 합 비</td><td colspan="2">방수재 : 물</td><td colspan="6">1 : 1</td></tr>
<tr><td rowspan="3">시험항목</td><td rowspan="3">시험체
번호</td><td colspan="4">방수재 미혼입</td><td colspan="4">방수재 혼입</td></tr>
<tr><td rowspan="2">초기
중량(g)</td><td colspan="3">시험후(1N/㎠, 1시간)</td><td rowspan="2">초기
중량(g)</td><td colspan="3">시험후(1N/㎠, 1시간)</td></tr>
<tr><td>중량(g)</td><td colspan="2">투수량(g)</td><td>중량(g)</td><td colspan="2">투수량(g)</td></tr>
<tr><td rowspan="6">투수비</td><td>1</td><td>1484.53</td><td>1491.16</td><td>6.63</td><td>최대값 제외</td><td>1346.35</td><td>1349.34</td><td>2.99</td><td>최대값 제외</td></tr>
<tr><td>2</td><td>1486.34</td><td>1492.21</td><td>5.87</td><td>최소값 제외</td><td>1348.58</td><td>1350.84</td><td>2.26</td><td>최소값 제외</td></tr>
<tr><td>3</td><td>1484.59</td><td>1490.94</td><td>6.35</td><td rowspan="3">6.2</td><td>1348.71</td><td>1351.09</td><td>2.38</td><td rowspan="3">2.7</td></tr>
<tr><td>4</td><td>1485.02</td><td>1491.06</td><td>6.04</td><td>1347.91</td><td>1350.89</td><td>2.98</td></tr>
<tr><td>5</td><td>1483.71</td><td>1489.99</td><td>6.28</td><td>1348.05</td><td>1350.79</td><td>2.74</td></tr>
<tr><td>투수비</td><td colspan="8">0.43</td></tr>
</table>

V. 난연성능 시험

5.1 기본사항

건설교통부에서는 건축물 내부 마감재료의 화재안전성능이 국제수준에 부합되며, 공학적이고 실용적인 시험방법·성능기준을 통해, 화재발생시 건축물 내부마감재료에서 발생하는 유독가스 및 화재의 확대 등을 방지하고 인명 및 재산을 보호하기 위하여 건축물 내부 마감재료의 난연성능 시험방법·성능기준 등에 관한 사항을 건설교통부고시 제2006-476호[건축물 내부마감재료의 난연성능 기준]으로 〈표 5.1.1〉과 같이 분류하여 제정하고 있다.

〈표 5.1.1〉 난연성능시험 방법 및 기준

등급	규 격	판 정 기 준
불연재료	① KS F ISO 1182	·가열시험 개시 후 20분간 가열로 내의 최고온도가 최종 평형온도를 20K 이상 초과 상승하지 않을 것(단, 20분 동안 평형에 도달하지 않으면 최종 1분간 평균온도를 최종평형온도로 한다) ·질량감소율이 30% 이하일 것
	② KS F 2271 가스유해성시험	·실험용 쥐의 평균행동정지시간 9분 이상일 것
준불연 재료	① KS F ISO 5660-1	·가열 개시 후 10분간 총 방출열량이 8MJ/㎡ 이하이며, 10분간 최대 열방출률이 10초 이상 연속으로 200KW/㎡를 초과하지 않음. ·10분간 가열 후 시험체를 관통하는 균열, 구멍 및 용융(복합자재의 경우 심재가 전부 용융, 소멸되는 것을 포함) 등이 없어야 함.
	② KS F 2271 가스유해성시험	·실험용 쥐의 평균행동정지시간 9분 이상일 것
난연 재료	① KS F ISO 5660-1	·가열 개시 후 5분간 총방출열량이 8MJ/㎡ 이하이며, 5분간 최대 열방출률이 10초 이상 연속으로 200KW/㎡를 초과하지 않음. ·5분간 가열 후 시험체를 관통하는 균열, 구멍 및 용융(복합자재의 경우 심재가 전부 용융, 소멸되는 것을 포함) 등이 없어야 함
	② KS F 2271 가스유해성시험	·실험용 쥐의 평균행동정지시간 9분 이상일 것

KS F 2271에 따른 난연 1급에 해당하는 불연재료는 제품의 기재(바탕재) 뿐만 아니라 표면의 연소특성을 평가하여 등급을 판정하고 있으나 KS F 2271에서 규정하는 불연재료 성능평가 방법은 시험항목 및 시험방법, 시험결과의 도출에 있어서 고발적이고 성상적인 규정에 대한 문제가 제기되고 있다.

따라서 건축물을 일정 면적 단위별, 층별, 용도별 등으로 구획함으로서, 화재 시 일정 범위 이외로의 연소를 방지하고 피해를 국부적으로 한정시키기 위해 불연성능에 대한 국제 규격에 부합하는 규격의 필요성에 따라 이를 한국산업규격으로 새로이 제정하여 사용하고 있으며, 본서에서는 난연성 시험에서 가스유해성 시험 및 연소성능시험과 건축 재료의 불연성 시험에 대한 사항을 정리하였다.

5.2 건축물 내장재료 및 구조의 난연성 시험

5.2.1 가스유해성 시험

1) 시험의 목적

가스유해성 시험은 건축물의 내장재료가 인화되어 연소될 경우, 발생할 수 있는 유독가스가 밀폐된 공간에서 삶을 영위하는 인간에게 미치는 영향을 조사하여 화재로부터의 안전성을 확보하려는데 있다.

2) 시험기기 및 재료

(1) 시험체 : 표면시험에 규정한 시험체를 사용하여 시험체의 표면에서 뒷면으로 관통하는 지름 25㎜인 구멍을 3개 뚫은 것(가로, 세로 각각 180㎜)
(2) 〈그림 5.2.1〉과 같은 가스유해성 시험장치
(3) 흰 쥐 8마리
(4) 열전대 및 온도계
(5) 저울
(6) 초시계

3) 시험방법

(1) 처음에는 부열원으로 3분간 가열한 후, 다시 주열원으로 3분간 가열한다.
(2) 가열 중에 공기를 공급하며, 그 공급량은 가열로의 1차 공급 장치에 의해 매분 3.0ℓ, 2차 공급장치에 의해 매분 25.0ℓ로 한다.
(3) 피검 상자의 배출장치에 의한 기체는 가열 중에 배출하며, 그 배출량은 매분 10.0ℓ로 한다.
(4) 배기 온도를 열전대 및 온도계로 측정한다.
(5) 가열 시험은 시작할 때 피검 상자 내의 온도는 30℃로 하고, 시험용 흰쥐를 1마리씩 넣은 회전 바구니(회전 바구니의 회전 부분은 원칙적으로 알루미늄제로 하되, 무게는 75g 이하로 하여야 한다.) 8개를 피검 상자 내에 넣는다.
(6) 가열을 시작해서 시험용 흰쥐가 행동을 정지할 때까지의 시간(이하 행동정지시간이라 한다.)

을 측정하는 것으로 시작 후 15분간 개개의 시험용 흰쥐마다 실시한다.

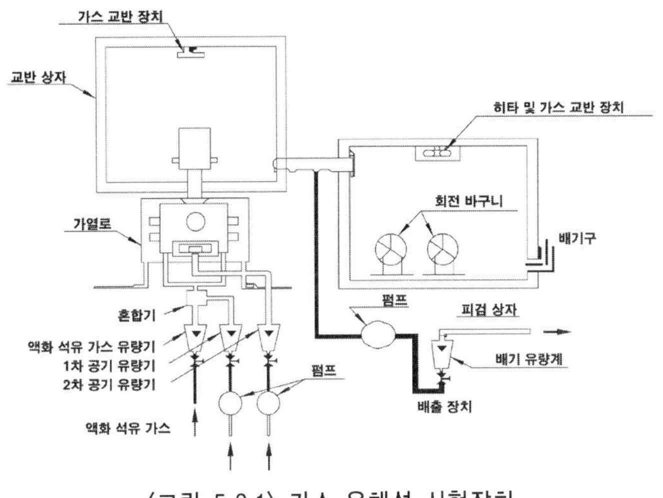

〈그림 5.2.1〉 가스 유해성 시험장치

4) 시험결과의 예

가스 유해성 시험결과					
시 험 일		년 월 일			
시험일의 상태		온 도 (℃)		습 도 (%)	
시 료		시 료 명	채취장소	채취날짜	제조업체
시험 항목		단 위	결 과		판정기준
			1회	2회	-
가스유해성 시험	시험체 두께	mm	0.87	0.85	
	시험체 무게	g	451.1	471.8	
	시험 후 시험체 감량	g	7.9	7.4	
	8마리 행동정지시간(평균)	sec	855(14분 15초)	823(13분 43초)	
	표준편차	sec	57	46	
	평균행동 정지시간	sec	798(13분 18초)	777(12분 57초)	9분 이상

5.2.2 연소성능시험-열방출, 연기발생, 열량감소율-제1부열방출률(콘칼로리미터법)

1) 일반사항

연소성능시험(한국산업규격-KS F ISO 5660-1)은 ISO 5660-1(Reaction to fire test Heat release, smoke production and loss rate : 1999)을 기초로 작성한 것으로 점화장치가 부착된 수평 방향의 콘 히터(cone-heater)의 복사열에 노출된 시편의 열방출률을 평가하는 방법(이하 콘칼로리미터법이라 한다)으로 열방출률은 이동 중인 연소 생성물의 산소농도와 산소소비량과 시험 중 착화시간을 측정한다.

연소시스템에서 발생하는 열량과 공기로부터 소모되는 산소의 양 사이에는 상관관계가 있음이 시험적으로 알려져 왔으며 고분자재료, 유기성액체, 천연재료를 포함한 대부분의 가연성 재료들은 연소 시 소비된 산소 1kg당 13.1MJ의 열량을 방출하고, 그 평균값의 편차는 ±5% 정도이다.

$$열방출률 = 13.1 MJ/\mathrm{kg}\,O_2$$

13.1MJ/kgO_2라는 상수값은 15.7MJ/kgO_2의 값을 갖는 아세틸렌 같은 극소수의 예외를 제외하고 모든 탄화수소계물질(C, H로 구성된 재료)에 대하여 거의 동일하다.

많은 가연물들에 대한 상수 값들은 NFPA Handbook의 표에 열거되어 있으며, 일반적으로 사용되는 가연성 고체가 아닌 재료로서 비표준화된 특별한 상수 값을 필요로 하는 재료의 경우에는 이 표가 매우 중요한 의미를 갖는다.

산소소비원리의 기본개념은 연소로 인해 열량이 발생되기 위해서는 배출흐름 속으로부터 제거되는 일정한 수의 산소분자들이 있어야 한다. 실제로 산소의 몰수를 셀 수는 없으나 산소의 농도와 유량의 측정은 가능하다. 그러므로 산소소비 방정식의 실제적인 이행은 유입과 유출 흐름 사이의 몰 변화, 가스분석기로부터 어떤 가스의 포착 등과 같은 문제들과 관계되어지는 것이다.

그 결과로 도출된 방정식을 근거로 산소 소비열량계(콘칼로리미터)가 개발되었다.

$$\dot{q}A(t) = \dot{q}(t)/A_S$$

$$\dot{q}(t) = (\triangle h_c/r_o)\,(1.10)\,C\,\sqrt{\frac{\triangle p}{T_e}}\;\frac{X^0_{O_2} - X_{O_2}}{1.105 - 1.5X_{O_2}}$$

여기에서, $\dot{q}_A(t)$: 단위면적당 열방출률(kW/m²)

$\dot{q}$: 열방출률(kW)

A_S : 실험체의 공칭표면적(m²)

Δh_c : 순수연소열(KJ/kg)

γ_0 : 화학양론적 산소대 연료 질량비

($\Delta h_c/\gamma_0$는 NFPA Handbook을 참조하고 정확한 값을 알고 있지 못하면 13.1×103KJ/kg으로 설정한다.)

C : 산소소비량 보정상수 (m1/2kg1/2k1/2)

ΔP : 오리피스의 압력차(Pa)

T_e : 오리피스에서의 기체의 절대온도(K)

X_{O2} : O2의 물분율에 대한 산소분석기 눈금 판독 값

X^0_{O2} : 산소분석기 눈금의 초기 값

2) 시험기기 및 재료

(1) 콘 형태의 복사전기히터
(2) 무게 측정장치
(3) 시편홀더
(4) 산소분석장치
(5) 유량측정장치를 부착한 배출시스템
(6) 스파크 점화회로
(7) Heat flux meter
(8) 교정용 버너
(9) 데이터 수집 및 분석 시스템
(10) 콘칼로리미터 시험장치

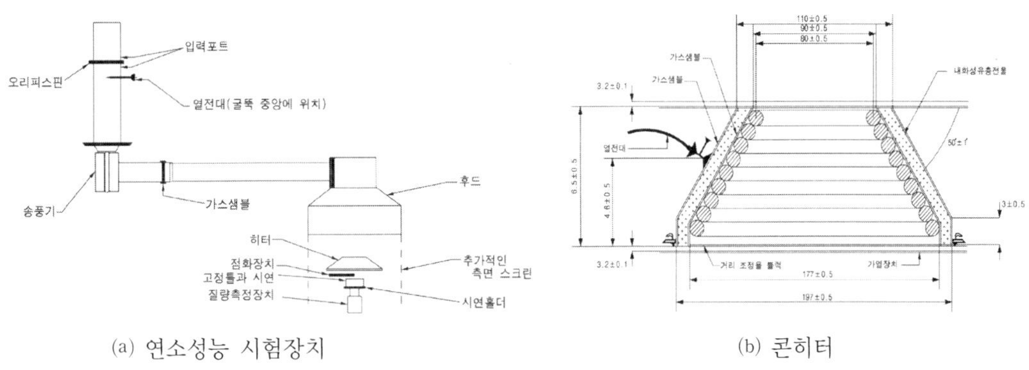

(a) 연소성능 시험장치　　(b) 콘히터

〈그림 5.2.2〉 콘칼로리미터 시험장치

〈표 5.2.1〉 콘칼로리미터 시험조건

항　목	시험조건
가열방식	복사열
가열체	콘히터
복사강도	50kW/㎡
가열 시간	20분
데이터 수집시간	20분
시편 크기(㎜)	100(W)× 100(L)× 50(H)
연소시스템	dynamic(flow)시스템
배출유량	0.024㎥/s± 0.002㎥/s

3) 시험방법

(1) 시편의 준비

① 시편은 온도 23±2℃, 상대습도 50%±5%에서 항량이 될 때까지 양생하여(24시간마다 측정했을 때 무게가 0.1% 또는 0.1g 이상 차이가 나지 않을 때를 항량으로 한다.) 100㎜×100㎜($^{+0}_{-2}$㎜) 정사각형으로 절단한다.

② 두께가 50㎜ 이하인 제품은 그 제품의 두께대로 시험하며 두께가 50㎜를 초과하는 제품은 비노출면을 절단하여 두께를 50㎜로 감소시켜 시편을 준비한다.
두께가 6㎜ 미만인 제품의 경우에는 실제 사용조건에서 사용되는 기재를 사용하여 전체 시편

의 두께를 6㎜ 이상이 되도록 준비를 한다.

③ 전 처리된 시편은 0.03~0.05㎜의 알루미늄 호일로 비노출면을 감싸고 이때 호일의 반짝거리는 면이 시편을 향하도록 한다.

(2) 시험장치의 교정

① 히터 교정

a. 시험을 실시할 때 또는 복사열의 크기를 변화시킬 때에는 콘히터가 원하는 복사열을 ±2% 이내의 범위 내에서 발생시킬 수 있도록(Heat Flux Meter에 의해 측정함) 복사열 제어조절장치를 조정한다.

b. Heat Flux Meter를 교정위치에 삽입했을 때에는 시편이나 시편 홀더는 사용하지 않아야 한다. 콘히터를 작동시켜 설정한 값에서 10분 이상 안정시키고, 이 교정을 시작하기 전에 조절기가 그 비례 폭 내에 있는지 확인한다.

② 산소분석기 교정

a. 산소분석기의 영점을 히터를 작동중이거나 작동하지 않을 때 교정을 실시한다.

b. 배출팬을 켜고 배출유량을 0.024㎥/s±0.002㎥/s로 설정한다. 교정은 건조한 공기를 사용하여 실시하며 산소농도 값이 20.95%±0.01%가 되도록 조정한다.

③ 열방출률 교정

a. 오리피스 상수 C를 결정하기 위하여 열방출률을 작동중이거나 작동하지 않을 때 교정을 실시한다.

b. 배출팬을 켜고 배출유량을 0.024㎥/s±0.002㎥/s로 설정하여, 모든 계기의 출력값이 평형상태에 도달한 후 3분 동안에 걸쳐 5초 간격으로 데이터를 수집한다.

c. 3분 동안 측정한 $\dot{q}_b$, T_e, $\varDelta P$ 및 X_{O2}를 사용하여 오리피스상수 C를 구하며, X^0_{O2}는 1분 동안 측정된 산소분석기 베이스라인 값의 평균이다.

$$C = \frac{\dot{q}_b}{(12.54 \times 10^3)(1.10)} \sqrt{\frac{T_e}{\triangle p}} \frac{1.105 \times 1.5 X_{O_2}}{X^0_{O_2} \times X_{O_2}}$$

여기에서, $\dot{q}_b$: 공급된 메탄의 열방출률

$\varDelta h_c$: 유효 순연소열(MJ/kg)

12.54×103 : 메탄에 대한 $\frac{\triangle h_c}{r_o}$

1.10 : 공기와 산소분자량 비율

T_e : 오리피스미터에서 가스의 절대온도(K)

$\varDelta P$: 오리피스미터에서 압력차(Pa)

$X^0_{O_2}$: 산소분석기 눈금의 초기 값

X_{O_2} : 산소분석기 눈금 값

④ 질량 측정장치 교정

질량 측정장치는 시편질량 범위에 있는 표준 추를 사용하여 교정해야 하나 다음을 주의하여 실시한다.

a. 질량측정장치의 교정을 실시하기 전에 콘히터를 끄고 시험장치는 실온까지 냉각시킨다.

b. 250g±25g의 추와 함께 빈 시편홀더를 질량측정장치 위에 얻는다.

c. 질량측정 장치의 출력을 측정하고 이 값을 0에 맞춘다.

d. 50g과 200g 사이의 질량을 갖는 추를 시편홀더 위에 조심스럽게 놓은 다음, 출력값이 안정된 값에 도달한 후에 질량측정장치의 출력값을 측정하며, 동일한 질량의 추를 얹은 다음 이 절차를 4회 이상 반복하여 교정이 끝났을 때 홀더 위에 얹은 추의 총질량은 최소한 500g 이상이어야 한다.

e. 질량측정장치의 정확도는 추의 질량과 교정을 실시하는 동안 기록된 질량측정장치의 출력 사이의 최대차 값으로서 결정한다.

(3) 시험절차

① CO_2 트랩과 최종 수분 트랩을 점검하고 냉각트랩 분리 챔버 내에 축적된 물을 배수시키며, 냉각트랩의 정상적인 작동온도는 4℃를 초과하지 않도록 점검해야 한다.

※ 점검하는 동안 가스 샘플링 라인에 있는 트랩이나 필터가 개방되어 있었다면 환형검침기에 가능한 가장 가까운 위치에 질소 공급원을 연결하여 샘플가스와 동일한 유량과 압력으로 순수한 질소가스를 주입하는 것과 같은 방법으로 샘플가스의 누설을 확인해야 하며, 이때의 산소분석기는 0에 위치하여야 한다.

② 배출유량을 0.024㎥/s±0.002㎥/s으로 설정한다.

③ 데이터는 1분 동안 기준 데이터를 수집하고 연소시간이 짧을 것으로 예측되는 경우를 제외하고 표준 데이터 수집 간격은 5초로 한다.

④ 복사열 차단장치의 온도를 100℃ 이하로 조정하여 제 위치에 삽입하고 질량측정 장치를 보호하고 있는 열차단 장치를 제거하여 준비된 시편과 시편홀더를 질량측정 장치 위에 놓는다.

⑤ 인화 또는 일시적인 불꽃연소가 발생된 때에는 그 시간을 기록하고 지속적인 불꽃연소가 발생한 때에는 그 시간을 기록하여 스파크 전원과 점화장치를 제거한다.

만일 스파크 전원을 차단한 후에 불꽃이 꺼지면 점화기를 재삽입하고 5초 이내에 스파크를 가한 다음 시험이 완료될 때까지 스파크를 제거하지 않는다.

⑥ 아래의 어느 하나에 먼저 해당될 때까지 모든 데이터를 수집한다.

a. 지속적인 불꽃연소가 시작된 때부터 32분간(32분은 시험시간 30분과 시험 후 추가 2분간의 데이터 수집시간으로 구성되어 있다).

b. 30분경과 후에도 시편이 착화되지 않을 때

c. 10분 동안의 X_{O_2}가 예비 시험 산소농도 값의 100ppm 이내로 되돌아갈 때

d. 시편의 질량이 0이 될 때 용융, 팽창, 균열 등과 같은 시편의 물리적 변화를 관찰하여 기록한다.

⑦ 3개의 시편에 대해 시험을 실시하고, 3개 시편에 대하여 180초 평균 열방출률을 비교한다. 이들 180초 평균 열방출률 값 중 어느 하나라도 3개 값에 대한 산술평균값에서 10% 이상 차이가 나면 추가로 3개의 시편에 대하여 시험을 실시하여 다음 식에 의하여 측정한다.

a. 열방출률은 다음 식을 이용하여 산소분석기의 시간지연 t_d를 계산한다.

$$X_{O_2}(t) = X^1_{O_2}(t+t_d)$$

여기에서, X_{O_2}: 산소분석기 눈금 값

$X^1_{O_2}$: 지연시간 보정 이전의 산소분석기 눈금 값

t : 시간(s)

t_d : 산소분석기의 지연시간(s)

– 다음 식으로부터 열방출률 $\dot{q}(t)$를 계산한다.

$$\dot{q}(t) = (\triangle h_c/r_o)(1.10)C\sqrt{\frac{\triangle p}{T_e}}\ \frac{X^0_{O_2} - X_{O_2}}{1.105 - 1.5X_{O_2}}$$

여기에서, $\dot{q}$: 열방출률, ㎾

$\triangle h_c$: 순연소열(kJg−1)

r_o : 양론적 산소/연료 질량비

C : 오리피스 유량계 교정상수($m^{\frac{1}{2}} \cdot g^{\frac{1}{2}} \cdot k^{\frac{1}{2}}$)

$\triangle P$: 오리피스미터 압력차(Pa)

T_e : 오리피스미터 내에서 가스 절대온도(K)

$X^0_{0_2}$: 산소분석기 눈금의 초기 값

X_{0_2}: 산소분석기 눈금 값

– 이때 시편에 대해 보다 정확한 $\triangle h_c/r_o$ 값을 알고 있지 않다면, $\triangle h_c/r_o$ 값은 13.1×103kJ/kg으로 하고, 1분 동안의 기준 측정에서 얻어진 평균 산소분석기 값을$X^0_{O_2}$ 로 하고, 단위면적당 열방출률은 다음 식에 의해 구할 수 있다.

$$\dot{q}_A(t) = \dot{q}(t)/A_s$$

여기에서, A_s : 시료의 초기 노출면적(0.0088 ㎡)

$\dot{q}_A$: 단위면적당 열방출률(㎾/㎡)

t : 시간(s)
$\dot{q}$: 열방출률(kW)

b. 배출덕트 유속은 덕트 내의 질량유속(g/s)은 다음 식에 의해 주어진다.

$$\dot{m}_e = C \sqrt{\frac{\triangle p}{T_e}}$$

여기에서, $\dot{m}_e$: 배출덕트 내의 질량유속(kg/s)
C : 오리피스 유량계 교정상수($m^{\frac{1}{2}} \cdot g^{\frac{1}{2}} \cdot k^{\frac{1}{2}}$)
$\triangle P$: 오리피스미터 압력차(Pa)
T_e : 오리피스미터에서 가스의 절대온도(K)

c. 질량감소율은 각 시간간격에서의 질량감소율 − $\dot{m}$ 은 5점 수치미분식을 이용하여 계산할 수 있다.

첫 번째 스캔($i=0$) :

$$-[\dot{m}]_{i=0} = \frac{25m_0 - 48m_1 + 36m_2 - 16m_3 + 3m_4}{12\triangle t}$$

두 번째 스캔($i=1$) :

$$-[\dot{m}]_{i=1} = \frac{3m_0 + 10m_1 - 18m_2 + 6m_3 - m_4}{12\triangle t}$$

$1 < i < n-1$번째 스캔(n = 총 스캔 횟수) :

$$-[\dot{m}]_i = \frac{m_{i-2} + 8m_{i-1} - 8m_{i+1} + m_{i+2}}{12\triangle t}$$

마지막에서 두 번째 스캔($i=n-1$) :

$$-[\dot{m}]_{i=n-1} = \frac{-3m_n - 10m_{n-1} + 18m_{n-2} - 6m_{n-3} + m_{n-4}}{12\triangle t}$$

마지막 스캔($i=n$) :

$$-[\dot{m}]_{i=n} = \frac{-25m_n + 48m_{n-1} - 36m_{n-2} + 16m_{n-3} - 3m_{n-4}}{12\triangle t}$$

여기에서, $\dot{m}$: 시편의 질량감소율(g/s)

Δt: 샘플링시간 간격(s)

- 연소기간 동안의 질량감소율(총질량감소가 10%에서 90%에 도달하는 시간)은 다음 식에 의해 구한다.

$$\dot{m}_{A,10-90} = \frac{m_{10} - m_{90}}{t_{90} - t_{10}} \cdot \frac{1}{A_s}$$

여기에서, $\Delta m = m_s - m_f$

$m_{10} = m_s - 0.10\Delta m$

$m_{90} = m_s - 0.90\Delta m$

4) 시험결과의 예

<table>
<tr><td colspan="9">콘칼로리미터 시험결과</td></tr>
<tr><td colspan="4">시 험 일</td><td colspan="5">년 월 일</td></tr>
<tr><td colspan="4">시험일의 상태</td><td>온도 (℃)</td><td></td><td>습 도 (%)</td><td colspan="2"></td></tr>
<tr><td colspan="4" rowspan="2">시 료</td><td>시 료 명</td><td>채취장소</td><td>채취날짜</td><td colspan="2">제조업체</td></tr>
<tr><td></td><td></td><td></td><td colspan="2"></td></tr>
<tr><td rowspan="2">구분</td><td rowspan="2">두께(㎜)</td><td rowspan="2">초기 질량 (g)</td><td rowspan="2">질량 손실 (g)</td><td rowspan="2">열방출률이 200KW/㎡ 를 초과한 시간</td><td colspan="3">총열방출률 (MJ/㎡)</td><td rowspan="2">교정상수 C</td></tr>
<tr><td>5분</td><td>10분</td><td>20분</td></tr>
<tr><td>1</td><td>12</td><td>44.5</td><td>1.7</td><td>0</td><td>0.43</td><td>1.49</td><td>6.29</td><td rowspan="4">0.04492</td></tr>
<tr><td>2</td><td>12</td><td>50.0</td><td>5.8</td><td>0</td><td>4.37</td><td>7.55</td><td>9.88</td></tr>
<tr><td>3</td><td>12</td><td>49.1</td><td>5.9</td><td>0</td><td>4.50</td><td>6.79</td><td>9.92</td></tr>
<tr><td>평균</td><td>12</td><td>47.9</td><td>4.5</td><td>0</td><td>3.10</td><td>5.27</td><td>8.70</td></tr>
</table>

5.3 건축재료의 불연성 시험

1) 시험의 목적

건축물 화재안전대책의 첫 번째는 출화 방지이다. 따라서 실 공간내의 화기사용의 제한이나 철저한 관리가 출화의 감소를 위하여 중요하지만 이것은 건축물을 구성하는 재료에 요구되는 것은 아니다. 그렇지만 주방 등과 같은 일상적인 화기가 사용되는 부분의 내부 마감 재료나 설비에서는 당연히 일정한 방화성능이 요구된다.

한편 화재가 발생할 경우, 피난통로가 되는 복도나 계단 등에서는 그것들 자체는 가연물을 거의 갖지 않거나 화재실에서 방출되는 화염이나 고온기류 등에 의하여 연소하지 않도록 하여 재실자의 피난완료까지 피난할 수 있도록 방화대책을 취하는 것이 요구된다.

따라서 마감 재료로 사용되는 재료들은 초기화재의 복사열 등에 쉽게 착화되지 않고 연소 확대되지 않도록 함으로서 화재 시 복사열에 의한 연소를 어렵게 하는 재료의 불연성능을 평가하는 시험방법이 필요하다

2) 시험기기 및 재료

(1) 시험 장치

전열선으로 외주를 감고 단열재로 싼 내화성 튜브로 구성된 로

(2) 로, 스탠드 및 통풍 시트

로 튜브는 〈표 5.3.1〉에 제시된 것처럼 2,800kg/㎥±300kg/㎥의 밀도와 안지름 75㎜±1㎜, 벽두께 10㎜±1㎜를 가진 높이 150㎜±1㎜의 산화알루미늄 내화물로 만들어야 한다.

〈표 5.3.1〉 로(爐) 튜브 내화재의 조성

재 료	구성 % (㎏/㎏ 질량)
알루미나(Al_2O_2)	〉 89
실리카 및 알루미나(SiO_2, Al_2O_3)	〉 98
산화철(Fe_2O_3)	〈 0.45
티타늄옥사이드(TiO_3)	〈 0.25
망간옥사이드(Mn_3O_4)	〈 0.1
기타 미량산화물(Na, K, Ca, 마그네슘옥사이드)	흔적

※ 로 하부에는 양쪽 끝이 열려 있는 길이 500㎜의 원추형 통기 안정 장치를 설치하여야 한다. 통기 안정 장치는 두께 1㎜의 내부가 매끄럽게 마감된 철판으로 제작되어야하며, 상부의 내경은 75㎜±1㎜이며, 하부의 내경 10㎜±0.5㎜로 균일하게 감소되도록 한다. 원추형 통기 안정 장치의 상부 절반은 적당한 단열재로 외부에서 단열되어야 한다.

로 상부에는 콘형 통기 안정 장치와 같은 재료로 만들어진 높이 50㎜, 내경 75㎜±1㎜ 통풍 시트는 로의 상부에 설치되어야 한다. 통풍 시트와 로 상부와의 연결은 매끄럽게 마감하여야 하며, 외부는 적당한 단열재로 단열되어야 한다. 로, 원추형 통기 안정 장치 및 통풍 시트는 원추형 통기 안정 장치의 하부 주위의 통풍을 줄이기 위해 바닥판과 통풍스크린을 부착한 견고한 수평 스탠드 위에 설치한다. 통풍 스크린의 높이는 550㎜로서, 콘형 통기 안정 장치의 밑면에서 250㎜ 떨어져야 한다.

(3) 홀더와 삽입 장치

시험체 홀더는 외경 6㎜, 내경 4㎜의 스테인레스 스틸관의 아래 끝에 매달릴 수 있어야 하며, 충격 없이 로의 축 아래로 확히 내리기위한 적절한 삽입장치가 제공되어야 한다.

시험체는 시험 동안 로의 중심에 위치하게 되어야 한다. 삽입 장치는 로의 옆면에 맞춰진 수직 유도 장치 내에서 자유롭게 움직이는 금속성 미끄럼대로 이뤄져야 한다.

(4) 열전대

1.6㎜의 지름을 갖는 K타입 열전대가 사용되어야 한다. 열접점은 절연되어야 하고 접지 되어서는 안된며, 외장 재료는 스테인리스강이나 니켈 합금이어야 한다.

로 열전대는 로 튜브의 기하학적 중심에 대응하는 높이에 튜브 벽으로부터 10㎜±0.5㎜에 열접점을 위치시킨다. 열전대의 위치는 〈그림 5.3.2〉에서 설명하는 위치 표시기를 이용하여 설치할 수 있으며, 통풍 시트에 부착된 보조 기구로 정확한 위치가 유지되도록 하여야 한다.

단위 : ㎜

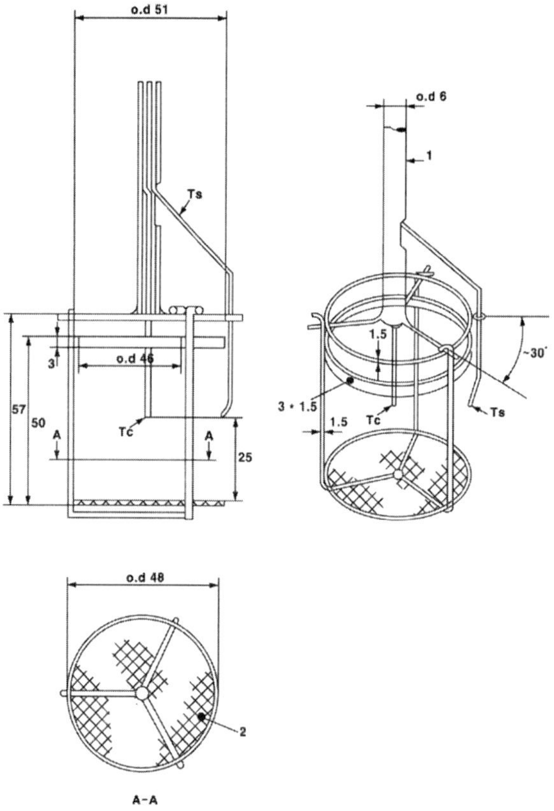

1. 스테인리스 스틸관
2. 철선 직경 0.4㎜, 0.9㎜ 메쉬

T_c : 시험체 중심 열전대

T_s : 시험체 표면 열전대

주) T_c, T_s 의 사용은 선택임

〈그림 5.3.1〉 시험체 홀더

단위 : mm

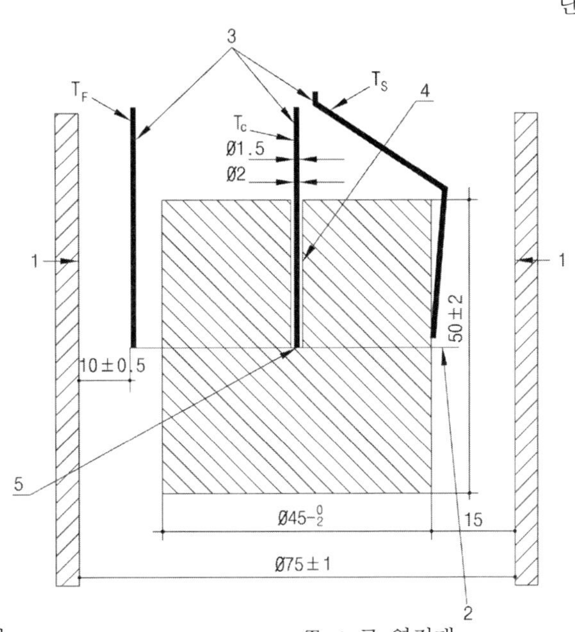

1. 로 벽
2. 중간 높이의 일정온도 영역
3. 보호된 열전대
4. 직경 2 mm구멍
5. 열전대와 시험체와의 접촉부

T_F : 로 열전대
T_C : 시험체 중심 열전대
T_S : 시험체 표면 열전대
주) T_C 및 T_S의 사용은 선택임

〈그림 5.3.2〉 로, 시험체 및 열전대의 위치 관계

(5) 시험체

① 시험체는 원기둥 모양으로 하며 각각의 시험체 부피는 76㎤±8㎤, 지름45$^{+0}_{-2}$ mm와 높이 50mm ±3mm를 가져야 한다.

② 시험체의 개수는 5개로 한다.

③ 시험체는 시험전에 통풍이 되는 항온조 속에서 20 내지 24시간 동안 60℃±5℃ 로 유시하고, 데시케이터에서 대기온도로 냉각시킨다. 각 시험체의 질량은 시험 전에 0.01g의 정확도로 측정한다.

3) 시험방법

(1) 로에 열전대를 설치하고, 모든 열전대는 보상 케이블을 이용하여 온도 지시계에 연결시켜야 한다.

(2) 열전대에 의해 표시되는 로의 평균온도가 적어도 10분 동안 750±5℃ 로 유지될 수 있도록 로에 대한 전력 공급을 조절하고 이 10분간 온도 변동(선형 회귀)이 2℃를 넘지 않아야 하며, 평균온도에서 최대 편차가 10분간에 10 ℃를 넘지 않도록 하여야 한다.

(3) 로 온도가 안정되었을 때 규정된 형태의 접촉식 열전대와 온도 지시계를 이용하여 로 벽의

온도를 측정한다.

측정은 로 벽의 수직축 3곳에서 행하되 각축의 이격 거리는 동일하게 한다. 로 튜브의 중간 높이 지점에 대응하는 위치와 중간 높이에서 상하 30㎜ 위치에 대응하는 각 축의 온도를 기록한다. 온도 측정 절차는 열전대 및 내열관이 붙은 열전대 주사장치를 이용함으로서 간편히 할 수 있다. 위의 규정된 위치에서 열전대와 로벽의 사이를 잘 유지하도록 특별한 주의가 필요하다. 각 측정 지점에서 열전대에 의해 기록된 온도값은 안정된 상태이어야 한다. 9개의 온도 기록은 Ti : j(i=축1~3; j=+30㎜, 0㎜ 및 -30㎜에 대하여 a~c값)로 얻어진다.

(4) 9개의 온도값의 산술 평균을 계산하고, 로 벽 평균온도(T_{avg})로서 기록한다.

$$T_{avg} = \frac{T_{1:a} + T_{1:b} + T_{1:c} + T_{2:a} + T_{2:b} + T_{2:c} + T_{3:a} + T_{3:b} + T_{3:c}}{9}$$

(5) 로 온도가 안정되고, 로 벽 온도가 확인된 경우, 열감기기와 온도 지시계를 사용하여 로 중심축을 따라 로의 온도를 측정한다. 각 위치에서 계산된 평균온도는 다음과 같이 규정된 한계내에 있어야 한다.

$$T_{\min} = 541.653 + (5.901 \times X) - (0.067 \times X^2) + (3.375 \times 10^{-4} \times X^3) - (8.553 \times 10^{-7} \times X^4)$$

$$T_{\max} = 613.906 + (5.333 \times X) - (0.081 \times X^2) + (5.779 \times 10^{-4} \times X^3) - (1.767 \times 10^{-6} \times X^4)$$

여기에서, X는 로 높이(㎜)이며, X=0㎜는 로 밑면에 해당한다.

(6) 시험을 시작하기 전에 모든 시험 장치들이 양호하고 정상적 상태에 있는지 확인한다.

(7) 준비된 시험체를 시험체 홀더 속으로 삽입한다. 시험체를 로 속으로 넣은 후, 즉시 타이머 장치를 작동시킨다. 시험은 30분 동안 수행한다.

(8) 로 열전대에 의해서 측정된 온도의 변동(선형회귀)이 10분 동안 2℃를 넘지 않을 때 이뤄지는 최종 온도 평형이 30분 내에 이루어지면 시험을 끝낸다. 그러나 온도 평형이 30분 동안에 이르지 못한다면 5분 간격으로 평형온도를 체크하면서 시험을 계속한다. 한 번의 평형이 열전대에 확인되거나, 또는 60분이 지나면 시험을 중단한다.

(9) 그리고 시험 시간을 기록한 후 로에서 시험체를 제거한다. 시험의 종료는 마지막 5분 간격의 끝이거나 60분이 지난 후에 행한다. 사용된 기록계가 실시간 계산이 안 되면 최종 값은 시험 후에 확인되어야 하며, 위에서 요구 조건이 만족되지 않으면 시험은 반복되어야 한다. 추가 열전대가 사용된 경우, 최종 평형온도가 사용된 모든 열전대에 대하여 이루어지거나 60분이 지난 후에 시험을 중지하여야 한다.

4) 시험결과의 예

(1) 질량 손실은 측정된 5개 시험체 각각의 초기질량에 대한 질량 손실을 %로 계산하고 기록하여야 한다.

(2) 불꽃에 규정된 것처럼 측정된 5개의 시험체 각각에 대하여 지속 불꽃 시간(잔염 시간, s)을 계산하고 기록하여야 한다.

(3) 온도 상승에 규정된 것처럼 열전대로 기록된 5개의 시험체 각각에 대하여 온도 상승을 ($\triangle T = T_m - T_f$) 계산하고 기록하여야 한다.

건축재료의 불연성 시험결과						
시 험 일		년 월 일				
시험실의 상태		실 온 (℃)		습 도 (%)		
시료		시료명	채취장소	채취날짜	제조업체	
시 험 체 번호		1		2		3
두 께 (㎜)		47.5		47.8		48.4
가열 전 무게 (g)		55.7		57.5		59.0
가열 후 무게 (g)		29.4		30.6		31.3
가 열 감 량 (g)		26.3		26.9		27.7
질량 감소율 (%)		47.2		46.8		47.0
가열시간 (sec)		3600		3600		3600
로 온도 (℃)	최 고 온 도	902.0		958.0		956.0
	최 종 온 도	801.6		811.4		811.1
	온 도 차	100.4		146.6		144.9
종료 시 선형회귀 온도차 (℃)		8.0		7.2		8.2

Ⅵ. 흡음재료의 시험

6.1 기본사항

흡음재료는 음의 흡수, 반사, 차단 등의 건축적인 음향처리를 목적으로 만들어진 것으로 흡음율은 물체에 투사한 음의 에너지에 대하여 흡수된 에너지의 비율을 나타내는 것으로 재료와 흡음 부분의 성능을 표시할 수 있다.

비교적 고음역 의 흡음율이 좋은 다공질 재료에 의한 것과 판재와 공기층의 공진 기구에 의한 것과 공기층에 의한 공명 기구에 의한 것, 그리고 흡음보드 종류에 의한 것으로 구분할 수 있으며, 흡음재료는 여러 종류의 재료로 조합된 경우가 있지만 단일재료에 의해서 얻어지는 경우를 가르키며 이러한 흡음재료의 종류로는 〈표 6.1〉과 같다.

〈표 6.1〉 흡음재료의 대표적인 종류

종 류	구 성	내 용
암면	펠트, 널모양 및 흡착재료 등	흡음, 단열성이 우수한 단열 재료로서 글라스울과 함께 대표적임
질석, 펄라이트	질석보다, 펄라이트 보드, 판 등	모르타르 또는 플라스터를 골재로 하여 벽에 칠하는 것도 있음
동식물 섬유, 합성섬유	카페트, 펠트	다공질 재료의 대표적인 것
유리면	펠트, 접착 성형품 등	유리를 실 같이 만들어 성형한 것
석면	뿜칠용, 시멘트판 등	흡음 또는 단열용으로 사용됨.
흡음 보드류	보드 등	흡음을 목적으로 구멍을 내거나 표면에 요철을 낸 연질 보드류를 말함

6.1.1 품질 및 치수

흡음재료로서 사용되는 재료는 여러 가지가 있으나, 주로 성형제품인 보드류 또는 뿜칠용으로 사용되어지고 있으며, 이러한 각각의 성질에 대한 흡음재료로서의 품질을 달리 규정하고 있으며, 그 내용은 〈6.1.1〉, 〈6.1.2〉, 〈6.1.3〉, 〈6.1.4〉, 〈6.1.5〉, 〈6.1.6〉과 같다.

〈표 6.1.1〉 흡음용 암면의 품질 및 치수

종류		밀도 kg/m³	흡음률	두께(mm)	허용차	길이(mm)	허용차	나비(mm)	허용차
암면 흡음 펠트		40~70	0.7M	25, 30, 40	+5, -2	600, 900, 1200	+30 0	450, 600	+10 0
			0.9M	50, 75, 100	+5, -3				
암면 흡음판	1호	71~100	0.7M	25	+5, -2	600, 900, 1200	+15 -3	450, 600	+5 -3
			0.9M	40					
				50, 75, 100	+5, -3				
	2호	101~160	0.7M	25	+5, -2				
			0.9M	40					
				50, 75, 100	+5, -3				
	3호	161~300	0.7M	25	+5, -2				
			0.9M	40					
				50, 75, 100	+5, -3				
암면 흡음 블랭킷	1호	71~100	0.7M	25	+5, -2	600, 900, 1200	+15 -3	600, 900	+5 -3
			0.9M	40					
				50, 75, 100	+5, -3				
	2호	101~160	0.7M	25	+5, -2				
			0.9M	40					
				50, 75, 100	+5, -3				
암면 흡음띠	1호	71~100	0.7M	25	+5, -2	900, 1200, 1800, 2100	+30 0	600	+10 -5
			0.9M	40					
				50, 75, 100	+5, -3				
	2호	101~160	0.7M	25	+5, -2				
			0.9M	40					
				50, 75, 100	+5, -3				

〈표 6.1.2〉 유리면의 품질 및 치수

종류			밀도 kg/m³	허용차	흡음률	두께 mm	허용차	길이 mm	허용차	나비 mm	허용차
유리면 흡음 펠트	2호	24K	24	±2	0.7M	25,40	+5, 0	600, 900, 1200	마이너스 쪽을 인정하지 않는다.	300, 450, 600, 900	+20 0
유리면 흡음판	2호	32K	32	±4	0.7M	25, 40	+3, -2		+10 -3		+10 -3
					0.9M	50, 75, 100					
		40K	40	+4, -3	0.7M	25, 40	+3, -2				
					0.9M	50					
		48K	48		0.7M	25	+3, -2				
					0.9M	40, 50					
		64K	64	±6	0.7M	20, 25	+3, -2				
					0.9M	40, 50					
		80K	80	±7	0.7M	20, 25	±2				
					0.9M	40					
		96K	96	+9, -8	0.7M	20, 25					
		120K	120	±12	0.7M	20, 25					
	3호	80K	80	±7	0.5M	20, 25					
					0.7M	40					
		96K	96	+9, -8	0.5M	20, 25					
		120K	120	±12							

〈표 6.1.3〉 연질 섬유판의 품질 및 치수

종류		밀도 kg/㎥	흡음률	두께 ㎜	허용차	길이 ㎜	허용차	나비 ㎜	허용차	직각도	함수율 %
C, O	A, AR	350미만	0.5S	9	±0.6	300	±0.4	300 600	±0.4	$\frac{1}{1000}$ 이하	5이상 13이하
				12	±0.7	450	±0.5	450	±0.5		
	G, E		0.3S	9	±0.6	300	±0.4	300 600	±0.4		
				12	±0.7	450	±0.5	450	±0.5		
						600	±0.6	600	±0.6		

〈표 6.1.4〉 목모시멘트판의 품질 및 치수

종류	시멘트와 목모의 배합비율	부피비중	흡음률	두께 ㎜	허용차	길이 ㎜	허용차	나비 ㎜	허용차	휨 ㎜	굽힘 파괴하중 N	난연성	열저항 ㎡K/W
F	시멘트60% 이상 목모 40% 이하	0.6이상	0.3M	15	+1 −2	900 1200 1800 2100	0 −3	600, 900, 1800	0 −3	10이하	400이상	난연 2급	
		0.55이상		20						9이하	600이상		
		0.5이상	0.5M	25						8이하	800이상		
				30	0 −3					7이하	1000이상		
				40						6이하	1800이상		
			0.7M	50						5이하	1500이상		
H	시멘트 55% 이상 목모 45% 이하	0.6미만	0.3M	15	+1 −2					10이하	250이상		0.138이상
		0.55미만	0.5M	20						9이하	400이상		0.189이상
		0.5미만		25						8이하	500이상		0.241이상
				30	0 −3					7이하	650이상		0.292이상
				40						6이하	1200이상		0.370이상
			0.7M	50						5이하	1600이상		0.473이상

〈표 6.1.5〉 구멍 석고판의 품질 및 치수

종류		흡음률	두께 ㎜	허용차	길이 ㎜	허용차	나비 ㎜	허용차	굽힘 파괴 하중 N	함수율 %
흡음용 구멍 석고판	∅6−22	0.3S	9.5	±0.5	600, 900, 1800	+3 0	300, 450, 600, 900, 1200	0 −3	110이상	3이하
			12.5						130이상	
	∅8−22		9.5						70이상	
			12.5						80이상	
	∅10−24		9.5						60이상	
			12.5						70이상	
	∅13.4−24		9.5						40이상	
			12.5						55이상	
	랜덤		9.5						−	
			12.5							

〈표 6.1.6〉 구멍 석면시멘트판의 품질 및 치수

종류			두께 mm	허용차	흡음률	길이 mm	허용차	나비 mm	허용차	굽힘 파괴 하중 N	함수율(%)
흡음용 구멍 석면 시멘트판	F	∅5-12	3	±0.3	0.3S	1800	0 −5	900	0 −5		10이하
						2400		600, 900, 1200			
			4			1800		900		83이상	
						2400		600, 900, 1200			
		∅5-15	3			1800		900		42이상	
						2400		600, 900, 1200			
			4			1800		900		83이상	
						2400		600, 900, 1200			
		∅8-16	3			1800		900		33이상	
						2400		600, 900, 1200			
			4			1800		900		66이상	
						2400		600, 900, 1200			
		∅8-20	3			1800		900		42이상	
						2400		600, 900, 1200			
			4			1800		900		83이상	
						2400		600, 900, 1200			
		∅8-25	3			1800		900		–	
						2400		600, 900, 1200			
			4			1800		900			
						2400		600, 900, 1200			
		∅5-12, ∅5-15, ∅8-20	4			1800		900		25이상	15이하
						2400		600, 900, 1200			
		∅8-25				1800		900		–	
						2400		600, 900, 1200			

본 서에서는 전기와 같은 다양한 흡음재료 중 건축공사에서 널리 사용되고 있는 재료 중, 암면과 연질섬유판에 대하여 기술하고 아울러, 현재까지는 국내에서 활용성이 미흡하나 선진외국에서 활발하게 적용되고 있는 목모시멘트판에 대한 실험내용을 정리하였다.

6.2 암　면

6.2.1 기본사항

암면은 안산암, 현무암 등의 암석이나 니켈, 망간 등의 광재(鑛滓:슬래그) 혼합물에 석회석을 섞어 전기로에 1,500~1,600℃의 고열로 용융한 다음, 용융액을 로(爐) 하부의 노즐을 회전시켜 원심력을 이용하거나 압축공기로 세게 불어 실처럼 만든 섬유로서 무기질이므로 내화성(耐火性)이 우수하며, 열전도율은 작고 흡음률(吸音率)이 높으므로 건축물의 보온재나 흡음재로 많이 사용되고 있다.

6.2.2 밀도 시험

1) 시험의 목적

암면은 부피에 비해 질량이 작으므로 재료의 제단을 정확히 한 후, 무게를 측정해야 밀도의 차를 구분할 수 있으며, 다공질의 형태로 구성되어 있으며, 밀도는 흡음율과 밀접한 관계가 있으며 제품의 구분도 밀도로 구분하고 있어 매우 중요한 사항이라 할 수 있다.

2) 시험기기 및 재료

(1) 저울 : 감도 0.1g 이상으로 질량의 0.1% 이내의 정밀도가 가능한 것
(2) 정밀도 1/20㎜의 버니어켈리퍼스
(3) 두께 측정용 하중판 : 무게 100g, 크기 150㎜의 강성이 있는 사각판

3) 시험방법

흡음용 암면의 밀도를 측정하기 위한 시료의 치수와 질량은 다음 〈표 6.2.1〉의 규정에 따른다.

〈표 6.2.1〉 시료의 질량 측정 정밀도

시료의 치수	시료의 질량(g)	측정 정밀도(g)
실물치수 또는 1㎡ 이상	5,000≤M	50
	1,000≤M〈5,000	10
	500≤M〈1,000	5
	M〈500	1

(1) 시료의 길이 및 나비의 측정은 흡음재 주변에서 100㎜ 이상 안쪽을 각 변에 평행하게 2곳씩

1㎜까지 측정하여 그 평균값을 취한다. 다만, 길이가 1,000㎜ 이상인 것은 주변에 평행하게 1곳을 10㎜까지 측정한다.

(2) 두께는 나비 280㎜ 이상이고 면적 0.12㎡ 이상인 시료를 경질 평판 위에 놓고, 무게 100g, 크기 150㎜인 강성이 있는 사각형 하중 판의 중심을 시료의 끝에서 100㎜ 이상 안쪽에 얹어서 1분 이상 경과하여 하중 판 침하가 정지된 후, 하중 판의 중앙에 뚫은 구멍을 통해 버어니어켈리퍼스 또는 바늘모양의 자를 꽂아 0.5㎜까지 측정한다.

(3) 측정 위치는 균등하게 분포한 5곳 이상으로 하고 두께는 그 평균값으로 하나, 외피를 붙인 암면단열재는 외피의 두께를 제외한다. 다만 압축포장된 것에 대해서는 시료 나비 방향의 양쪽 끝을 손으로 잡고 수평 방향으로 물결치듯 잘 흔들어 경질 평판 위에 놓고 4시간 경과한 후 측정한다.

(4) 질량측정 정밀도는 5g까지 측정하여 다음식에 의하여 계산한다.

$$\rho = \frac{M}{V}$$

여기에서, ρ : 밀도
M : 질량
V : 체적

4) 실험결과의 예

암면의 밀도 시험결과				
시 험 일	년 월 일			
시험실의 상태	실 온	(℃)	습 도	(%)
시 료	시 료 명	채취장소	채취날짜	제조업체
	흡음용 암면			
측정번호	1	2	3	
① 시료길이(m)	1.205	1.206	1.208	
② 시료나비(m)	0.602	0.602	0.603	
③ 시료두께(m)	0.04	0.04	0.04	
④ 시료체적(㎥) ①×②×③	0.029	0.029	0.029	
⑤ 시료의 중량(kg)	3.335	3.369	3.322	
⑥ 밀도(kg/㎥) ⑤÷④	115	116	115	
평 균 값(kg/㎥)	115			
결 과	2호			
※ 비 고 암면의 밀도는 흡음율과 밀접한 관계가 있으며 제품의 구분도 밀도로 하며, 일반적으로 밀도가 100K부터 160K까지를 흡음재로 많이 사용한다.				

6.2.3 흡음율 시험

1) 시험의 목적

흡음율은 입사한 음파의 에너지가 열 등의 다른 에너지로 변화되거나 투과되어, 반사하는 음파의 에너지가 저감되는 것을 말하는 것으로 즉, 다음 식과 같이 재료 표면에 흡수된 에너지와 입사에너지의 비율을 표시한 값이라 할 수 있다.

따라서 건축물에 사용하는 모든 흡음재료 또는 마감재료는 각각 고유의 흡음특성을 갖고 있으며, 이러한 특성을 흡음율로 표시하면 0～1사이의 값이 되며, 1에 근접할수록 흡음율이 높다는 것을 의미한다.

$$\alpha = 1 - \frac{I_r}{I_i} = \frac{I_i - I_r}{I_i}$$

여기에서, α : 흡음율

I_i : 입사음의 세기

I_r : 반사음의 세기

2) 시험기기 및 재료

(1) 증폭기 및 스피커 : 1/3 Octave 대역잡음

(2) 마이크로폰 : 무지향 특성을 가진 것

(3) 음압레벨측정기 : 실시간 주파수 분석기

(4) 시료 : 8.5～12㎡까지의 면적으로 길이에 대한 폭의 비가 1.3～1.5까지의 장방향

3) 시험방법

흡음율 시험은 다음 두 가지 방법이 있으며, 실제 건물에 흡음재를 설치하여 측정하는 잔향실 내의 흡음률 측정방법과 샘플을 채취하여 측정하는 관내법(Tube Method)에 의한 흡음률 측정방법으로 각각의 시험방법은 다음과 같다.

(1) 잔향실 내의 흡음률 측정방법

① 잔향실 내의 흡음율을 측정하기 위한 음원 및 수음 장치의 배치는 다음 〈그림 6.2.1〉과 같다.

② 흡음율을 측정하기 위한 잔향실의 용적은 150㎥ 이상으로 하나 100～150㎥ 미만의 잔향실은 측정주파수 중 160㎐ 이상의 측정에 사용한다

③ 시료를 잔향실의 중앙에 배치한다.

④ 측정주파수는 125～4,000Hz까지의 1/3 옥타브 밴드로 하며, 측정횟수는 저주파수인 125～200Hz는 25회 이상, 250～800Hz는 15회 이상, 1,000～4,000Hz는 9회 이상 측정한다. 잔향실법 흡음률은 읽어낸 잔향 시간의 평균값으로부터 다음 식에 따라 구한다.

$$a = \frac{55.3V}{cS}\left(\frac{1}{T_1} - \frac{1}{T_2}\right)$$

여기에서, a : 잔향실법 흡음률

T_1 : 시료를 넣은 상태에 있어서의 잔향시간(s)

T_2 : 시료를 넣지 않은 상태에 있어서의 잔향시간(s)

V : 잔향실 용적(m^3)

S : 시료면적(m^2)

c : 공기 중의 음속(m/s), c=331.5+0.61t

t : 공기의 온도(℃)

단, T_1과 T_2의 측정 사이에 잔향실 내 온도에는 ±5℃, 상대습도에는 ±10% 이상의 변화가 없는 것으로 한다.

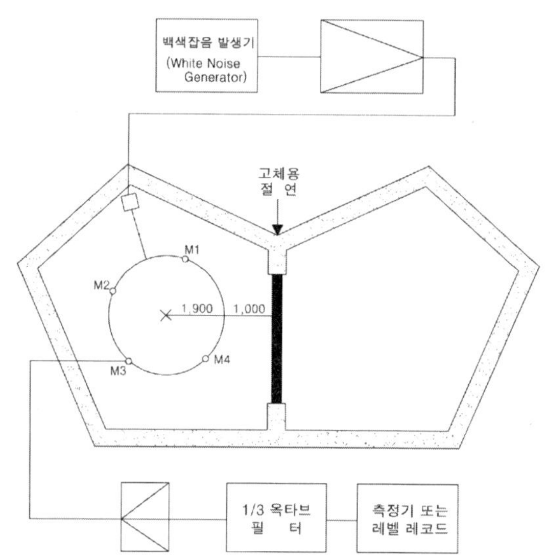

〈그림6.2.1〉 잔향실 내 흡음율 측정을 위한 배치도

(2) 관내법(Tube Method)에 의한 흡음률 측정

관의 한쪽 끝에 시료를 넣고 다른 한쪽에서 순음을 내보내면 정재파가 생긴다. 정재파의 패턴은 음압의 최대, 최소가 λ/4마다 생기지만, 입사음의 진폭 A에 대해 반사음의 진폭 B가 작아지므로 역위상이 되는 음압의 최소 부분이라도 P_{min} = A−B는 0이 되지 않는다.

또한 음압의 최대는 P_{max} = A+B 이므로 정재파비는 다음과 같다.

$$\frac{P_{\max}}{P_{\min}} = n$$

관내에 마이크로폰을 이동시켜 n을 측정하면, 음압 반사계수는 다음과 같다.

$$|r_P| = |\frac{B}{A}| = \frac{n-1}{n+1}$$

따라서 수직입사 흡음률은 다음과 같다.

$$\alpha_0 = 1 - |r_p|^2 = 1 - \left(\frac{n-1}{n+1}\right)^2 = \frac{4}{(n+1/n+2)}$$

4) 실험결과의 예

측정값은 평균 흡음율(NRC, Noise Reduction Coefficient)로 표시하며, 1/3 옥타브 밴드의 중심주파수 250Hz, 500Hz, 1,000Hz, 2,000Hz의 평균값을 산출하여 그 값이 0.7 이상이어야 한다.

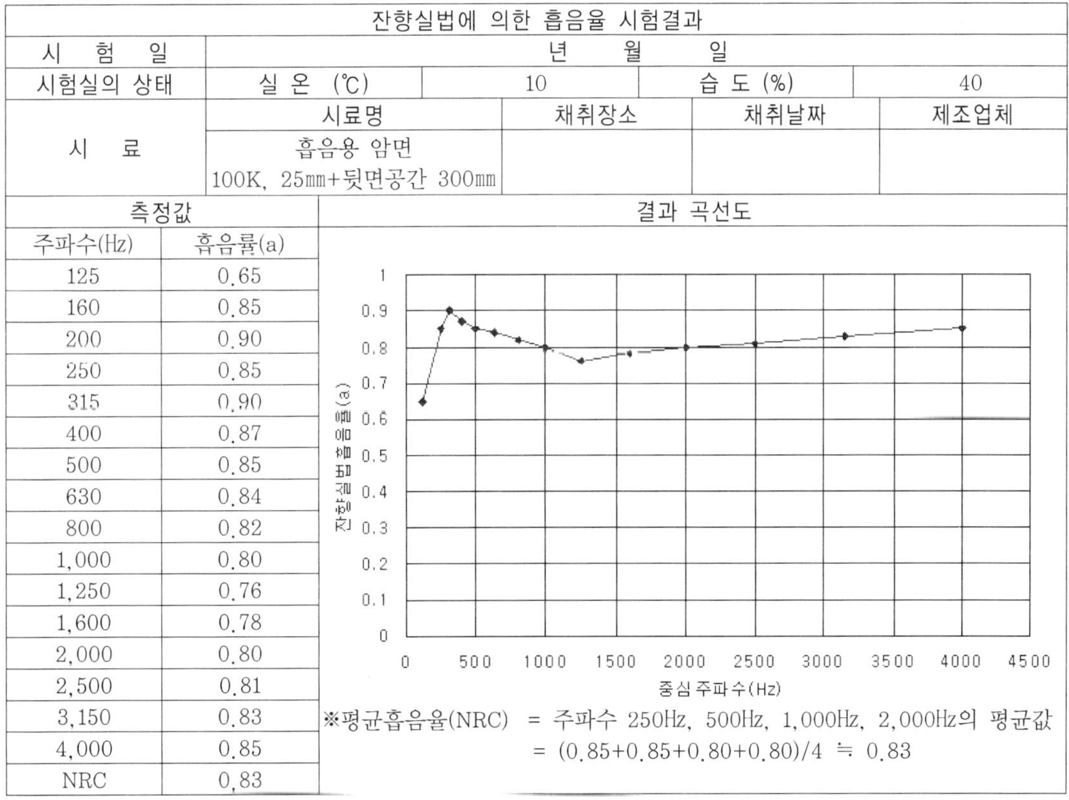

잔향실법에 의한 흡음율 시험결과					
시 험 일	년 월 일				
시험실의 상태	실 온 (℃)	10	습 도 (%)	40	
시 료	시료명	채취장소	채취날짜	제조업체	
	흡음용 암면 100K, 25㎜+뒷면공간 300㎜				

측정값		결과 곡선도
주파수(Hz)	흡음률(a)	
125	0.65	
160	0.85	
200	0.90	
250	0.85	
315	0.90	
400	0.87	
500	0.85	
630	0.84	
800	0.82	
1,000	0.80	
1,250	0.76	
1,600	0.78	
2,000	0.80	
2,500	0.81	
3,150	0.83	
4,000	0.85	
NRC	0.83	

※평균흡음율(NRC) = 주파수 250Hz, 500Hz, 1,000Hz, 2,000Hz의 평균값
= (0.85+0.85+0.80+0.80)/4 ≒ 0.83

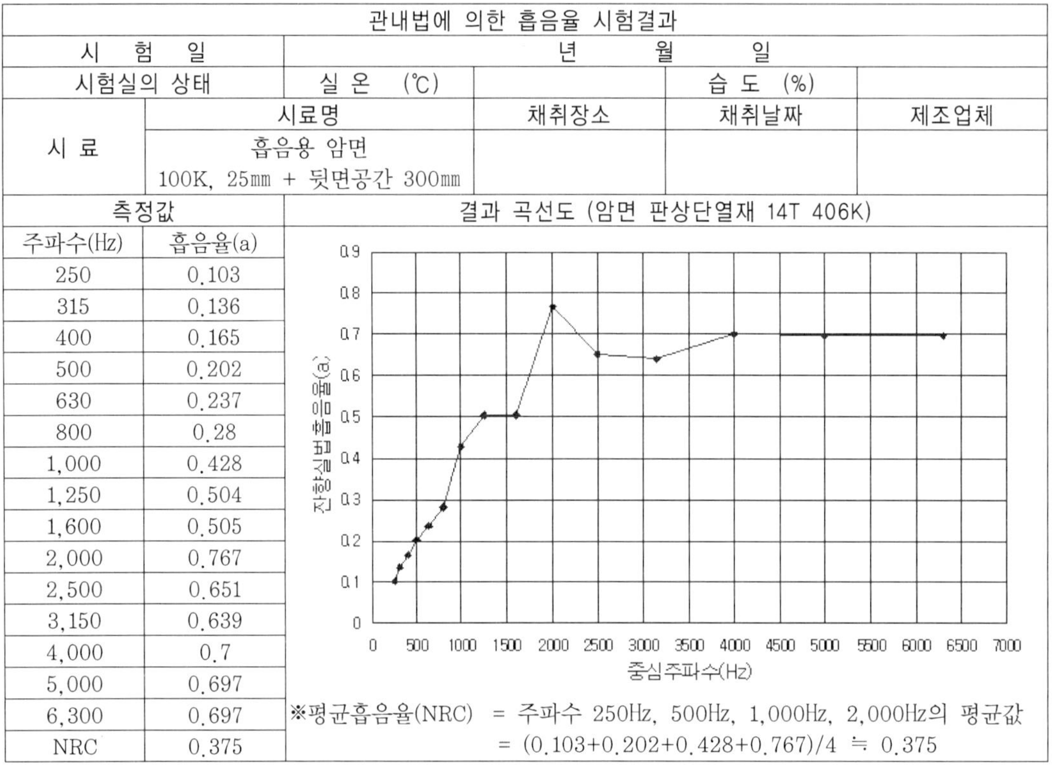

관내법에 의한 흡음율 시험결과

시 험 일	년 월 일			
시험실의 상태	실 온 (℃)		습 도 (%)	
시 료	시료명	채취장소	채취날짜	제조업체
	흡음용 암면 100K, 25㎜ + 뒷면공간 300㎜			

측정값	
주파수(Hz)	흡음율(a)
250	0.103
315	0.136
400	0.165
500	0.202
630	0.237
800	0.28
1,000	0.428
1,250	0.504
1,600	0.505
2,000	0.767
2,500	0.651
3,150	0.639
4,000	0.7
5,000	0.697
6,300	0.697
NRC	0.375

결과 곡선도 (암면 판상단열재 14T 406K)

※평균흡음율(NRC) = 주파수 250Hz, 500Hz, 1,000Hz, 2,000Hz의 평균값
= (0.103+0.202+0.428+0.767)/4 ≒ 0.375

6.3 흡음용 연질 섬유판

6.3.1 기본사항

흡음용 연질섬유판의 원료는 식물섬유이나 A급(목재편)과 B급(면조각, 볏짚, 펄프 등)으로 나누어지며, 제조방법은 원재료에 높은 열을 가해 성형한 다음 일정크기로 재단하여 표면 가공한다.

제품의 종류는 두께(9㎜, 12㎜), 표면가공 상태(도장가공, 오버레이가공), 난연성(보통, 난연) 등에 따라 구분되며, 흡음구멍을 뚫는 방법에 따라 구멍의 지름이 일정한 것(A)과 불규칙한 것(AR)이 있고, 바늘로 구멍을 뚫은 것(G), 구멍의 모양이 부정형(不定形)인 것(E) 등으로 분류된다.

6.3.2 밀도 시험

흡음용 연질섬유판의 밀도시험방법은 "6.1.2 밀도시험"에 준하여 실시하며 측정된 밀도는 350kg/㎥ 미만이 되어야 하며, 실험결과의 예는 다음과 같다.

흡음용 연질 섬유판 밀도 시험결과				
시 험 일	년 월 일			
시험실의 상태	실 온	(℃)	습 도	(%)
시 료	시 료 명	채취장소	채취날짜	제조업체
	흡음용 연질섬유판			
측정번호	1	2	3	
① 시료길이(m)	0.605	0.604	0.606	
② 시료나비(m)	0.302	0.303	0.303	
③ 시료두께(m)	0.09	0.09	0.09	
④ 시료체적(㎥) ①×②×③	0.18271	0.366024	0.550854	
⑤ 시료의 중량(kg)	3.568	3.663	3.757	
⑥ 밀도(kg/㎥) ⑤÷④	223	222	221	
평 균 값(kg/㎥)	222			

6.3.3 흡음율 시험

흡음용 연질섬유판의 흡음율 시험방법은 6.1.3의 흡음율 시험방법에 준하여, 연질섬유판을 대상으로 한 시험결과의 예를 참조한다.

잔향실법에 의한 흡음율 시험결과					
시 험 일		년 월 일			
시험실의 상태		실 온 (℃)		습 도 (%)	
시 료	시료명	채취장소		채취날짜	제조업체
	흡음용 연질섬유판 20㎜+공기층 40㎜				
측정값		결과 곡선도			
주파수(Hz)	흡음률(a)				
125	0.10				
250	0.25				
315	0.42				
400	0.48				
500	0.60				
630	0.72				
800	0.83				
1,000	0.90				
1,250	0.87				
1,600	0.84				
2,000	0.80				
2,500	0.82				
3,150	0.83				
4,000	0.85	※평균흡음율(NRC) = 주파수 250Hz, 500Hz, 1,000Hz, 2,000Hz의 평균값			
NRC	0.64	= (0.25+0.60+0.90+0.80)/4 ≒ 0.64			

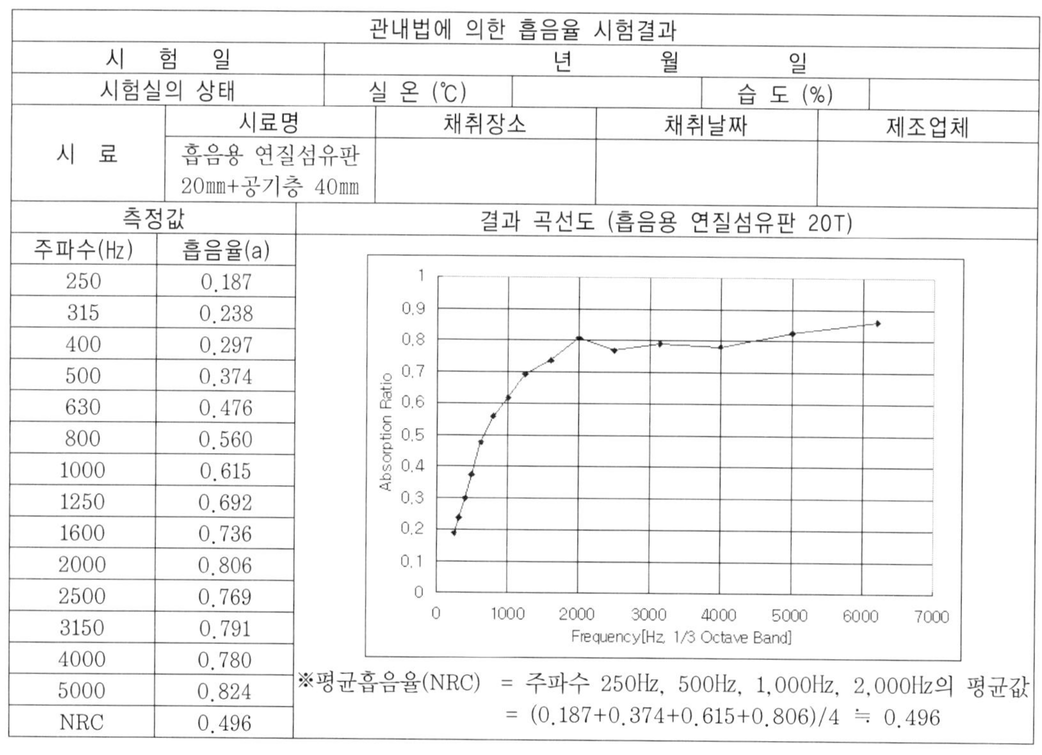

관내법에 의한 흡음율 시험결과					
시 험 일		년 월 일			
시험실의 상태		실 온 (℃)		습 도 (%)	
시 료	시료명	채취장소		채취날짜	제조업체
	흡음용 연질섬유판 20㎜+공기층 40㎜				
측정값		결과 곡선도 (흡음용 연질섬유판 20T)			
주파수(Hz)	흡음율(a)				
250	0.187				
315	0.238				
400	0.297				
500	0.374				
630	0.476				
800	0.560				
1000	0.615				
1250	0.692				
1600	0.736				
2000	0.806				
2500	0.769				
3150	0.791				
4000	0.780				
5000	0.824	※평균흡음율(NRC) = 주파수 250Hz, 500Hz, 1,000Hz, 2,000Hz의 평균값			
NRC	0.496	= (0.187+0.374+0.615+0.806)/4 ≒ 0.496			

6.3.4 직각도 시험

1) 시험의 목적

흡음용 연질 섬유판은 사용에 불편할 정도의 비틀림이나 흠이 없어야 하며, 제단된 치수가 정밀해야 하므로 직각도 시험은 제품의 가공 시 정밀도를 측정하기 위한 시험으로 정밀도는 1/1,000 이하로 한다.

2) 시험기기 및 재료

(1) 직각자 : 다음 〈그림 6.3.1〉과 같이 KS B 5204에서 규정하는 평형 직각자 1급 또는 동등의 직각자

(2) 버니어 켈리퍼스 : 정밀도 1/20㎜

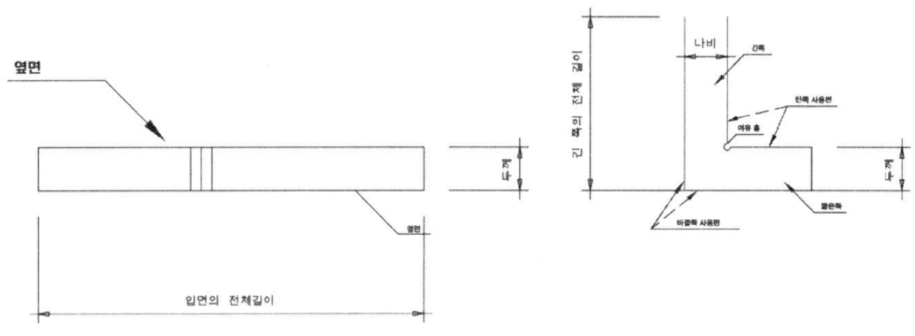

〈그림 6.3.1〉 KS B 5204에 규정된 평형직각자

3) 시험방법

KS B 5204에서 규정하는 평형 지각자 1급 또는 동등이 지각자를 사용하여, 〈그림 6.3.2〉와 같이 직각자의 수직면에 대고 수평면의 시료 사이의 최대 간격 δ를 정밀도는 0.05㎜로 측정한다.

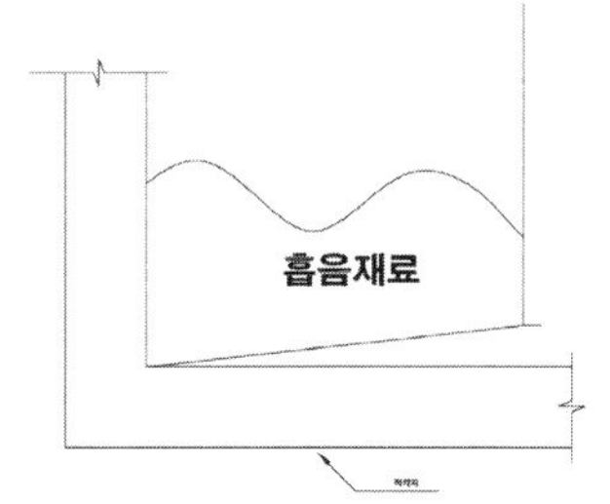

〈그림 6.3.2〉 직각도의 측정 방법

4) 실험결과의 예

직각도 시험결과				
시 험 일	년 월 일			
시험실의 상태	실 온 (℃)		습 도 (%)	
시 료	시 료 명	채취장소	채취날짜	제조업체
	흡음용 연질 섬유판			
측정번호	1	2	3	
①재료치수L(㎜)	300	300	300	
②최대간격(δ)(㎜)	0.21	0.16	0.17	
③직각도 ②÷①	0.0007	0.0005	0.0006	
평 균 값	0.0006			
※ 비 고 직각도 허용 범위에 따라 재료치수의 1/1,000인 0.3㎜ 이하, 직각도는 평형직각자로 측정한 최대간격(δ)이 재료치수(L)에 1/1,000 이하가 되어야 한다.				

6.3.5 함수율 시험

1) 시험의 목적

함수율은 시료가 수분을 함유하고 있는 상태를 표시한 값으로 통상적으로 함수율은 재료를 건조시킨 상태의 중량을 기준으로 건조하기 전 수분을 함유하고 있는 상태의 중량을 비교하는 값이 된다. 흡음재료에서는 함수율에 따라 흡음재료로서의 성능이 상이할 수 있으므로 이에 대한 검토가 필요하며, "주위 공기의 상대습도에 의한 평형 함수율"을 사용되고 있다.

2) 시험기기 및 시료

(1) 저울 : 칭량 1kg 이상, 감도 0.1g 이상의 것

(2) 버니어 켈리퍼스 : 정밀도 1/20㎜의 자

(3) 건조기 및 데시케이터

(4) 공시체 제작용 톱 및 절단칼

3) 시험방법

(1) 시료의 크기를 각 100㎜ 이상으로 제작하여 중량을 측정한다.

(2) 공기건조기에 넣어 2시간 건조시킨 다음 데시케이터에 넣어 실온이 될 때까지 냉각시킨 후의 질량을 측정하여 다음 식에 따라 함수율을 계산한다. 이때 공기건조기의 온도는 다음 〈표 6.3.1〉과 같이 시료의 종류에 따라 달리하고 측정정밀도는 0.1g까지 측정한다.

〈표 6.3.1〉 공기건조기의 온도

시료의 종류	온 도℃
흡음용 구멍 석고판	40±2
흡음용 구멍 석고판 이외	100~105

$$W = \frac{M_1 - M_2}{M_2} \times 100$$

여기에서, W : 함수율(%)

M_1 : 건조 전의 초기질량(g)

M_2 : 건조 후의 질량(g)

4) 실험결과의 예

흡음용 연질 섬유판의 함수율 시험결과				
시 험 일	년 월 일			
시험실의 상태	실 온 (℃)		습 도 (%)	
시 료	시 료 명	채취장소	채취날짜	제조업체
	흡음용연질섬유판			
측정번호	1	2	3	
① 건조 전의 초기질량(g)	3,568	3,663	3,757	
② 건조 후의 질량(g)	3,350	3,439	3,526	
③ 함수율(%) ((①-②)/②)*100	6.5	6.5	6.6	
평균함수율	6.5			
※ 비고 흡음용 연질 섬유판의 함수율은 5% 이상 13% 이하로 한다.				

6.3.6 열저항 시험

1) 시험의 목적

건물의 각 부위를 구성하는 재료는 열이 전달되는 특성이 서로 다르며, 이러한 차이를 열저항으로 표시하며, 건물 각 부위의 구성성분이 열류에 저항하는 능력에 대한 척도가 된다.

2) 시험기기 및 재료

(1) 열전도율 측정 장치

(2) 버어니어 켈리퍼스 : 정밀도 1/20㎜의 자

3) 시험방법

각 재료의 열전도율 또는 열관류율을 측정하고 그 값을 역산하여 산출하는 것으로 즉, 열관류율 또는 열전도율은 구조체의 각 부분을 구성하고 있는 재료들의 열저항으로 계산되므로 측정이 용이한 열관류율이나 열전도율을 측정하여 이에 대한 역수로 추정한다.

열저항(R)은 재료의 두께(D)를 재료의 열전도율(K)로 나눈 값이며 단위는 ㎡℃/W가 되며, 열전도율은 본서의 단열재료 편을 참조하여 측정하며, 그 측정값을 다음 식에 대입하여 계산한다.

$$R = D/K$$

여기에서, R : 그 부위의 열저항 (㎡℃/W)

D : 재료의 두께 (m)

K : 재료의 열전도율 (W/m℃)

4) 실험결과의 예

<table>
<tr><td colspan="7">흡음용 연질 섬유판의 열저항 시험결과</td></tr>
<tr><td>시 험 일</td><td colspan="6">년 월 일</td></tr>
<tr><td>시험실의 상태</td><td>실 온 (℃)</td><td colspan="2"></td><td colspan="2">습 도 (%)</td><td></td></tr>
<tr><td rowspan="2">시 료</td><td>시 료 명</td><td colspan="2">채취장소</td><td colspan="2">채취날짜</td><td>제조업체</td></tr>
<tr><td>흡음용연질섬유판</td><td colspan="2"></td><td colspan="2"></td><td></td></tr>
<tr><td>측정번호</td><td colspan="2">1</td><td colspan="2">2</td><td colspan="2">3</td></tr>
<tr><td>①재료의 두께(m)</td><td colspan="2">0.020</td><td colspan="2">0.020</td><td colspan="2">0.020</td></tr>
<tr><td>②재료의 열전도율(W/m℃)</td><td colspan="2">0.044</td><td colspan="2">0.042</td><td colspan="2">0.047</td></tr>
<tr><td>③열저항(㎡℃/W) ①÷②</td><td colspan="2">0.45</td><td colspan="2">0.48</td><td colspan="2">0.43</td></tr>
<tr><td>평균 열저항</td><td colspan="6">0.45</td></tr>
</table>

6.3.7 구멍크기 시험

구멍 지름 및 피치는 0.05㎜ 이상의 정밀도를 갖는 측정기로 측정하여 다음 〈표 6.3.2〉의 허용차 이내여야 한다.

〈표 6.3.2〉 흡음용 연질 섬유판 구멍의 치수

종류	두께 ㎜	허용차	구멍지름 ㎜	허용차	피치 ℃	허용차	구멍깊이 ㎜	허용차	개공률 %	구멍수 개/㎡
A	9	±0.6	4.8 또는 5.0	±0.5	12.7 또는 13.0	±0.5	6.5	±2.0	−	−
	12	±0.7					9.0			
AR	9	±0.6	4.6~6.4 또는 5.0~7.0		−	−	6.5		4.0이상	
	12	±0.7					9.0			
G	9	±0.6	3.5이하	−			−	−	−	5000이상
	12	±0.7								
E	9	±0.6	−				1.0이상		4.0이상	−
	12	±0.7								

6.4 흡음용 목모시멘트판

6.4.1 기본사항

목모시멘트판은 국내에서는 아직 널리 알려지지 않은 생소한 제품이나 유럽 및 일본 등에서는 광범위하게 사용되고 있는 제품이다. 활용분야는 흡음과 단열성능이 우수하고 현장가공이 용이하여 대공간의 공연장이나 연회장의 천장 재료로 사용되고 있다.

제조방법은 얇고 길게 켠 목모를 물에 함침 하여 포수상태가 되도록 한 후, 시멘트 페이스트와 혼합하여 압착성형 한다. 목모로 사용하는 목재는 소나무, 전나무 등 99가지 천연목을 다양하게 사용할 수 있을 뿐 아니라 폐목재를 재활용할 수도 있어 친환경적이라 할 수 있다.

6.4.2 휨 시험

1) 시험의 목적

보드류의 휨 시험은 중앙점 하중법(3점 지지법)과 단순굽힘 시험방법(4점 지지법) 2가지 방법이 있으며, 일반적인 목모시멘트판의 경우 중앙점 하중법을 사용하고 있으나 목모시멘트판을 조립용 패널로 사용할 경우는 KS F 2273(조립용 판 및 그 구조 부분의 성능 시험방법)의 단순굽힘 시험방법으로 측정하여야 한다.

2) 시험기기 및 시료

(1) 반능시험기(Universal Test Machine)
(2) 공시체 제작용 톱 및 절단용 칼　　　(3) 버니어 캘리퍼스

3) 시험방법

목모시멘트판의 시험방법을 규정한 KS F 4720(목모시멘트판)에는 KS F 2263(건축용 보드류의 휨강도 시험방법)을 인용하여 휨강도를 측정하되 시험체는 3호(500×400㎜)를 기건상태로 사용하도록 규정하고 있다.

기건상태의 시험체는 시험편을 통풍이 잘되는 실내에 7일 이상 방치한 것으로 목모시멘트판의 휨강도를 측정할 경우, 시험편을 〈그림 6.4.1〉과 같이 설치한 후, 중앙에 속도 약 500㎜/min의 하중을 가하여 최대 값을 측정한다.

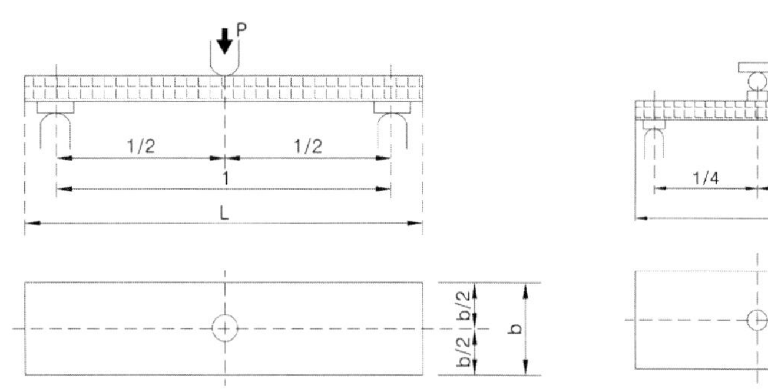

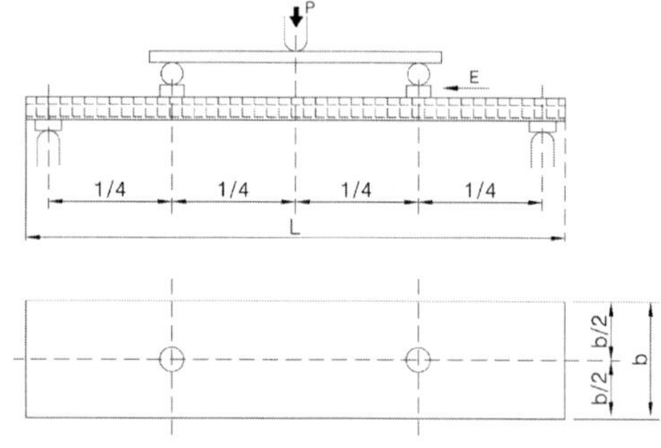

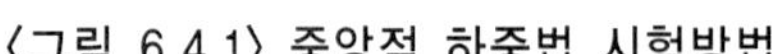
〈그림 6.4.1〉 중앙점 하중법 시험방법

〈그림 6.4.2〉 단순굽힘 시험방법

목모시멘트판이 조립용 패널로 사용된 경우는 〈그림 6.4.2〉와 같이 스펜 중앙부의 변형을 측정한 값으로 한다.

$$\sigma_b = \frac{3Pl}{2bd^2}$$

여기에서, σ_b : 휨강도(N/㎟)
P : 최대하중(N)
l : 지간거리(㎜)
b : 시료의 폭(㎜)
d : 시료의 두께(㎜)

목모시멘트판을 조립용 패널로 사용한 경우의 측정방법인 단순굽힘 시험방법(4점 지지법)으로 측정한 휨강도의 계산식은 다음과 같다.

$$f_b = \frac{P}{bl}$$

여기에서, f_b : 단위 면적당 단순굽힘하중(N/㎡)
P : 최대하중(N)
b : 시료의 폭(m)
l : 지간거리(m)

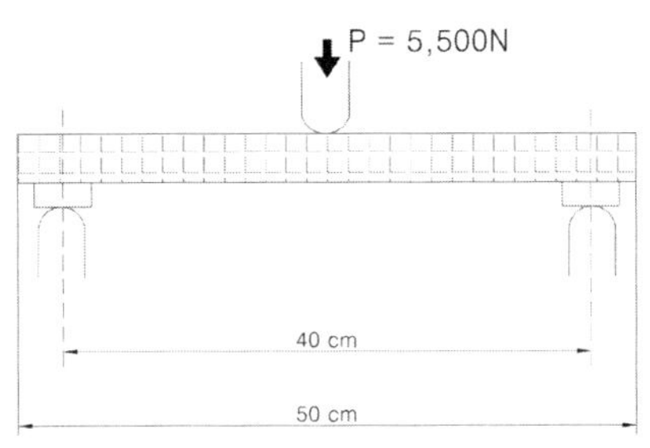

〈그림 6.4.3〉 중앙점 하중법 시험 결과

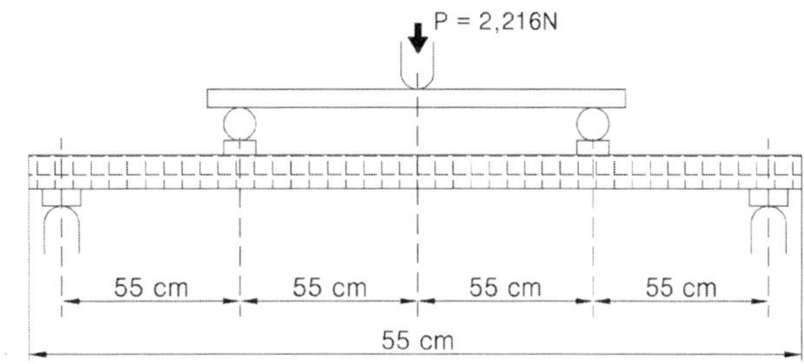

〈그림 6.4.4〉 단순굽힘 시험 결과

4) 실험결과의 예

<table>
<tr><td colspan="5">흡음용 목모시멘트판의 휨 시험결과</td></tr>
<tr><td>시 험 일</td><td colspan="4">년 월 일</td></tr>
<tr><td>시험실의 상태</td><td>실 온 (℃)</td><td></td><td>습 도 (%)</td><td></td></tr>
<tr><td rowspan="2">시 료</td><td>시 료 명</td><td>채취장소</td><td>채취날짜</td><td>제조업체</td></tr>
<tr><td>목모시멘트판</td><td></td><td></td><td></td></tr>
</table>

중앙점 하중법 시험결과($\sigma_b = \frac{3Pl}{2bd^2}$)		단순굽힘 시험결과($f_b = \frac{Pm}{bl}$)	
① l 지간거리(㎜)	400	① l 지간거리(m)	2.2
② b 시료의 폭(㎜)	400	② b 시료의 폭(m)	1.0
③ d 시료의 두께(㎜)	25	–	–
④ P 최대하중(N)	5,500	③ Pm 최대하중(N)	2,216
휨강도(N/㎟)	330	휨강도(N/㎡)	1,007

6.4.3 흡음율 시험

흡음용 목모시멘트판의 흡음율 시험방법은 "6.1.3의 흡음율 시험"에 준하여 실시하며, 목모시멘트판을 잔향실법으로 실험한 결과의 예를 참소한다.

시 험 명	흡음용 목모시멘트판의 흡음율 시험결과			
시 험 일	년 월 일			
시험실의 상태	실 온 (℃)	91	습 도 (%)	59.8
시 료	시 료 명	채취장소	채취날짜	제조업체
	목모시멘트판 400K, 25㎜+뒷면공간400㎜			
시험체의 구성	단위패널 : 폭 600㎜×길이 2,000㎜×두께 25㎜ 보조재료 : 공간 이격재 - 코팅 MDF 판 높이 400㎜×두께 10㎜ 내부 공간 이격재 : 목모시멘트판 높이 400㎜×두께 50㎜			

측정값		결과 곡선도
주파수(Hz)	흡음률(a)	
125	0.30	
160	0.65	
200	0.60	
250	0.57	
315	0.52	
400	0.40	
500	0.46	
630	0.53	
800	0.55	
1,000	0.58	
1,250	0.57	
1,600	0.62	
2,000	0.66	
2,500	0.74	
3,150	0.82	※평균흡음율(NRC) = 주파수 250Hz, 500Hz, 1,000Hz, 2,000Hz의 평균값
4,000	0.88	= (0.57+0.46+0.58+0.66)/4 ≒ 0.57
NRC	0.57	

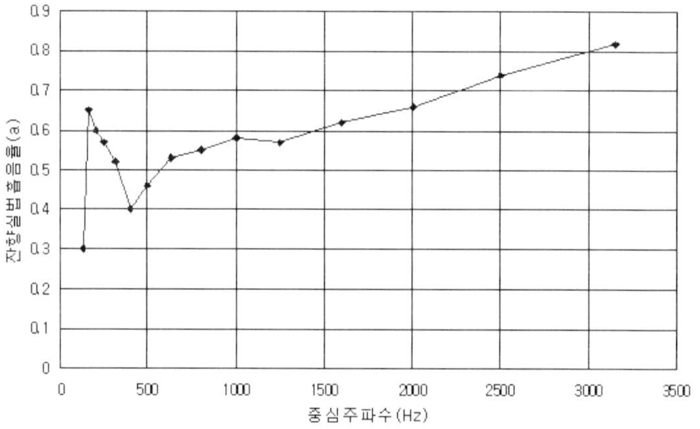

6.4.4 열저항 시험

흡음용 목모시멘트판의 열저항 시험방법은 "6.2.6의 열저항 시험"에 준하여 실시하며, 시험결과의 예를 참조한다.

시 험 명	흡음용 목모시멘트판의 열저항 시험결과			
시 험 일	년 월 일			
시험실의 상태	실 온 (℃)		습 도 (%)	
시 료	시 료 명	채취장소	채취날짜	제조업체
	목모시멘트판			

측정번호	1	2	3
① 재료의 두께(m)	0.040	0.040	0.040
② 재료의 열전도율(W/m℃)	0.070	0.072	0.073
③ 열저항(㎡℃/W) ①÷②	0.57	0.56	0.55
평균열 저항	0.56		

Ⅶ. 기타 재료의 실험

7.1 바닥재료

7.1.1 기본사항

바닥이 내벽·천장과 다른 점은 인간이 항상 바닥과 접하여 생활하고 또 각종 기기·설비 등이 그 위에 놓인다는 것이다. 이 때문에 바닥에는 인간이 안전하고 쾌적하게 일상생활을 영위할 수 있도록 하는 거주 성능과 적재물의 하중을 지지하는 구축기능이 요구된다.

최근에는 정보화기기의 급속한 보급으로 OA기기 등의 정밀기기에 대한 장애방지기능도 적지 않게 요구되고 있다. 또한 뜬구조로 구성되는 바닥의 경우에는 진동 등에 대해 충분한 내력을 확보하는 것도 필수조건이 되었다.

이처럼 바닥은 다른 부위에 비해 그 비중이 훨씬 큰 만큼 요구되는 성능의 종류도 다양하다. 바닥의 요구성능을 안전성, 거주성, 내구성, 생산성의 4가지 관점에서 분류하면 다음과 같다.

여기서는 대부분의 바닥재료에 요구되는 대표적인 성능항목으로서 내마모성, 내충격성, 내국압성 및 미끄럼저항성의 4가지 성능에 대한 시험방법을 기술한다.

〈표 7.1.1〉 바닥의 요구성능

구 분	성능 개요	주요 성능항목
안전성	처짐, 진동, 내화 등에 관한 성능	내충격성, 내굽힘성, 내국압성, 접착성, 난연성 등
거주성	미끄럼, 경도, 미관, 충격음, 보행감, 감촉, 정전기 등에 관한 성능	탄력성, 미끄럼저항성, 내오염성, 청소성, 감촉성, 대전방지성, 바닥충격음 등
내구성	마모, 긁힘, 국부변형(패임), 오염 등에 관한 성능	내패임성, 내부품성, 내약품성, 내마모성 등
생산성	시공성, 경제성 등에 관한 성능	건조도, 작업성 등

7.1.2 내마모성 시험

1) 시험의 목적

바닥재료는 다른 부위의 마감재료에 비하여 가혹한 외력이 작용하는 부위로서 외력에 대한 내구성능을 나타내는 것으로서 실제 인간의 보행에 의한 마모시험 외에 내마모성과 상관성이 있는 재료의 물리적 성질에 대해 시험하여 평가하는 방법과 마모작용을 재현한 시험기에 의한 촉진시험의 결과로부터 평가하는 방법이 있다.

그러나 전자는 내마모성의 지표가 되는 물성이 명확히 규명된 재료가 적고 재료 전반에 걸쳐 적용할 수 없기 때문에, 내마모성의 시험방법으로서는 일반적으로 후자의 방법을 채용한다.

다만, 후자의 경우에도 마모작용의 재현이 곤란하고, 동질 재료에 대한 비교에는 유용하지만 이질 재료에 대해서는 부적당한 시험이 되는 경우가 종종 발생한다. 촉진시험용 마모시험기의 기본 메커니즘의 종류와 그것에 대응하는 규격의 현황을 〈표 7.1.2〉에 나타낸다. 각 규격의 시험은 이 원리를 기본으로 징에 의한 타격, 모래 산포 및 솔질(brushing) 등을 부가한 것이 많다.

〈표 7.1.2〉 촉진시험용 마모시험기의 기본 메커니즘 및 관련 규격

메커니즘	시험장치 (예)	관련규격	
		규격 No.	규격명칭
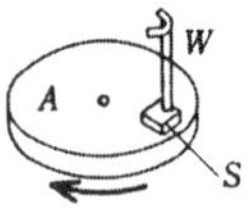	Olsen형 Amsler형	KS F 2811	건축재료 및 건축구성 부품의 마모 시험방법 - 회전 원판의 마찰과 타격에 의한 바닥재료의 마모 시험방법
		JIS A 1451	Method of abrasion test for building materials and part of building construction Method of abrasion test for flooring materials method with rotating disk fitted friction and impact
		ASTM D 1242	Standard Test Methods for Resistance of Plastic Materials to Abrasion ; Test Method A-Loose abrasive
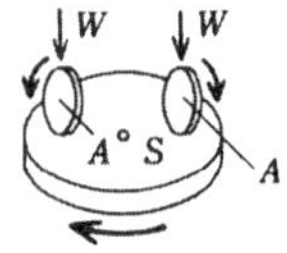	Taber형	KS F 2813	건축재료 및 건축구성 부품의 마모 시험방법-연마지법
		KS M ISO 9352	플라스틱 - 연마륜에 의한 내마모성의 측정
		JIS A 1453	Method of Abrasion Test for Building Materials and Part of Building Construction (Abrasive-Paper Method)
		JIS K 6902	Testing method for laminated thermosetting high-pressure decorative sheets
		JIS K 7204	Plastics-Determination of resistance to wear by abrasive wheels
		ASTM C 501	Standard Test Method for Relative Resistance to Wear of Unglazed Ceramic Tile by the Taber Abraser
		ASTM D 1044	Standard Test Method for Resistance of Transparent Plastics to Surface Abrasion
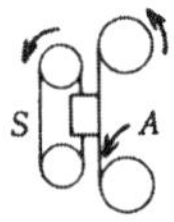	Armstrong형	ASTM D 1242	Standard Test Methods for Resistance of Plastic Materials to Abrasion ; Test Method B-Bonded abrasive on cloth or paper (abrasive tape)
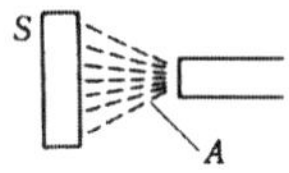	Carter형	KS F 2812	건축재료 및 구성부품의 마모시험방법(낙사법)
		KS L 1001	도자기질 타일
		JIS A 1452	Method of Abrasion Test for Building Materials and Part of Building Construction (Falling Sand Method)
		JIS A 5209	Ceramic tiles
		ASTM C 418	Standard Test Method for Abrasion Resistance of Concrete by Sandblasting

(주) S : 시험체, A : 마찰체, W : 하중, ↔ : 왕복운동, , : 회전운동

2) 시험기기 및 재료

(1) 회전원반　　　　(2) 시험체
(3) 와이어브러쉬　　(4) 마찰강관
(5) 타격 정　　　　(6) 마찰모래 탱크
(7) 모래흡인장치　　(8) 조정장치
(9) 감속기　　　　　(10) 스프로킷

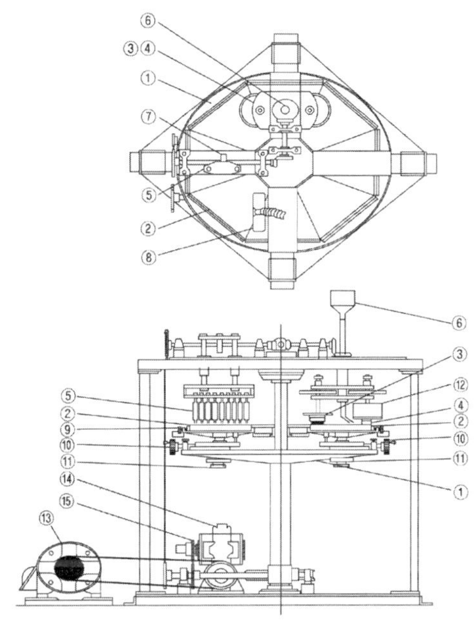

〈그림 7.1.1〉 바닥재료 마모시험기의 개요 (KS F 2811)

3) 시험방법

한국산업규격(KS)에서 바닥재료의 마모시험으로 명기하고 있는 것은 "KS F 2811 (건축재료 및 건축구성 부품의 마모 시험방법-회전 원판의 마찰과 타격에 의한 바닥재료의 마모 시험방법)"이다. 이 규격에 규정된 〈그림 7.1.1〉의 시험기는 "ASTM D 1242 A법 (Standard Test Methods for Resistance of Plastic Materials to Abrasion ; Test Method A-Loose abrasive)"의 올센(Olsen)형 시험기, "KS F 2813 (건축재료 및 건축구성 부품의 마모 시험방법-연마지법)"의 테이버(Taber)형 시험기 및 "KS F 2215 (목재의 마모 시험방법)"의 목재 마모시험기와 비교했을 때 가장 현실에 부합하는 결과를 얻을 수 있다(〈그림 7.1.2〉 참조).

바닥재료에 대한 내마모성 시험결과의 표시방법은 시험방법(규격)에 따라 각각 다르며, 바닥재료의 마모시험방법인 KS F 2811에서는 〈표 7.1.3〉과 같이 마모량과 육안관찰 결과를 표시하도록 규정하고 있다.

(1) 시험 결과의 비교

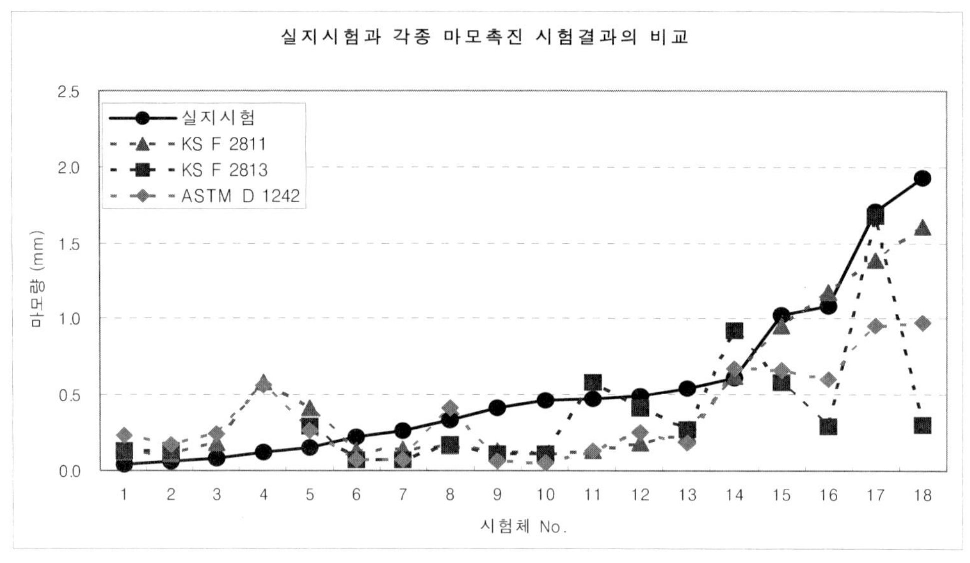

No.	시험체 종류	No.	시험체 종류	No.	시험체 종류
1	화강암	7	알루미늄제 바닥재	13	비닐 아스베스트타일
2	자기질타일	8	에폭시 바닥재	14	모르타르
3	크링커타일	9	폴리우레탄 바닥재	15	표면경화 모르타르
4	테라조타일	10	PVC계 타일(뷰어타일)	16	아스베스트타일
5	폴리에스텔 바닥재	11	고무타일	17	아스팔트블록
6	PVC계 시트	12	철분 모르타르	18	석면슬레이트

〈그림 7.1.2〉 실지시험과 각종 마모촉진 시험결과의 비교

4) 시험결과의 예

<table>
<tr><td colspan="5">바닥재료 마모시험 결과</td></tr>
<tr><td>시 험 일</td><td colspan="4">년 월 일</td></tr>
<tr><td>시험실의 상태</td><td>실온</td><td>(℃)</td><td>습도</td><td>(%)</td></tr>
<tr><td rowspan="2">시 료</td><td>시 료 명</td><td>채취장소</td><td>채취날짜</td><td>제조업체</td></tr>
<tr><td></td><td></td><td></td><td></td></tr>
<tr><td>시험항목</td><td colspan="4">시험결과</td></tr>
<tr><td>마모량(㎜)1)</td><td colspan="4">11</td></tr>
<tr><td>관 찰2)</td><td colspan="4">마모면이 평활함. 그 외 이상 없음.</td></tr>
</table>

주1) 마모량(㎜) = (시험 전 시험체의 두께 D1)-(시험 후 시험체의 두께 D2)
(1,000회전에 이르기 전에 시험체의 표층이 마모되어 바탕이 노출된 경우에는 바탕이 노출된 때의 회전수까지 합쳐서 기재한다.)

주2) 관찰 : 시험 후의 시험체 표면 상태의 변화 및 그 밖의 이상 유무를 기재한다.

7.1.3 내충격성 시험

1) 시험의 목적

바닥의 내충격성은 바닥재에 일정한 충격하중을 반복하여 가했을 때 재료의 손상유무를 육안으로 확인하여 평가하는 것이 일반적이지만, 하중체의 재질이나 형상·치수, 충격에너지, 시험체의 구성 등에 따라 그 시험결과가 크게 달라지므로 유의할 필요가 있다. 충격을 가하는 하중체 및 충격에너지는 시험방법에 따라 조금씩 차이가 있으나 대체로 대상 시험체의 용도나 구법, 사용위치 등에 따라 결정된다.

2) 시험기기 및 재료

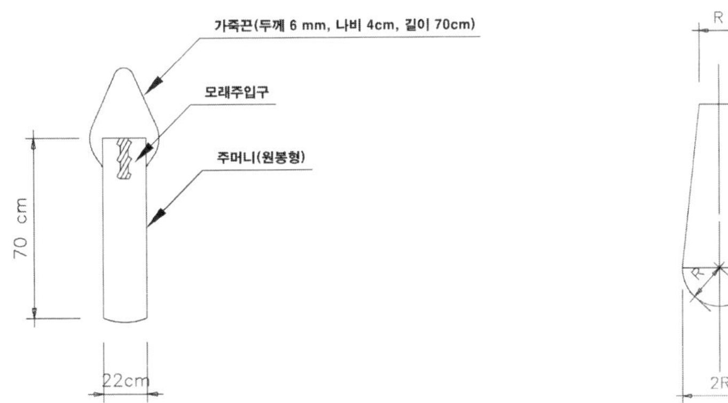

〈그림 7.1.3〉 충격용 모래주머니(질량 30㎏)   〈그림 7.1.4〉 가지형추의 모양 · 치수

〈표 7.1.3〉 추의 구분 (KS F 2221)

형상	기호	질량 (g)	호칭	지름 (㎜)
가지형 추[1)]	W1-500	500	-	42
	W1-1000	1000	-	52
	W1-2000	2000	-	66
구형 추	W2-300	286	15/8	41
	W2-500	530	2	51
	W2-1000	1042	11/2	64

주1) 가지형 추의 모양·치수는 〈그림 7.1.4〉와 같다. 또한 그림 중의 R은 〈표 7.1.3〉에 나타낸 지름의 1/2로 하고, 그 밖의 치수는 〈표 7.1.3〉에 나타낸 질량이 되는 근사값으로 한다.

3) 시험방법

건축물 바닥을 대상으로 내충격성을 시험할 경우에는 주로 일정한 질량의 모래주머니나 철구를 하중체로서 소정의 높이에서 자유 낙하시킨 후 시험체의 파손 발생 여부를 조사한다.

이때 사용하는 모래주머니는 "KS F 2273 (조립용 판 및 그 구조부분의 성능 시험방법)"에 규정된 〈그림 7.1.3〉의 충격용 모래주머니(질량 30kg)를 많이 이용한다. 또한 철구는 "KS F 2221 (건축용 보드류의 충격 시험방법)"에서 〈표 7.1.3〉과 같이 모두 6종류의 추를 규정하고 있으며, 이 중에서 가지형 추의 W1-500(질량 500g)이 가장 보편적으로 이용되고 있다.

하중체의 낙하높이 및 가격횟수 등은 시험의 목적이나 바닥용도, 재질 등에 따라 차이가 있으며, 예컨대 "KS F 4760 (이중 바닥재)"에서는 〈그림 7.1.5〉와 같이 모래주머니(질량 30kg)는 50cm, 철구(W1-500)는 100cm 높이에서 1회 자유 낙하시킨 후에 시험체 표면의 갈라짐이나 균열 등을 조사하도록 규정하고 있다.

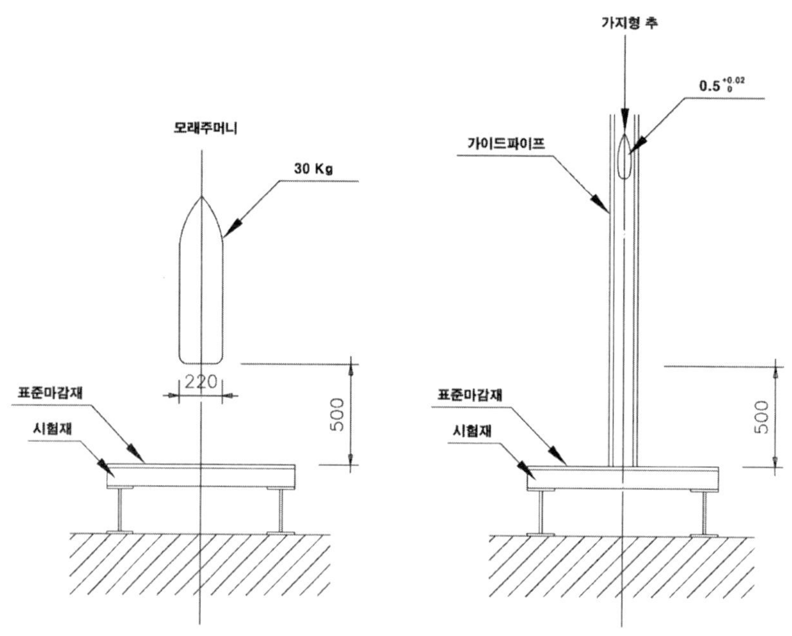

〈그림 7.1.5〉 이중 바닥재의 내충격성 시험방법 (KS F 4760)

4) 시험결과의 예

바닥재료 내충격성				
시 험 일	년 월 일			
시험실의 상태	온 도 (℃)		습 도 (%)	
시료	시료명	채취장소	채취날짜	제조업체
하중체 종류	시험결과[1]			
모래주머니(30kg, H=50cm)	이상 없음			
철구(500g, H=100cm)	이상 없음			

주1) 자유낙하 후의 시험체 표면의 갈라짐, 균열 및 그 밖의 이상 유무를 기재한다.

7.1.4 내국압성 시험

1) 시험의 목적

바닥재료의 내국압성은 가구나 책상 등에 의해 장기간 국부하중이 가해졌을 때 혹은 외력을 제거했을 때에 생기는 패임의 정도 및 회복의 정도를 측정하여 평가한다.

내국압성 시험이란 탄성한계를 구하는 것이 목적이지만, 통상 패임에 대한 기준값을 정하여 이를 만족하도록 품질관리를 하기 위한 시험으로 대체하고 있다. 일반적으로 바닥 재료는 95% 이상의 변형(패임) 회복률을 나타내면 탄성한계 내에 있는 것으로 보고 재료에 변화나 열화가 생기지 않고 복원된 것으로 판정한다. 또한, 내국압성과 변형회복성은 동종의 하중(국부하중)에 대한 저항성과 그 회복성을 나타내는 것이므로 이들 성능에 대한 시험은 같은 방법으로 실시하고 있다.

2) 시험방법

내국압성 및 변형회복성에 관한 시험방법으로는 "KS F 2273 (조립용 판 및 그 구조부분의 성능 시험방법)"에 규정된 〈그림 7.1.6〉의 "국부 압축시험" 및 "KS M 3510 (고분자계 바닥재 시험방법)"에 규정된 "압입시험"이 대표적이다. 이들 시험방법은 가압하중의 크기나 가압면적[1], 가압속도 등 초기조건에 다소 차이는 있으나, 〈그림 7.1.7〉과 같이 변형량(패임량) 및 잔류변형량, 변형회복량을 공통적인 측정항목으로 하고 있다는 점에서 크게 다를 바 없다.

주1) 압입봉(환봉) 규격에 따라 차이가 있으며, KS F 2273에서는 앞끝의 지름 25㎜인 강봉을 사용하는 반면 KS M 3802에서는 지름 6.35㎜의 강봉을 사용한다.

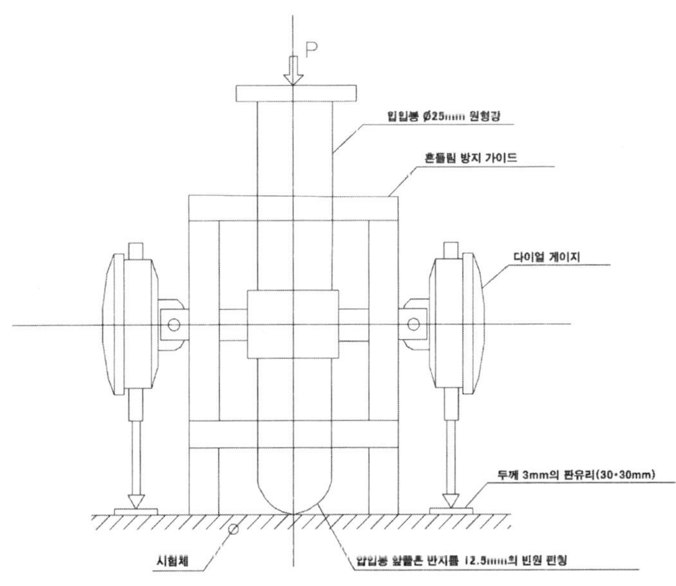

〈그림 7.1.6〉 바닥재료의 내국압성 시험방법 (KS F 2273)

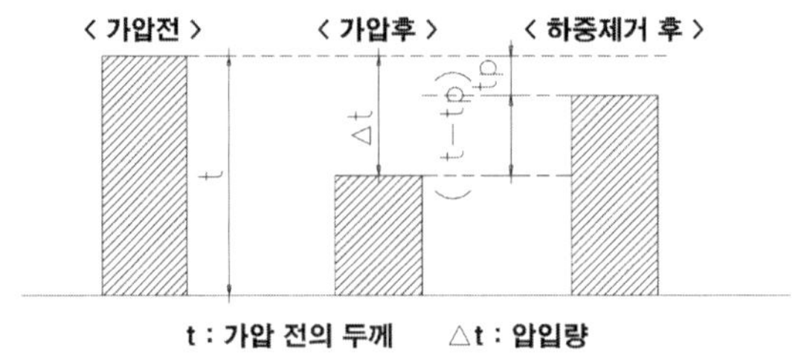

〈그림 7.1.7〉 내국압성 시험의 개요

3) 시험결과의 예

바닥재료 내국압성 시험결과				
시 험 일	년 월 일			
시험실의 상태	온 도 (℃)		습 도 (%)	
시 료	시료명	채취장소	채취날짜	제조업체
시험항목	시험결과			
하중-압입깊이 곡선	하중(N)	압입깊이(cm)	하중-압입깊이 곡선	
	980	0.02	압입하중(N): 0, 500, 1000, 1500, 2000, 2500, 3000, 3500, 4000, 4500, 5000 / 압입깊이(mm): 0, 0.05, 0.1, 0.15, 0.2, 0.25, 0.3	
	1,960	0.08		
	2,940	0.10		
	3,920	0.15		
	4,300	0.28		
국부압축강도(N/cm²)[1]	9800			

주1) 국부압축강도(N/cm²) : $F=\frac{P}{A}$

여기에서 F : 국부압축강도

P : 4,900N 또는 최대압입하중(N)

A : 압입깊이에서 산출한 가압봉과 시험체의 접촉 수평 단면적(cm²)

7.1.5 미끄럼저항성 시험

1) 시험의 목적

각 규격 등에서 미끄럼저항성 시험방법에 채용하고 있는 미끄럼시험기의 종류는 상당히 많지만, 그 메커니즘을 보면 〈그림 7.1.8〉과 같이 크게 5가지로 분류할 수 있다.

(1) 수평인장형 미끄럼시험기 : 미끄럼편을 수평방향으로 잡아당겼을 때의 인장력으로부터 미끄럼저항을 산출하는 시험기이다.
(2) 경사인장형 미끄럼시험기 : 미끄럼편을 상향으로 비스듬히 잡아당겼을 때의 인장력으로부터 미끄럼저항을 산출하는 시험기이다.
(3) 관절형 미끄럼시험기 : 시험체 바닥을 수평방향으로 움직였을 때에 미끄럼편이 미끄러지기 시작한 시점에서의 각도 θ로부터 미끄럼저항을 산출하는 시험기이다.
(4) 진자형(흔들이식) 미끄럼시험기 : 진자의 끝에 부착한 미끄럼편을 바닥 위에서 미끄러지게 했을 때 손실되는 에너지로부터 미끄럼저항을 산출하는 시험기이다.
(5) 회전형 미끄럼시험기 : 미끄럼편을 바닥 위에서 회전시키는데 필요한 토크값으로부터 미끄럼저항을 산출하는 시험기이다.

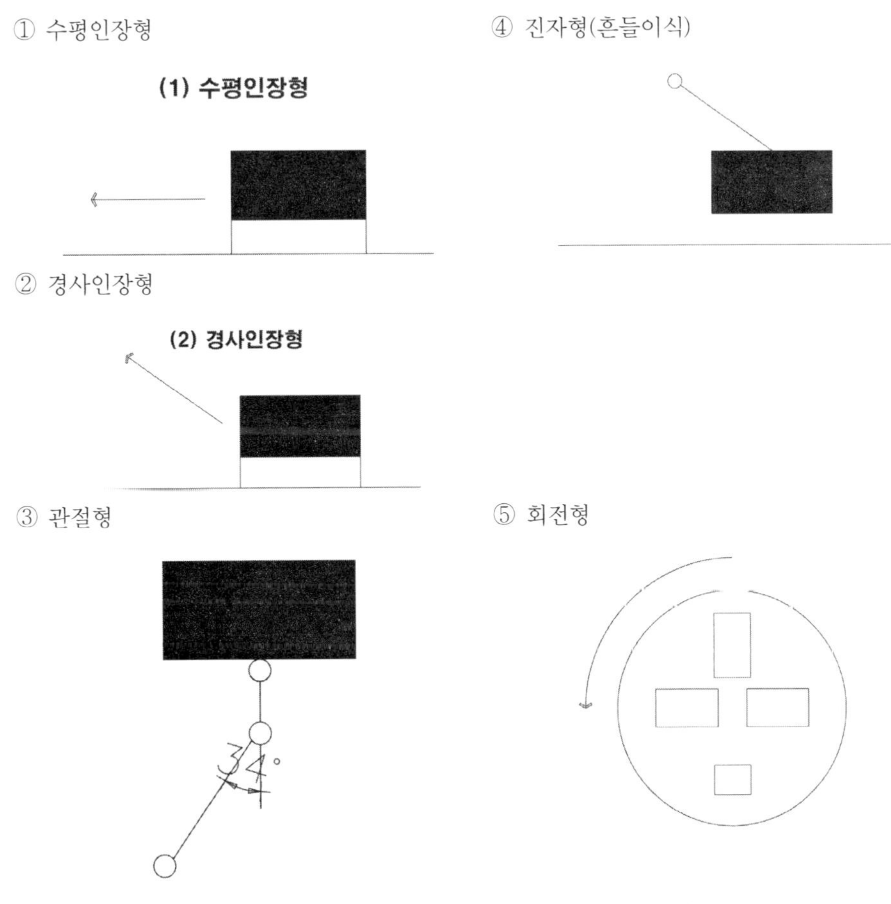

〈그림 7.1.8〉 미끄럼시험기의 주요 메커니즘

2) 시험기기 및 재료

"KS F 2375 (노면의 미끄럼저항성 시험방법)"에서 채용하고 있는 〈사진 7.1.1〉의 BPT(British

Pendulum Tester)도 잘 알려진 미끄럼시험기 중의 하나이다.

이 시험기는 막대한 비용과 시간이 소요되는 노면의 미끄럼 상태를 저비용으로 간단히 측정하기 위하여 영국국립도로연구소에서 개발한 것으로, 미끄럼편에 고무를 부착하여 일정한 높이에서 낙하시켰을 때 측정면의 미끄럼저항 정도를 BPN(British Pendulum Number)값으로 구한다.

자동차의 미끄럼을 추정하기 위하여 개발된 BPT의 측정값(BPN)은 비교적 평활한 노면의 경우 시속 약 50km/h로 달리는 차의 미끄럼과 상관성이 높다고 한다. 그러나 미끄럼의 메커니즘이 판이한 보행자의 미끄럼에 대한 평가에 적용할 경우에는 주의할 필요가 있다. BPT는 요철이 큰 바닥면에서는 안전성이 과소평가되고, 요철이 작은 바닥면에서는 과대평가되는 경향이 있다고 한다.

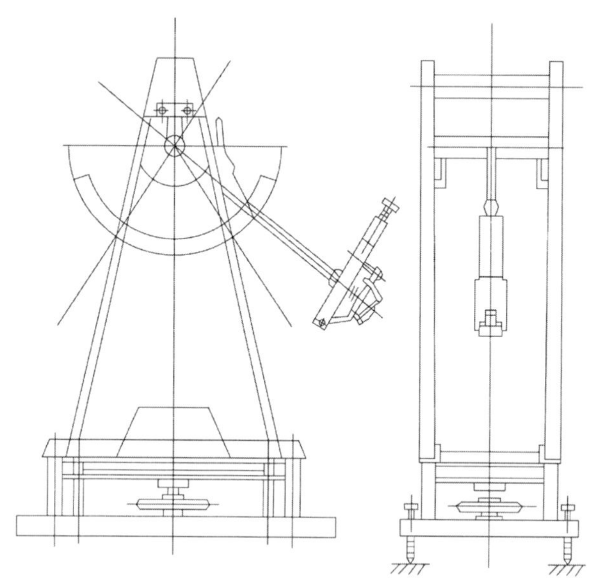

〈그림 7.1.9〉 흔들이식 미끄럼시험기의 개요 (KS F 2602)

3) 시험방법

KS M 3510 (고분자계 바닥재 시험방법)"에서는 〈그림 7.1.10〉의 O-Y PSM(Pull Slip Meter)을 이용한 "경사인장형 바닥 미끄럼 시험방법"을 규정하고 있다. 이 시험방법은 사용자가 체감하는 미끄럼 정도에 관한 심리학적 척도를 구성한 후 인간의 보행동작을 재현하도록 제작된 미끄럼시험기(O-Y PSM)로 측정한 미끄럼저항계수(C.S.R)와의 대응을 통해 미끄럼저항성을 평가하는 것으로, 현재로서는 가장 타당성이 인정되는 시험방법이라고 할 수 있다.

"경사인장형 바닥 미끄럼 시험방법"에서는 신발의 종류(구두, 양말, 슬리퍼, 맨발 등) 및 바닥의 표면상태(건조/청소, 먼지, 물기, 비눗기, 기름기 등), 동작(보행, 급출발, 급정지, 방향전환 등) 등을 고려하여 시험조건을 설정한다. 그리고 미끄럼저항성 시험은 신발조건 등에 따라서 다음과 같이 구분하여 적용하고 있다.

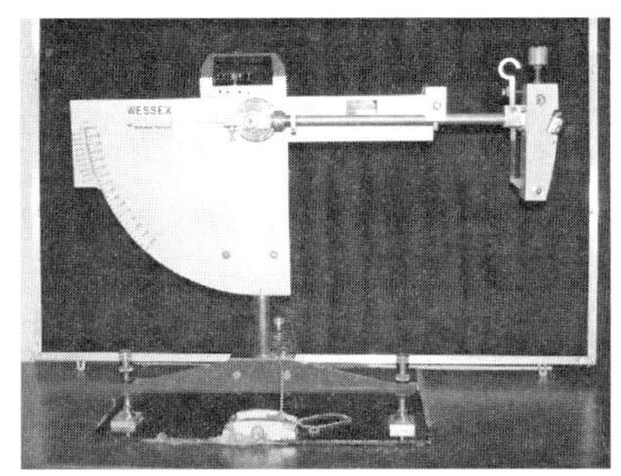

〈사진 7.1.1〉 BPT(British Pendulum Tester)

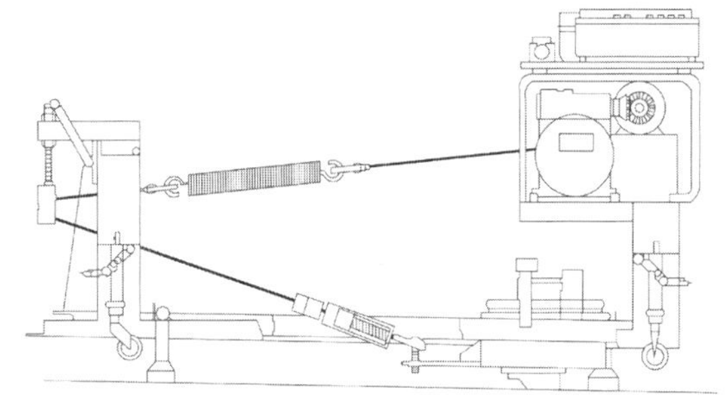

〈그림 7.1.10〉 O-Y PSM(Pull Slip Meter)의 개요

(1) 신발이나 양말을 신고 사용하는 바닥의 미끄럼저항성 시험

신발(구두, 슬리퍼 등)이나 양말을 신고 사용하는 일반건축물 바닥에 대한 미끄럼저항계수(C.S.R)는 미끄럼편 받침대에 〈그림 7.1.11〉와 같이 소정의 미끄럼편 재료를 붙이고, 수직하중(785N)을 가한 상태에서 미끄럼편을 시험편에 접촉시킨 순간 785N/s의 인장하중속도로, 18° 각도로 경사지게 위쪽으로 잡아 당겼을 때 얻어지는 최대인장하중을 측정하여 다음의 식에 따라 산출한다.

$$C.S.R = \frac{P_{\max}}{W}$$

여기에서, $C.S.R$: 미끄럼저항계수
$P_{\max}$: 최대인장하중(N)
W : 수직하중(785 N)

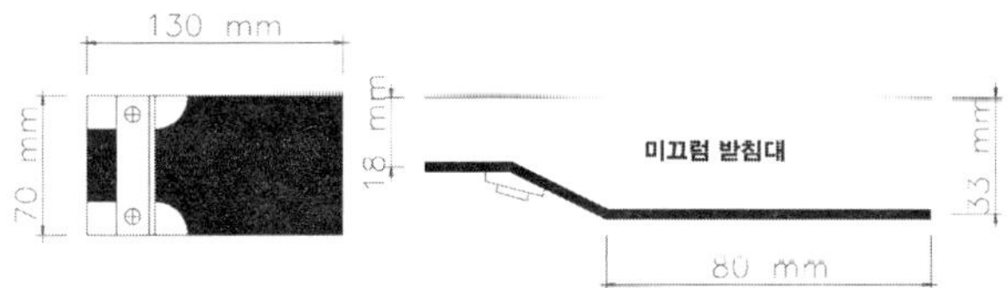

〈그림 7.1.11〉 신발용 미끄럼편의 부착방법

(2) 맨발로 사용하는 바닥의 미끄럼저항성 시험

맨발로 사용하는 바닥에 대한 미끄럼저항계수(C.S.R·B)는 미끄럼편 받침대에 〈그림 7.1.12〉과 같은 소정의 미끄럼편 재료를 붙이고, C.S.R의 경우와 동일한 방법으로 시험하여 얻어지는 〈그림 7.1.13〉와 같은 인장하중·시간곡선으로부터 구한 최대인장하중($P_{\max}$) 및 최소인장하중($P_{\min}$)을 이용하여 다음의 식에 따라 산출한다.

$$C.S.R \cdot B = \frac{P_{\max}}{W} + \frac{P_{\min}}{W}$$

여기에서, $C.S.R \cdot B$: 미끄럼저항계수

P_{max} : 최대인장하중(N)

P_{min} : 최소인장하중(N)

W : 수직하중(785 N)

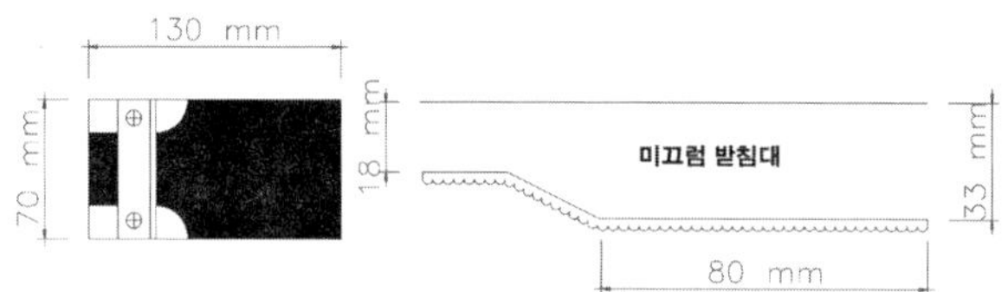

〈그림 7.1.12〉 맨발용 미끄럼편의 부착방법

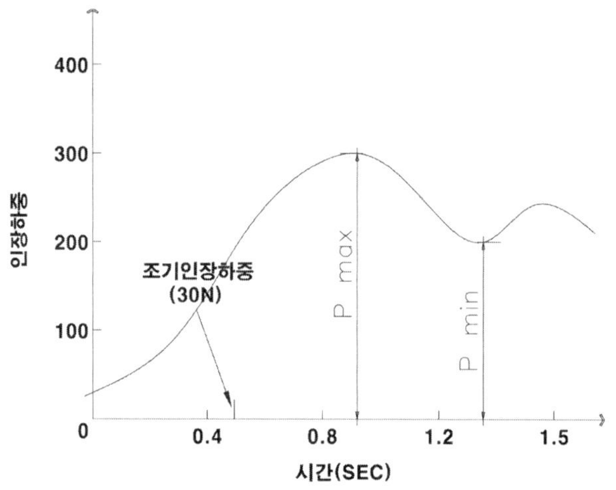

〈그림 7.1.13〉 인장하중 · 시간곡선의 개요

4) 시험 결과의 예

<table>
<tr><td colspan="5">바닥재료 미끄럼저항성 시험결과</td></tr>
<tr><td>시 험 일</td><td colspan="4">년 월 일</td></tr>
<tr><td>시험실의 상태</td><td>온 도 (℃)</td><td></td><td>습 도 (%)</td><td></td></tr>
<tr><td rowspan="2">시 료</td><td>시 료 명</td><td>채취장소</td><td>채취날짜</td><td>제조업체</td></tr>
<tr><td>칼라 하드너</td><td></td><td></td><td></td></tr>
<tr><td rowspan="2">신발조건[1]</td><td colspan="4">미끄럼저항계수(C.S.R / C.S.R.B / 기타(기름))[2]</td></tr>
<tr><td>DRY</td><td colspan="2">WET</td><td>기타(기름)</td></tr>
<tr><td></td><td>0.95</td><td colspan="2">0.82</td><td>0.65</td></tr>
</table>

주1) 신발의 종류(구두, 양말, 슬리퍼, 맨발 등)를 기재한다.

주2) 해당하는 미끄럼저항계수의 기호에 ○표를 하거나 직접 기재한다.

7.2 시멘트 제품

7.2.1 기본사항

시멘트 제품이란 시멘트를 기본 소재로 하고 모래·자갈 등의 골재를 배합하여 소정의 형상으로 제조한 것을 말하며, 시멘트 제품은 다른 재료에 비하여 값이 싸고 내화·내구성이 풍부한 것이 특징이다.

시멘트 제품은 공장에서 제작되므로 대량생산이 가능하며, 균일한 품질을 확보 할 수 있으며, 현장에서의 시공을 위한 준비 및 양생기간을 단축시킬 수 있는 단점이 있다. 그러나, 제품의 형상 및 치수가 한정되어 있어 설계 또는 시공상의 제약을 받게 되며, 제품의 반출 또는 운반상의 여려움을 내포하고 있다.

이러한, 시멘트 제품의 종류로는 〈표 7.2.1〉과 같으며, 여기에서는 시멘트 제품 중 가장 많이 사용되는 콘크리트 벽돌과 블록, 가압시멘트판, 그리고 도로의 보·차도용으로 사용되어지는 인터록킹 블록에 대하여 기술하였다.

〈표 7.2.1〉 시멘트 제품의 분류

분류 방법		시멘트 제품의 종류
용도에 의한 분류	지붕재	시멘트기와, 슬레이트 기와, 석면슬레이트 등
	바닥재	인조석판, 테라쵸 판, 테라쵸 타일, 시멘트 타일 등
	벽 재	벽돌, 블록, 석면시멘트판, 목모시멘트판 등
	천장재	석면, 펄프시멘트판, 목편시멘트판 등
제조방법에 의한 분류		진동다짐제품, 원심력다짐제품, 가압다짐제품
형상에 의한 분류		판상제품, 봉상제품, 관상제품, 블록제품
치수에 의한 분류		대형, 중형, 소형제품

7.2.2 콘크리트 벽돌

1) 시험의 목적

콘크리트 벽돌은 진동·가압에 의하여 제조되며 주로 소규모 건물의 비내력벽 조적에 이용된다. 콘크리트 벽돌의 종류는 모양에 따라 기본 벽돌과 이형 벽돌로 분류되고, 품질에 따라서는 〈표 7.2.2〉와 같이 A종, B종, C종으로 분류된다. 콘크리트 벽돌의 겉모양은 균일하고 비틀림, 해로운 균열, 흠 등이 없어야 하며 모양, 치수 및 그 허용차에 대한 품질을 확보해야 한다.

〈표 7.2.2〉 콘크리트 벽돌의 종류 및 품질 규정

구 분		기건 비중	압축 강도 N/㎟	흡수율 %	비 고
A종 벽돌		1.7 미만	8 이상	-	경량벽돌
B종 벽돌		1.9 미만	12 이상	-	경량벽돌
C종 벽돌	1급	-	16 이상	7 이하	
	2급	-	8 이상	10 이하	

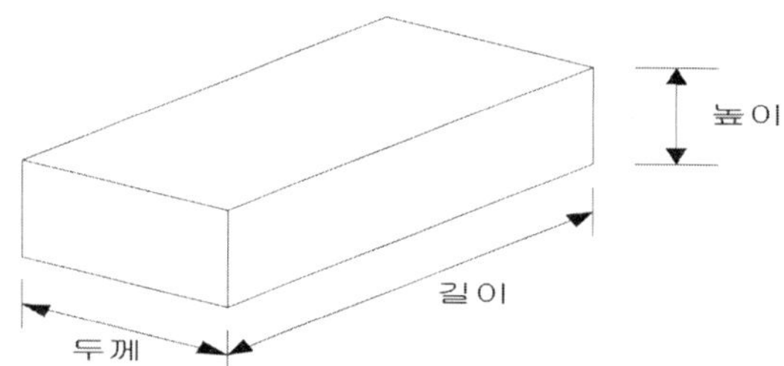

〈그림 7.2.1〉 콘크리트 벽돌의 길이, 높이 및 두께

〈표 7.2.3〉 콘크리트 벽돌의 모양, 치수 및 허용차 단위 : ㎜

모 양	길 이	높 이	두 께	허 용 차
기본 벽돌	190	57 90	90	±2
이형 벽돌	홈 벽돌, 둥근 모접기 벽돌과 같이 기본 벽돌과 동일한 크기인 것의 치수 및 허용차는 기본 벽돌에 준한다. 다만 그 외의 경우는 당사자 사이의 협의에 따른다.			

콘크리트 벽돌의 시험체는 1차 초기의 실내 양생이 끝난 후 7일간 보존한 전체 모양 그대로, 또는 벽돌의 길이를 잘라낸 것으로 한다. 또한 이형 벽돌 중 구멍 및 속 빈 부분이 있는 벽돌의 경우, 절단한 시험체에 의한 시험 결과와의 상관관계가 명확한 경우에는 벽돌 전체 모양 또는 벽돌의 길이를 절단한 것을 사용해도 된다.

2) 시험기기 및 재료

(1) 시험체 : 1차 초기의 실내 양생이 끝난 후 7일간 보존한 전체 모양 그대로, 또는 벽돌의 길이를 잘라낸 것, 또한 이형 벽돌 중 구멍 및 속 빈 부분이 있는 벽돌의 경우, 절단한 시험체에 의한 시험 결과와의 상관관계가 명확한 경우에는 벽돌 전체 모양 또는 벽돌의 길이를 절단한 것을 사용해도 된다.

(2) 저울

(3) 압축강도 시험기

(4) 시료를 충분히 잠기게 할 수 있는 크기의 용기

(5) 마른 헝겊

(6) 줄자

(7) 건조기

3) 시험방법

(1) 기건 비중 시험

기건 비중 시험에 사용하는 시험체는 벽돌 전체 모양 그대로를 사용하며, 시험체의 질량을 측정하여 다음 식에 따라 기건 비중을 산출한다.

$$기건비중 = \frac{M}{V}$$

여기에서, M : 시험체의 질량(g)

V : 시험체의 순 체적(mL)

(2) 압축강도 시험

① 시험체는 가압 양면을 시험체 벽돌의 세로축에 직각이 되도록 평활하게 마무리한다.[1]

② 그 후 시험체를 2시간 이상 맑은 물속에 담가 흡수시켜 시험한다.

③ 압축 강도 시험은 중앙에 구접면을 갖는 전압 장치를 사용하여 시험하고, 가압 속도는 가압면의 단면적에 대하여 매초 약 0.2~0.3 N/㎟가 되도록 한다. 이 경우 얻을 수 있는 최대 하중으로부터 벽돌의 압축 강도를 다음식에 따라 산출한다.

$$압축강도(N/㎟) = \frac{P}{A_1}$$

여기에서, P : 최대 하중(N)

A_1 : 시험체 가압면의 단면적(㎟)[2]

주1) 가압면을 평활하게 마무리하는 방법은 원칙적으로는 연마로 하지만, 연마 대신에 석고 등으로 캐핑해도 좋다.

주2) 벽돌 전체 모양 그대로를 압축 강도 시험체로 사용한 경우는 "벽돌의 길이×벽돌의 두께"를 말하고, 벽돌의 길이를 절단해서 압축 강도 시험체로 사용한 경우는 "시험체의 길이×벽돌의 두께"를 말한다.

(3) 흡수율 시험

① 흡시험체는 전체 모양 그대로를 사용하여 실온 15~25℃의 맑은 물속에 24시간 침지시킨다.

② 물속에서 꺼내어 철망 위에 놓고 1분간 물기를 뺀 후, 젖은 헝겊으로 표면을 닦아 내고 시험체의 표건 질량(m_0)을 측정한다.

③ 다음에 100~110℃의 공기 건조기 안에서 24시간 건조시켜서 시험체의 절건 질량(m_1)을 측정한 후, 다음의 식에 따라 흡수율을 산출한다.

$$흡수율(\%) = \frac{m_0 - m_1}{m_1} \times 100$$

여기에서, m_0 : 시험체의 표건 질량(g)

m_1 : 시험체의 절건 질량(g)

④ 콘크리트 벽돌의 검사는 겉모양, 치수 및 치수 허용차, 압축 강도, 흡수율 및 기건 비중에 대하여 다음과 같이 실시한다.

ⓐ 겉모양, 치수 및 치수 허용차 검사는 30,000개를 1로트로 하고, 1로트에서 무작위로 10개의 시료를 채취하여 소정의 품질 규정에 적합하면 로트 전부를 합격으로 한다.

ⓑ 압축 강도, 흡수율 및 기건 비중 검사는 30,000개를 1로트로 하고, 1로트에서 무작위로 각각 3개의 시료를 채취하여 소정의 품질 규정에 합격하면 그 로트를 합격으로 한다.

4) 시험결과의 예

콘크리트 벽돌 시험결과

시 험 일	년 월 일			
시험일의 상태	실 온 (℃)		습 도 (%)	
시 료	시 료 명	채취장소	채취날짜	제조업체
	콘크리트 벽돌			

시험항목	시험체 번호	길이(㎜)		평균(㎜)	두께(㎜)		평균(㎜)	높이(㎜)		평균(㎜)	중량(g)
벽돌 치수 및 중량	1	190.06	191.01	191	89.10	89.17	89	56.07	56.51	56	2041
	2	190.43	190.39	190	89.01	90.22	90	56.28	56.33	56	2053
	3	189.91	190.59	190	89.04	89.56	89	56.72	56.34	57	2092
	4	189.81	190.44	190	88.80	90.40	90	56.55	56.21	56	2107
	5	191.43	191.37	191	90.31	90.38	90	56.12	56.44	56	2042
	6	191.17	190.48	191	90.47	89.58	90	56.17	56.32	56	2051
	7	190.69	190.75	191	89.94	90.10	90	56.25	56.11	56	2048
	8	190.20	189.87	190	89.16	89.48	89	56.11	56.18	56	2063
	9	190.40	191.31	190	89.78	89.71	90	56.21	56.22	56	2101
	10	189.84	190.52	190	89.13	90.46	90	56.10	56.32	56	2111
기건비중	시험체 10개의 평균: 2.16										

압축강도 (N/㎟)	시험체 번호	길이(㎜)	높이(㎜)	면적(㎟)	파괴하중(N)	압축강도(N/㎟)	평균값(N/㎟)
	1	190.03	56.24	10687	190228	17.8	18.3
	2	190.33	56.95	10839	197270	18.2	
	3	190.23	56.67	10780	202664	18.8	

흡수율(%)	시험체 번호	건조무게(g)	흡수무게(g)	흡수율(%)	평균값(%)
	1	2044.6	2187.4	6.98	6.3
	2	2001.1	2116.5	5.76	
	3	1968.7	2089.2	6.12	

7.2.3 속빈 콘크리트 블록

1) 시험의 목적

시멘트와 골재를 1:5~1:7의 비율로 혼합한 잔자갈의 콘크리트 또는 굵은 모래의 모르타르를 형틀에 채워 넣은 다음에 진동·가압하여 성형하며, 콘크리트 블록의 종류는 모양·치수에 따라 기본 블록과 이형 블록으로 분류되며, 품질에 따라서는 〈표 7.2.4〉과 같이 A종, B종, C종으로 분류된다. 그리고 수밀성에 따라서는 보통 블록과 방수 블록으로 분류된다.

콘크리트 블록의 겉모양은 균일하고 비틀림, 해로운 균열, 흠 등이 없어야 하며 모양, 치수 및 그 허용차는 〈표 7.2.5〉와 같으며, 콘크리트 블록의 철근을 삽입하는 속빈 부분은 콘크리트를 채우기에 지장이 없도록 충분히 크게 하여야 하며, 블록의 물리적 특성인 압축강도와 비중, 그리고 물에 대한 저항성을 확인해야 한다.

〈표 7.2.4〉 콘크리트 블록의 종류 및 품질 규정

구 분	기건 비중	전단면적[1]에 대한 압축강도(N/㎟)	흡수율 %	투수성[2](㎖/㎡ · h)	비 고
A종 벽돌	1.7 미만	4	–	–	경량블록
B종 벽돌	1.9 미만	6	–	–	경량블록
C종 벽돌	–	8	10 이하	300 이하	

주1) 전단면적이란 가압면(길이×두께)으로서 속빈 부분 및 양끝의 오목하게 들어간 부분의 면적도 포함한다.
주2) 투수성은 방수 블록에만 적용한다.

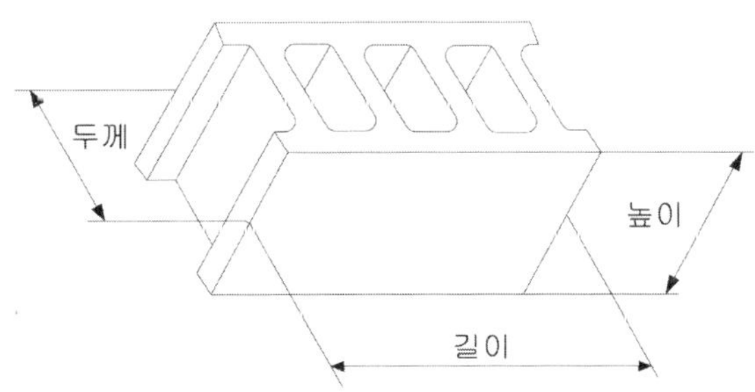

〈그림 7.2.2〉 콘크리트 블록의 길이, 높이 및 두께

〈표 7.2.5〉 콘크리트 블록의 모양, 치수 및 허용차 단위 : ㎜

모 양	치 수			허 용 차
	길 이	높 이	두 께	
기본 블록	390	190	190 150 100	±2
이형 블록	가로근용 블록, 모서리용 블록과 같이 기본 블록과 동일한 크기인 것의 치수 및 허용차는 기본 블록에 준한다.			

〈표 7.2.6〉 속빈 부분의 크기 및 최소 살 두께

<table>
<tr><th rowspan="3">종 류</th><th colspan="5">속 빈 부분[1]</th><th colspan="2">최소 살 두께 (㎜)</th></tr>
<tr><th colspan="2">세로근을 삽입하는 속빈 부분 (㎝)</th><th colspan="3">가로근을 삽입하는 속빈 부분 (㎝)</th><th rowspan="2">표면 살</th><th rowspan="2">중간 살</th></tr>
<tr><th>단면적[2]</th><th>최소 너비[3]</th><th>최소 지름[4]</th><th>최소 깊이[4]</th><th>곡률 반지름[4]</th></tr>
<tr><td>두께 150㎜ 이상인 블록</td><td>60 이상</td><td>7 이상</td><td>8.5 이상</td><td>7 이상</td><td>4.2 이상</td><td>25 이상</td><td>20 이상</td></tr>
<tr><td>두께 100㎜ 블록</td><td>30 이상</td><td>5 이상</td><td>5 이상</td><td>4 이상</td><td>–</td><td>20 이상</td><td>20 이상</td></tr>
</table>

주1) 2개 블록의 조적에 의해 만들어지는 속빈 부분(줄눈도 포함)을 포함한다.
주2) 〈그림 17(a)〉의 빗금 부분(a×b)을 말한다.
주3) 〈그림 17(a)〉의 a 또는 b 중 작은 수치를 말한다.
주4) 속빈 부분의 최소 지름, 최소 깊이 및 곡률 반지름의 측정 방법은 〈그림 7.2.6(b)〉에 따른다.

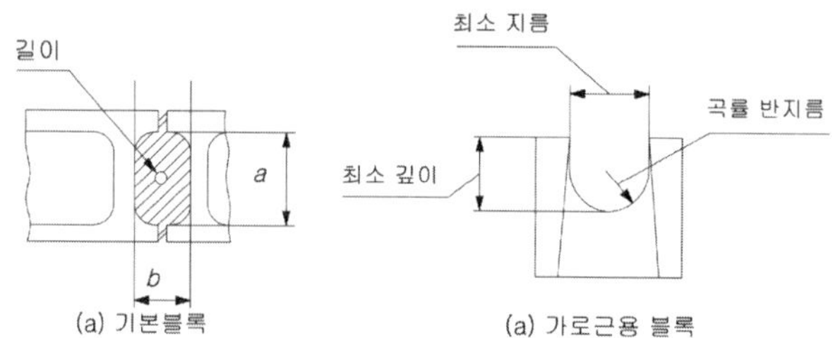

〈그림 7.2.3〉 철근을 삽입하는 속빈 부분의 치수 측정 위치

2) 시험기기 및 재료

(1) 시험체(양생이 끝난 후 7일 이상 상온실에 방치한 시험체)
(2) 저울
(3) 시험체를 담글 수 있는 용기
(4) 블록의 압축강도 시험기
(5) 매스실린더
(6) 실링재
(7) 줄자

3) 시험방법

(1) 기건 비중 시험

시험체는 블록 전체 모양 그대로를 사용하여, 양생이 끝난 후 7일 이상 상온실에 방치하여 그 질량을 측정하고, 다음 식에 따라 기건 비중을 산출한다.

$$기건비중 = \frac{M}{V}$$

여기에서, M : 시험체의 질량(kg)
V : 시험체의 순 체적(ℓ)

(2) 전 단면적에 대한 압축 강도 시험

① 양생이 끝난 후 7일 이상 보존한 것을 시험체로 한다.

② 시험체는 가압 양면을 시험체 블록의 세로축에 직각이 되도록 평활하게 마무리한다.[1] 그 후 2시간 이상 맑은 물속에 담가 흡수시켜서 시험하고, 이 경우 압축 방향은 실제로 하중을 받는 방향으로 하고 전체 면에 고르게 가압한다.

③ 가압은 원칙적으로 중앙에 구접면을 갖는 전압(傳壓) 장치를 사용하여 가압 전 단면적당 매초 0.2N/㎟의 속도로 한다. 압축 강도는 다음 식에 따라 산출한다.

$$\text{압축강도(N/㎟)} = \frac{P}{A_1}$$

여기에서, P : 최대 하중(N)

A_1 : 가압 전 단면적(㎟)

주1) 가압면을 평활하게 마무리하는 방법은 원칙적으로 연마로 하지만 연마 대신에 석고 등으로 캐핑해도 좋다.

(3) 흡수율 시험

흡수율 시험에 사용하는 시험체는 전체 모양 그대로를 사용하여 시험체의 절건 질량1)과 표건 질량[2]을 구하고 다음 식에 따라 흡수율을 산출한다.

$$\text{흡수율(\%)} = \frac{m_0 - m_1}{m_1} \times 100$$

여기에서, m_0 : 시험체의 표건 질량(g)

m_2 : 시험체의 절건 질량(g)

주1) 온도 105±5℃의 건조기 내에서 24시간 건조한 후 상온까지 냉각했을 때의 질량을 말한다.
주2) 온도 20±5℃의 맑은 물 속에서 24시간 흡수시킨 다음, 물에서 꺼낸 블록을 흡수성이 좋은 천으로 눈에 보이는 물방울을 닦아 낸 후 바로 측정했을 때의 질량을 말한다.

(4) 투수성 시험

① 시험체의 표면 살면을 상하로 하여 24시간 맑은 물속에 담근다. 이때 시험체 윗면을 수면 아래 약 10㎝로 유지한다.

② 다음에 이것을 물속에서 꺼내어 〈그림 7.2.4〉과 같은 시험장치를 부착하고, 수면으로부터 높이 약 1㎝ 노출한 상태에서 수조 속에 그대로 둔 채 실린더 내에 시험체 윗면으로부터 25㎝ 높이까지 맑은 물을 넣는다.

③ 맑은 물을 넣고 나서 2시간 후에 실린더 내의 수면 높이를 측정하여 투수량을 구한다. 또한, 시험체 윗면과 시험체 내의 압력수가 접하는 면적(투수 접촉 면적)은 100㎠ 이상으

로 한다. 투수성은 다음 식에 따라 산출한다.

$$\text{투수성}(\mathrm{ml/m^2 \cdot h}) = \frac{L}{A \times T} \times 10^4$$

여기에서, L : 투수량(mℓ)

A : 투수 접촉 면적(㎠)

T : 투수 시간(h)

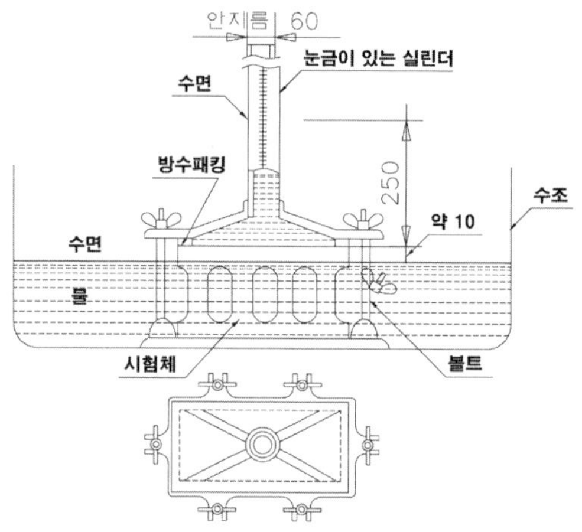

〈그림 7.2.4〉 투수성 시험 장치

콘크리트 블록의 검사는 겉모양, 치수 및 치수 허용차, 압축 강도, 흡수율, 투수성 및 기건 비중에 대하여 다음과 같이 실시한다.

(5) 겉모양, 치수 및 치수 허용차 검사는 3,000개를 1로트로 하고, 1로트에서 무작위로 10개의 시료를 채취하여 소정의 품질 규정에 적합하면 로트 전부를 합격으로 한다.
(6) 압축 강도, 흡수율, 투수성 및 기건 비중 검사는 3,000개를 1로트로 하고, 1로트에서 무작위로 각각 3개의 시료를 채취하여 소정의 품질 규정에 합격하면 그 로트를 합격으로 한다.

4) 시험결과의 예

속빈 콘크리트 블록 시험결과											
시 험 일		년 월 일									
시험일의 상태		실온(℃)			습도(%)			수 온(℃)		건조온도(℃)	
시 료		시 료 명			채취장소			채취날짜		제조업체	
		속빈 콘크리트 블록 190									
시험항목	시험체 번호	길이(㎜)		평균(㎜)	두께(㎜)		평균(㎜)	높이(㎜)		평균(㎜)	중량(g)
벽돌 치수 및 중량	1	391.45	390.07	391	189.9	189.1	190	189.2	189.3	189	17994
	2	390.51	391.29	391	188.9	189.3	190	189.4	189.3	189	18031
	3	390.23	391.31	391	189.1	189.9	190	189.5	189.9	190	18009
	4	391.08	389.96	391	189.3	189.2	189	189.8	190.1	190	17905
	5	390.68	390.93	391	189.9	189.5	190	189.4	189.3	189	18022
	6	391.18	390.66	391	189.2	189.8	190	189.9	190.0	190	18011
	7	390.79	391.34	391	189.9	190.1	190	190.1	189.6	190	17991
	8	390.13	391.15	391	190.1	189.7	190	190.1	190.1	190	18008
	9	390.41	390.17	390	189.7	189.4	190	189.2	189.1	198	18000
	10	391.19	391.26	391	189.9	190.1	190	189.8	189.2	190	17909
기건비중	시험체 10개의 평균: 1.85										
압축강도 (N/㎟)	시험체 번호	길이(㎜)		높이(㎜)		면적(㎟)		파괴하중(N)	압축강도(N/㎟)		평균값(N/㎟)
	1	390.28		189.87		74102		1200452	16.2		15.4
	2	391.20		190.11		74371		1056068	14.2		
	3	390.44		189.74		74082		1170496	15.8		
흡수율 (%)	시험체 번호	건조무게(g)			흡수무게(g)			흡수율(%)		평균값(%)	
	1	17576.9			18420.1			4.80		6	
	2	17223.7			18407.2			6.87			
	3	17322.2			18528.0			6.96			

7.2.4 인터록킹 블록

1) 시험의 목적

인터록킹 블록은 인도나 차도 또는 휴게소 등에서 많이 사용하고 있는 보·차도용 블록으로 기존 시멘트 벽돌이나 콘크리트용 평판을 사용하던 것의 대체 제품으로 다양한 색상과 모양으로 도시 미관을 향상시킬 수 있는 블록이다.

이러한, 인터록킹 블록은 고압, 진동에 의하여 생산되어지는 제품으로 보·차도용으로 사용되어지는 관계로 블록의 휨강도와 물에 대한 특성을 확인하기 위하여 흡수율을 확인할 필요가 있으며, 〈표 7.2.7〉, 〈표 7.2.8〉과 같은 품질을 요구하고 있다.

〈표 7.2.7〉 인터록킹 블록의 휨강도 품질

용 도	보도용	차도용
휨 강도(N/㎟)	5.1	6.1
흡수율	평균 7% 이하 (단, 직각은 10% 이하)	

〈표 7.2.8〉 인터록킹 블록의 두께

블록의 치수 허용차	두께		허용차
	보도용	차도용	가로, 세로 ± 2
	5.1	6.1	두께 ± 3

2) 시험기기 및 재료

(1) 블록의 휨 강도 시험기
(2) 저울
(3) 시료를 담을 수 있는 용기
(4) 줄자
(5) 건조기

3) 시험방법

(1) 휨 강도 시험

① 시험체를 24시간 동안 물 속에 침수시켜 꺼낸 즉시, 시험할 수 있도록 한다.

② 시험체의 지점간 거리를 140㎜로 하여 〈그림 7.2.5〉과 같은 휨강도 시험기의 중앙에 시험체를 위치시키고, 응력의 증가가 매분 9.8N/㎜를 초과하지 않는 하중을 작용시켜 다음의 식에 의하여 계산한다.

$$휨강도 = \frac{3Pl}{2bd^2}$$

여기에서, P : 최대 파괴하중
ℓ : 지점간 거리(㎜)
b : 지점간 직각방향의 평균나비(㎜)
d : 블록의 평균두께v

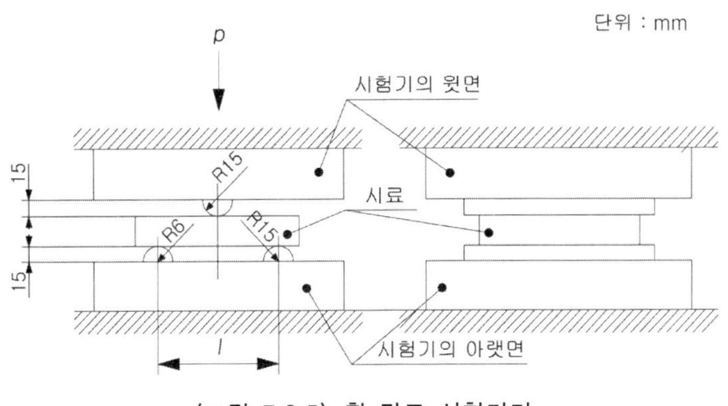

〈그림 7.2.5〉 휨 강도 시험기기

비고 1. 시료의 가압면 및 지지면에는 고무판, 기타 이와 유사한 것을 끼워 넣어 하중이 균등하게 분포되도록 한다.

2. 시료는 제품 모양 그대로 시험하되 제품의 양끝단의 중앙점을 연결한 중심선에 직각 방향으로 가압하여야 한다.

3. 휨 강도 시험 전 가압 단면의 치수 측정은 세로 방향의 가압선 상하 2곳에서 나비(세로)를 측정하고, 두께는 세로 방향 양끝에서 1/4 안쪽 2곳을 측정한다. 또한 나비 및 두께의 정밀도는 0.1㎜까지 측정하여 그 평균값을 유효 숫자 3자리까지 구하여 반올림한다.

(2) 흡수율 시험

① 3개의 시험체를 건조기 내에서 110~115℃로 24시간 이상 건조시킨다.

② 이 때 2시간 동안 측정한 무게차가 0.2%를 초과하지 않을 때까지 건조시킨 후 실온에서 4시간 이상 냉각시켜 무게를 측정한다.

③ 그 다음, 15~30℃의 물에 시험체를 24시간 동안 침수시킨 후 꺼내어 마른 헝겊으로 표면수를 닦아 낸 다음 무게를 측정하여 다음 식에 의하여 계산한다.

$$\text{흡수율}(\%) = \frac{A-B}{B} \times 100$$

여기에서, A : 포화된 상내의 시험체의 중량 (g)

B : 건조된 상태의 시험체의 중량 (g)

4) 시험결과의 예

보차도용 콘크리트 인터록킹 블록의 시험결과

시 험 일	년 월 일			
시험일의 상태	실온(℃)	습도(%)	수온(℃)	건조온도(℃)
시 료	시 료 명	채취장소	채취날짜	제조업체
	보차도용 인터록킹 블록			

시험항목	시험체 번호	가로(mm)		평균(mm)	세로(mm)		평균(mm)	두께(mm)		평균(mm)
치수 및 중 량	1	197.90	197.81	198	97.87	97.88	98	58.84	58.91	59
	2	198.49	198.36	198	98.33	98.25	98	58.01	58.11	58
	3	198.19	198.52	198	98.24	98.36	98	57.85	57.69	58
	4	197.79	197.86	198	97.81	97.92	98	58.22	58.14	58
	5	198.38	198.29	198	98.01	98.11	98	60.41	60.22	60

시험항목	시험체 번호	파괴하중 (N)	지점간 직각방향 나비(mm) 1	2	평균	평균 두께(mm)	지점간 거리(mm)	휨강도 (N/㎟)	평균값 (N/㎟)
휨강도 MPa(=N/㎟)	1	11133	98.11	98.02	98	59	140	6.85	6.5
	2	9526	98.05	98.13	98	58		6.07	
	3	9898	97.96	97.85	98	58		6.30	
	4	9790	97.85	97.79	98	58		6.24	
	5	11887	97.74	97.89	98	60		7.08	

시험항목	시험체 번호	건조무게(g) 1	2	평균	흡수무게(g) 1	2	평균	흡수율(%) 평균	평균값 (%)
흡수율(%)	1	1369.1	978.4	1174	1451.2	1051.1	1251	6.56	7.2
	2	1060.3	1109.2	1085	1151.2	1193.5	1172	8.01	
	3	1132.4	1153.6	1143	1210.6	1228.7	1220	6.74	
	4	1187.5	1050.1	1119	1289.7	1134.9	1212	8.31	
	5	1150.8	1290.5	1221	1227.5	1373.3	1300	6.47	

7.2.5 가압 시멘트판 기와

가압 시멘트판 기와는 시멘트(34%)와 모래(66%)를 섞은 모르타르에 높은 압력을 가하여 성형한 것이며, 양생 후 표면에 우레탄 수지나 열처리 도장을 하면 성능이 개선되고 생김새가 점토 기와와 비슷해진다.

점토기와에 비해 내구성이 다소 떨어지는 점 외에는 성능에 큰 차이가 없고 가벼우면서도 값이 저렴한 것이 장점이다. 가압 시멘트판 기와의 종류는 모양·치수에 따라 〈표 7.2.9〉와 같이 기본 기와와 이형 기와로 분류되며, 도장 유무에 따라서는 무도장 기와와 도장 기와로 분류되며, 가압 시멘트판 기와의 치수 및 그 허용차는 〈표 7.2.10〉과 같고, 각 기와의 모양은 〈그림 7.2.6〉과 같다.

〈표 7.2.9〉 가압 시멘트판 기와의 종류 및 품질 규정

종 류		휨 파괴 하중 (N)	흡 수 율 (%)
기본 기와	한 식 형	1,470 이상	10 이하
	스페니시 S형 5호	1,470 이상	10 이하
이형 기와	한식 개량형	1,470 이상	10 이하
	꺾 음 형	1,270 이상	10 이하
	평 판 형	1,270 이상	10 이하
	오 금 형	1,270 이상	10 이하
	스페니시 S형 4호	1,470 이상	10 이하
	한식 S형 6호	1,470 이상	10 이하

〈표 7.2.10〉 가압 시멘트판 기와의 치수및 허용차(단위 : mm)

종 류		치 수			유효 치수		허 용 차	
		길이	나비	두께	길이	나비	길이	나비 및 두께
기본 기와	한 식 형	360	300	15	–	–		
	스페니시 S형 5호	400	350	12	330	300		
이형 기와	한식 개량형	360	360	12	330	300		
	꺾 음 형	425	337	12	360	303		
	평 판 형	364	357	12	303	303	+2 −1	+2 −1
	오 금 형	315	305	11	243	250		
	스페니시 S형 4호	364	355	12	303	320		
	한식 S형 6호	350	328	12	300	270		

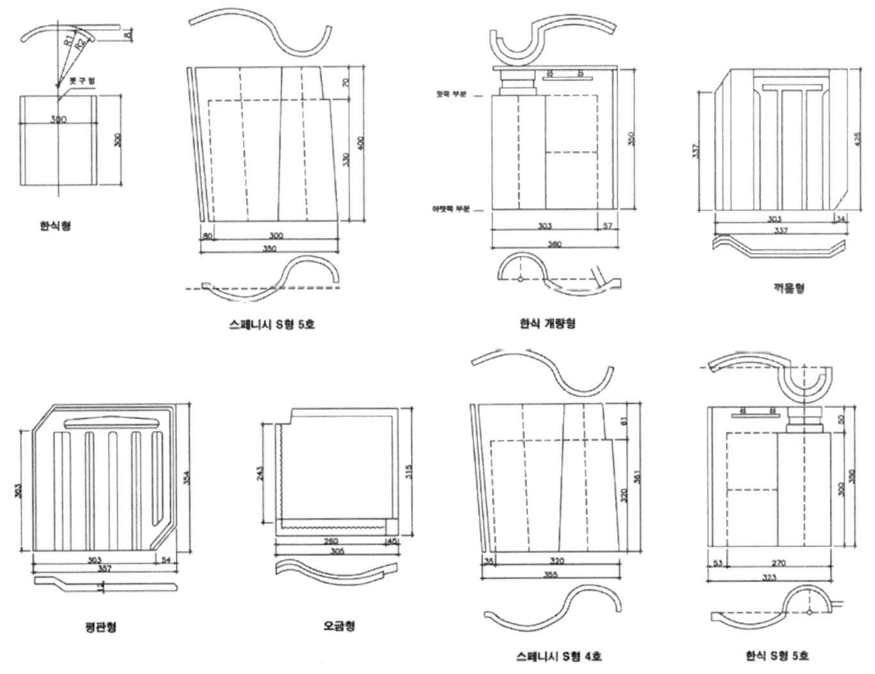

〈그림 7.2.6〉 가압 시멘트판 기와의 모양

1) 시험의 목적

가압시멘트판은 균일하고 사용상 해로운 비틀림, 균열, 모서리 깨짐, 잔구멍, 압축 빠짐 등의 흠이 없도록 성형되어야 하며, 도장 면에는 벗겨짐, 도막 깨어짐, 부품, 기포, 핀홀, 튀김, 얼룩, 흐름, 백화 등이 없어야 한다.

또한, 외부로부터의 충격에 의한 파손이 발생할 수 있으므로 휨 파괴에 대한 성능과 함께 대부분 노출용으로 사용되기에 외기온도 변화에 의한 시멘트판의 변화와 물의 침투에 대한 저항성능이 요구되고 있다.

2) 시험기기 및 재료

(1) 휨 파괴 시험 : 지지봉, 휨 파괴 시험기, 시료를 담을 수 있는 용기, 마른 헝겊
(2) 흡수율 시험 : 건조기, 휨파괴 시험이 종료된 시험체, 저울, 헝겊
(3) 도막가열시험 : 건조기, 시료를 담을 수 있는 용기, 헝겊, 줄자

3) 시험방법

(1) 휨 파괴 하중 시험

① 소요 강도를 확보하여 1차 실내 양생을 500℃로 초기양생이 끝난 후 기와 온장을 그대로 사용하고, 이것을 3시간 이상 맑은 물에 침수시킨다.

② 〈그림 7.2.7〉과 같이 스팬 200㎜의 지지봉(지지봉은 지름 약 30㎜ 이상의 강제)에 밀착시킨다.

③ 스팬 중앙에 지지봉과 평행하게 지름 약 30㎜의 강제 환봉을 걸어[1] 하중 속도 49N/s로 균일하게 재하 하여 측정한다.

주1) 기와를 지지하는 강제 환봉 및 하중을 거는 중앙의 강제 환봉이 기와 전면에 밀착하지 않을 때는 나비 약 40㎜, 두께가 적당한 고무판을 봉과 기와면 사이에 삽입시킨다.

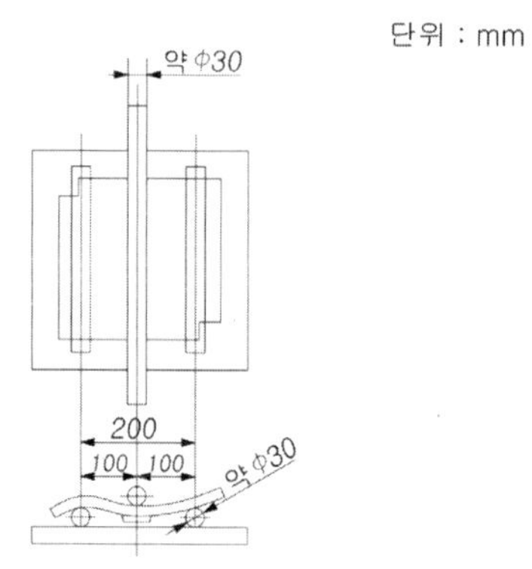

〈그림 7.2.7〉 휨 파괴 하중 시험 (재래형)

(2) 흡수율 시험

흡수율 시험의 시험체는 휨 파괴 하중 시험이 끝난 시험체를 그대로 사용하여, 시험체의 절건 질량[1]과 표건 질량[2]을 구하고, 다음식에 따라 흡수율을 산출한다.

주1) 온도 105±5℃의 건조기 내에서 24시간 건조한 후 상온까지 냉각했을 때의 질량을 말한다.
주2) 온도 20±5℃의 맑은 물 속에서 24시간 흡수시킨 다음, 물에서 꺼낸 기와를 흡수성이 좋은 천으로 눈에 보이는 물방울을 닦아 낸 후 바로 측정했을 때의 질량을 말한다.

$$\text{흡수율}(\%) = \frac{m_0 - m_1}{m_1} \times 100$$

여기에서, m_0 : 시험체의 표건 질량(g)

m_1 : 시험체의 절건 질량(g)

(3) 도막가열 침수 시험

① 소요 강도를 확보하여 1차 실내 양생을 500℃로 초기양생이 끝난 후, 규정된 방법에 따라 도장한 기와 온장을 그대로 사용한다.

② 공기 건조기에 넣어서 그 온도를 80±2℃로 유지하고, 24시간 건조시킨 후 즉시 수온 20±5℃의 맑은 물에 24시간 이상 침수시킨다.

③ 24시간 이상 경과 후 다시 꺼내어 각 면을 천으로 닦고, 도장면이 건조할 때 도막의 상태를 관찰하며, 변색 및 도장면에 나타난 흠의 유무를 육안으로 식별한다.

(4) 가압 시멘트판 기와의 검사는 겉모양, 모양, 치수 및 치수 허용차, 휨 파괴 하중, 흡수율, 도막 가열 침수 시험에 대하여 다음과 같이 실시한다.

① 겉모양, 모양, 치수 및 치수 허용차 검사는 1,000개를 1로트로 하고, 1로트에서 무작위로 3개의 시료를 채취하여 소정의 품질 규정에 적합하면 그 시료가 대표하는 로트 전부를 합격으로 한다.

② 휨 파괴 하중, 흡수율 검사는 1,000개를 1로트로 하고, 1로트에서 무작위로 3개의 시료를 채취하여 소정의 품질 규정에 합격하면 그 시료가 대표하는 로트를 합격으로 한다.

③ 도막 가열 침수 검사는 원료 및 제조의 조건이 변경될 때 1,000개를 1로트로 하고, 1로트에서 3개의 시료를 채취하여 소정의 품질 규정에 합격하면 그 시료가 대표하는 로트를 합격으로 한다.

4) 시험결과의 예

가압 시멘트판 기와 시험결과				
시 험 일	년 월 일			
시험실의 상태	온 도 (℃)		습 도 (%)	
시 료	시료명	채취장소	채취날짜	제조업체

시험체 번호	파괴하중(N)	흡수율(%)	도막가열침수시험[1]
1	1560	9.8	이상 없음
2	1610	9.6	이상 없음
3	1520	9.8	이상 없음
평 균	1563	9.7	이상 없음

주1) 육안으로 도막 상태를 관찰하여 변색 및 도장면에 나타난 흠의 유무 등을 기재한다.

7.2.6 포장용 콘크리트 평판

포장용 콘크리트 평판은 주로 도로, 광장 등의 포장에 사용하는 콘크리트로 제조한 평판을 말하며, 표면층의 종류에 따라 모르터층 평판과 인조석층 평판으로 분류된다.

평판은 치수 및 기능에 따라 〈표 7.2.11〉과 같이 보통 평판과 투수 평판으로 분류되며, 인조석층 평판은 표면층의 치수 및 가공 방법에 따라 〈표 7.2.12〉와 같이 보통 평판, 칼라 평판, 음각 평판, 노출 평판으로 분류된다.

〈표 7.2.11〉 모르터층 평판의 종류와 모양, 치수 및 치수의 허용차 단위 : ㎜

종 류	약 호	호칭 치수	치 수			기 능
			가 로	세 로	두 께[1]	
보통 평판	N	300	300	300	30, 60, 80	−
		400	400	400		
		450	450	450	60, 80	
		500	500	500		
투수 평판	P	300	300	300	60, 80	투수성
		400	400	400		
		450	450	450		
		500	500	500		
허 용 차			± 3	± 3	+ 2 − 3	

주1) 두께는 60㎜를 표준으로 한다. 시공할 때 60㎜의 두께를 확보할 수 없는 경우에는 두께 30㎜로 하고, 두께 80㎜는 차 승강부 등에 설치한다.

〈표 7.2.12〉 인조석층 평판의 종류와 모양, 치수 및 치수의 허용차 단위:㎜

종 류	약호	호칭 치수	치 수			기 능
			가로	세로	두께[1]	
보통 평판	N	300 400	300 400	300 400	30, 60, 80	표면층을 가공하지 않은 것.
		450 500	450 500	450 500	60, 80	
칼라 평판	C	300 400	300 400	300 400	30, 60, 80	표면층을 착색 및 연마한 것.
		450 500	450 500	450 500	60, 80	
음각 평판	S	300 400	300 400	300 400	30, 60, 80	표면을 두드려 마무리한 것.
		450 500	450 500	450 500	60, 80	
노출 평판	W	300 400	300 400	300 400	30, 60, 80	표면을 물로 씻어 내기한 것.
		450 500	450 500	450 500	60, 80	
허 용 차			±3	±3	+2 -3	

주1) 두께는 60㎜를 표준으로 한다. 시공할 때 60㎜의 두께를 확보할 수 없는 경우에는 두께 30㎜로 하고, 두께 80㎜는 차 승강부 등에 설치한다.

1) 시험의 목적

포장용 콘크리트 평판은 보도용으로 사용되는 것으로 항상 외력에 의한 충격 및 마찰력 등에 의하여 파손이 우려되므로 이에 대한 저항성능의 확보 유·무가 관건이라 할 수 있다. 또한, 성형제품인 관계로 제작 후 가공이 불가능하므로 겉모양, 균열, 흠, 뒤틀림 등이 없어야 하는 품질이 요구되고 있다. 이러한, 요구 성능을 확인하기 위한 방법으로는 휨하중 파괴, 흡·투수에 대한 성능이 요구되고 있다.

2) 시험기기 및 재료

(1) 휨 강도 시험 : 휨 강도 시험기, 시료를 담을 수 있는 용기, 헝겊
(2) 흡수율 시험 : 건조기, 헝겊, 저울, 시료를 담을 수 있는 용기
(3) 표면층 두께 시험 : 버니어켈리퍼스
(4) 투수성 시험 : 시험체를 고정할 수 있는 형틀, 수조, 메스실린더, 초시계

3) 시험방법

(1) 휨 강도 시험

① 휨 강도 시험은 시료를 24시간 물속에 침수시킨 후 꺼낸 즉시 한다.

② 시료를 〈그림 7.2.7〉과 같이 표면을 아래로 놓고 지점간 거리(스팬)를 240㎜로 해서 중앙에 하중을 가하여 〈표 7.2.13〉에 규정하는 휨 강도 하중에서 평판의 끝면에 나비 0.05㎜ 이상의 갈라짐이 없어야 한다.

〈표 7.2.13〉 포장용 콘크리트 평판의 휨 하중 강도 및 휨 강도

종 류		약호	호칭 치수	휨 강도 하중 (kN)			휨 강도 (MPa)		
				두께 30㎜	두께 60㎜	두께 80㎜	두께 30㎜	두께 60㎜	두께 80㎜
모르터층 평판	보통 평판	N	300	3.0	12.0	21.4	4.0	4.0	4.0
			400	4.0	16.0	28.5	4.0	4.0	4.0
			450	–	18.0	32.0	–	4.0	4.0
			500	–	20.0	35.6	–	4.0	4.0
	투수 평판	P	300	–	9.0	16.0	–	3.0	3.0
			400	–	12.0	21.4	–	3.0	3.0
			450	–	13.5	24.0	–	3.0	3.0
			500	–	15.0	26.7	–	3.0	3.0
인조석층 평판	보통 평판	N	300	3.0	12.0	21.4	4.0	4.0	4.0
			400	4.0	16.0	28.5	4.0	4.0	4.0
			450	–	18.0	32.0	–	4.0	4.0
			500	–	20.0	35.6	–	4.0	4.0
	칼라 평판	C	300	3.0	12.0	21.4	4.0	4.0	4.0
			400	4.0	16.0	28.5	4.0	4.0	4.0
			450	–	18.0	32.0	–	4.0	4.0
			500	–	20.0	35.6	–	4.0	4.0
	음각 평판	S	300	3.0	12.0	21.4	4.0	4.0	4.0
			400	4.0	16.0	28.5	4.0	4.0	4.0
			450	–	18.0	32.0	–	4.0	4.0
			500	–	20.0	35.6	–	4.0	4.0
	노출 평판	W	300	3.0	12.0	21.4	4.0	4.0	4.0
			400	4.0	16.0	28.5	4.0	4.0	4.0
			450	–	18.0	32.0	–	4.0	4.0
			500	–	20.0	35.6	–	4.0	4.0

③ 이때 가압 속도는 파괴 하중의 약 50%까지는 빠른 속도로 작용시킨 다음, 최대 휨 압축 응력의 증가가 매분 9.8MPa(=N/㎟)을 초과하지 않을 정도로 하중을 가하여 시험기에 나타난 최대 하중 P를 측정하여 다음식에 따라 휨 강도를 산출하여, 휨 강도는 〈표 7.2.13〉에 규정하는 기준에 적합하여야 한다.

$$휨강도(N/㎟) = \frac{3PL}{2bd^{L}}$$

여기에서, P : 시험기가 나타낸 최대 파괴 하중(N)
L : 지점 간 거리(㎜)
b : 지점 간에 직각 방향의 평균 나비(㎜)
d : 평판의 평균 두께(㎜)
b 및 d는 1/20㎜까지 측정한다.

(2) 흡수율 시험

① 시료는 휨 시험 강도 시험이 끝난 후 1매의 시료에서 2개의 시험편을 취하여 시험편의 절건 질량과 표건 질량을 구한다.

② 흡수율[1]은 모르타르층 평판 중 보통 평판은 평균 7% 이내(개개 10% 이내), 인조석층 평판은 평균 5% 이내(개개 7% 이내)이어야 한다.

주1) 흡수율은 2개 시험편 각각의 값을 평균한 값으로 나타낸다.

$$\text{흡수율}(\%) = \frac{m_0 - m_1}{m_1} \times 100$$

여기에서, m_0 : 시험체의 표건 질량(g)
m_1 : 시험체의 절건 질량(g)

(3) 표면층의 두께

시료는 휨 시험 강도 시험이 끝난 후 1매의 시료에서 2개의 시험편을 취하여 표면층의 최소 두께[1]를 측정한다.

주1) 표면층의 두께는 2개 시험편 각각의 값을 평균한 값으로 나타낸다.

(4) 투수성 시험

① 모르터층 평판 중 투수 평판의 투수성 시험은 〈그림 7.2.8〉에 나타내는 형틀 내에 평판을 고정하고, 형틀을 〈그림 7.2.9〉에 나타내는 수조 속에 형틀 상부의 배수구(overflow pipe)로부터 물이 흘러넘칠 때까지 물을 넣는다.

② 일정한 수위가 유지되도록 물의 주입량을 조정, 수두차(형틀 수면과 수조 수면과의 차이)를 측정하여 30초간 배수되는 수량 Q(㎤)를 메스실린더로 측정하여 투수 계수는 다음식에 따라 산출한다. 이때 투수계수는 1×10-2 이상이어야 한다.

$$\text{투수계수}(\text{cm/s}) = \frac{\text{평판의 두께}(\text{cm})}{\text{수두차}(\text{cm})} \times \frac{Q(\text{cm}^3)}{\text{평판의 면적}(\text{cm}^2) \times 30s}$$

여기에서, Q : 배수되는 수량(㎤)
s : 초(sec)

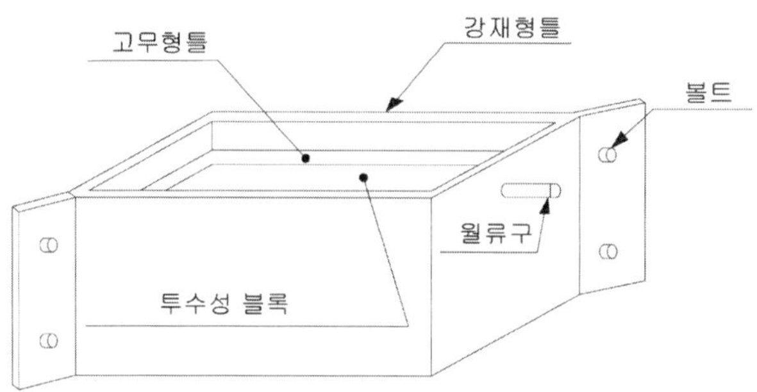

〈그림 7.2.8〉 투수성 시험용 형틀의 예

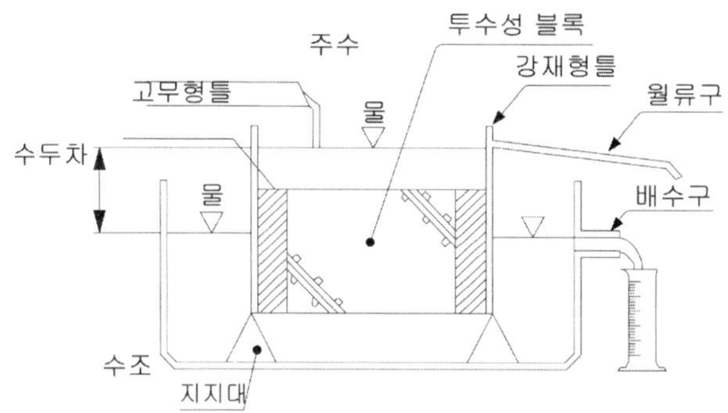

〈그림 7.2.9〉 투수성 시험 장치의 개략도

(5) 포장용 콘크리트 평판의 검사는 겉모양, 모양, 치수, 휨 강도 하중, 휨 강도, 흡수율 및 표면층의 두께에 대하여 다음과 같이 실시한다.

① 겉모양 검사는 전수에 대하여 하고 사용상 해로운 균열, 흠, 파손, 휨, 뒤틀림 등이 없는 것을 합격으로 한다.

② 모양, 치수, 휨 강도 하중, 휨 강도, 흡수율 및 표면층의 두께 검사는 종류 및 호칭을 달리할 때마다 1,000개 또는 그 나머지를 1로트로 하고, 1로트에서 무작위로 2개의 시료를 채취하여 소정의 품질 규정에 적합하면 그 시료가 대표하는 로트 전부를 합격으로 한다.

4) 시험결과의 예

포장용 콘크리트 평판 시험결과					
시 험 일	년 월 일				
시험실의 상태	실 온 (℃)		습 도 (%)		
시료	시료명	채취장소	채취날짜	제조업체	
시험체 번호	하중강도(kN)	휨강도(MPa)	흡수율(%)	표면층 두께(㎜)	투수계수(㎝/s)
1	5220	5.8	6.5	14	1.4×10-3
2	6210	6.9	6.2	12	1.2×10-3
3	5580	6.2	6	14	1.3×10-3
평 균	5670	6.3	6.2	13	1.2×10-3

Ⅷ. 시험의 일반사항

8.1 개요

건축재료는 용도·용법에 따라서 여러 가지 성질이 요구된다. 이 때문에 건축설계자가 재료와 제품을 설계에 넣을 경우 그 성질을 충분히 이해하여 합리적인 사용부위와 방법을 고려해야만 한다. 경험과 느낌에 따라서 사용하는 방법, 경제성에 편중하여 사용하는 방법은 반드시 결함을 지니게 되며 오히려 경제적 부담을 가중시키는 결과를 가져오게 된다.

합리적인 재료사용을 검토할 때는 우선 재료의 성질을 파악하는 것이 중요하여 이 때문에 행하는 것이 재료시험이다. 이와 같이 재료시험은 사용자의 입장에서 결정하는 것이 중요할 뿐 아니라 생산자의 입장에서 생산과 품질의 향상을 위해 노력해야 한다.

8.2 재료시험의 종류

건축재료의 시험은 요구되는 성질과 종류에 따라서 다음과 같이 크게 나눌 수 있다.

8.2.1 역학적 시험

주로 재료의 강도특성에 관한 시험과 재료의 표면성질에 관한 시험으로 나눌 수 있으며, 전자에는 압축, 인장, 휨, 전단, 비틀림 등의 항복이 있으며 충격시험, 피로시험, 진동시험, 2축 시험 또는 3축 시험 등이 있다.

즉 압축, 인장시험에서는 재료의 변형을 동시에 측정하여 영(Young)계수와 프와송비 등을 구하는 것이 많다. 재료 표면에 관한 것에는 경도시험 및 마모시험이 있다.

8.2.2 물리적 시험

재료의 무게, 크기, 열, 물, 빛, 전기, 소리, 방사선 등에 관한 물리적 성질을 파악하기 위한 건축재료 실험에서는 다음과 같은 항복의 시험을 한다.

비중, 실적율, 공극비, 길이, 팽창수축, 열전도율, 비열, 연화점, 흡수, 투수, 함수, 결로, 빛의 통과, 반사, 색채, 전기저항, 흡음, 차음, 방사선 차단 능력 등이 있으며 열, 연소에 관한 것에는 방·내화시험 또는 난연성 시험이 있지만 이것들은 화재 방지대책 상 아주 중요한 시험이다.

8.2.3 화학적 시험

화학성분·화학반응 및 연소에 관한 것으로 화학반응에 관하여서는 물·산·알칼리 이외에 화학약품에 대한 반응 및 전해작용 등의 항목이 있다. 또 연소에 관하여서는 인화점, 착화점, 발화점 등이 있다.

8.2.4 공업적 시험

재료의 가공, 시공, 접합, 균질성 등에 관한 시험과 시험체의 크기에 따라서 소형시험, 대형시험 등으로 나누어진다. 건축 재료는 거의가 2종류 이상의 여러 가지 재료를 조합하여 사용하고 있으며 그 조합에 따른 영향이 재료의 성질을 복잡하게 나타내고 있다.

이 때문에 재료를 구성하는 요소요소의 성질을 정확하게 알아내는 것이 어려울 때가 많다. 이런 경우에 실대실험(Mock-up test)에서 그 성질 직접 찾을 수 있으며 이것에 의해서 소형시험에서는 알아낼 수 없는 여러 종류의 문제점과 결점이 지적되거나 실제적인 결과를 얻을 수 있다.

8.3 강도시험기의 분류

8.3.1 응력에 의한 구분

압축시험기, 인장시험기, 휨시험기, 경도시험기, 마모시험기 등이 있다. 이 중에서 압축·인장·휨 세종류의 응력을 가할 수 있는 시험기를 만능시험기라 한다. 이 외에 패널과 보드 등 공시체의 휨시험을 목적으로 한 휨 전용 시험기도 있다.

8.3.2 가력속도에 의한 구분

통상 하중속도의 정적시험기 외에 충격시험기, 피로시험기 등이 있다.

8.3.3 하중의 용량에 의한 구분

하중의 최대 용량에 따라서, 예를 들어 100Ton 시험기, 200Ton 시험기가 있으며 최대 2,000Ton 시험기도 있다.

8.3.4 부하기구에 의한 구분

유압식과 기계식이 있다. 유압식은 기름을 펌프로 실린더 내에 보내고 그 유압을 하중으로 하는 것이고, 기계식은 톱니바퀴 또는 지레에 의한 하중을 증가시키는 것이다.

8.4 시험 시 주의사항

시험의 목적을 명확히 파악하고 적절한 시험 장치를 선택하고 이것에 사용하는 시료나 공시체는 시험대상의 재료를 대표하는 것이므로 정확하고 엄밀하게 채취하여야 한다.

시험에 있어서는 규격에 정해진 방법에 따라서 시행하고 그 외의 것에 있어서는 결과에 크게 영향을 주는 인자에 충분히 주의하며, 특별한 경우를 제외한 시험조건(하중속도, 온도 등)을 일정하게 유지하면서 진행해야 한다. 측정기는 시험목적의 정밀도에 적합한 것을 사용하고 필요이상의 정밀도나 배율이 높은 것을 사용하는 것은 좋지 않다.

시험이 종료되면 직접 시험에 사용한 기구류를 청소하고, 정리 정돈하여 언제라도 사용할 수 있는 상태로 해두어야만 한다. 사용 후 정비를 해두지 않으면 기구류의 정밀도가 현저하게 저하된다.

참 고 문 헌

1. 정상진 외 : 건축재료, 보성각, 2005
2. 오상균 : 건축재료실험, 서우, 2006
3. 최재진 외 : 구조재료실험법, 원창출판사, 1997
4. 정일영 외 : 건축재료실험, 형설출판사, 1997
5. 김무한 외 : 구조재료실험, 문운당, 2004
6. 박승범 : 최신 건설재료실험, 문운당, 2004
7. 한천구 외 : 건축재료실험, 기문당, 2003
8. 이용희 : 건설재료실험법, 원창출판사, 1999
9. 松井勇 外 : 建築材料辭典, 井上書院, 1985
10. 日本建築學會 : 建築材料實驗用教材, 1990
11. 管野昭雄 : 建築材料實驗テキスト, 1995
12. 土木學會 : 土木材料實驗指導書, 1969
13. 原田 有 外 : 建築材料, 理工圖書, 1989
14. 十代田知三 外 : 材料(設計の基礎), 彰國社, 1979
15. 白山和久 : 建築材料設計用教材, 彰國社, 1996.8
16. 赤塚雄三 外 : 土木材料實驗, 技報堂, 1969
17. 日本材料學會 : 建設材料實驗, 1995
18. 國分正胤編 : 土木材料實驗, 技報堂, 1982
19. 藤本一郎 外 : 材料·構造實驗, 鹿島出版社, 昭和 50年
20. 谷川恭雄 外 : 構造材料實驗法, 森北出版, 1981
21. R. C. Smith, Materials of Construction, McGraw-Hill, 1973

■ 저자약력 ■

정상진
단국대학교 건축공학과 교수

강병희
동아대학교 건축학부 교수

김정섭
조선대학교 건축학부 교수

김영근
한국건자재시험연구원 센터장, 공학박사

민병열
한국건설기술연구원 수석연구원, 공학박사

박병근
삼성물산 건설부문 기술연구소장, 상무이사, 공학박사

최수경
한서대학교 건축공학과 교수

송병창
(주) 아키벤 대표이사, 공학박사

오상균
동의대학교 건축공학과 교수

고진수
(주) 미람 IF 대표이사, 공학박사

정근호
경동대학교 강사, 공학박사

공민호
단국대학교 강사, 공학박사

안재철
(일) 동경대학 JSPS 연구원, 공학박사

김광기
중부대학교 강사, 박사수료

건축재료실험학

2007년 2월 25일 1판 1쇄 인쇄
2007년 3월 5일 1판 1쇄 발행

저 자 정상진, 강병희, 김정섭, 김영근, 민병열, 박병근, 최수경, 송병창, 오상균, 고진수, 정근호, 공민호, 안재철, 김광기
발 행 인 정 헌 준
발 행 처 태 림 문 화 사
주 소 서울시 영등포구 문래동 1 가 39번지
전 화 센터플러스 1022호
팩 스 TEL 714-2478 / 716-2473, FAX 718-4580
이 메 일 E-mail taerim79@hanmail.net
출판등록 1979. 3. 27.(2-679)

ISBN 978-89-8205-218-7 정가 15,000 원